1+X 职业技术·职业资格培训教材

智能楼宇管理员 四级（第2版）

编审委员会

主　　任　张　岚　魏丽君

委　　员　顾卫东　葛恒双　孙兴旺　张　伟　李　晔　刘汉成

执行委员　李　晔　瞿伟洁　夏　莹

编审人员

主　　编　沈　晔

副 主 编　董倍琛

编　　者　王雪君　郑燕宇　徐　慧　李会永　涂　伟　张爱松

　　　　　王　文　方建军

主　　审　程大章

中国劳动社会保障出版社

图书在版编目(CIP)数据

智能楼宇管理员：四级／人力资源社会保障部教材办公室等组织编写. -- 2 版. -- 北京：中国劳动社会保障出版社，2019

1+X 职业技术·职业资格培训教材

ISBN 978-7-5167-4108-5

Ⅰ. ①智…　Ⅱ. ①人…　Ⅲ. ①智能化建筑-管理-职业培训-教材　Ⅳ. ①TU855

中国版本图书馆 CIP 数据核字(2019)第 206158 号

中国劳动社会保障出版社出版发行

（北京市惠新东街 1 号　邮政编码：100029）

*

三河市华骏印务包装有限公司印刷装订　新华书店经销

787 毫米×1092 毫米　16 开本　17.75 印张　327 千字

2019 年 9 月第 2 版　2023 年 1 月第 2 次印刷

定价：52.00 元

营销中心电话：400-606-6496

出版社网址：http://www.class.com.cn

内容简介

本教材由人力资源社会保障部教材办公室、中国就业培训技术指导中心上海分中心、上海市职业技能鉴定中心依据上海 1+X 智能楼宇管理员（四级）职业技能鉴定细目组织编写。教材从强化培养操作技能，掌握实用技术的角度出发，较好地体现了当前最新的实用知识与操作技术，对于提高从业人员基本素质，掌握智能楼宇管理员（四级）核心知识与技能有直接的帮助和指导作用。

本教材在编写中根据本职业的工作特点，以能力培养为根本出发点，采用模块化的编写方式。全书共分为 7 章，内容包括：智能楼宇物业管理基础、楼宇自动化控制、信息通信系统、安全防范系统、火灾自动报警系统、有线电视系统、电子会议系统等。

本教材可作为智能楼宇管理员（四级）职业技能培训与鉴定考核教材，也可供全国中、高等职业技术院校相关专业师生参考使用，以及本职业从业人员培训使用。

改版说明

《1+X 职业技术 · 职业资格培训教材——智能楼宇管理员》自 2007 年出版以来，受到广大读者的普遍好评，已经多次重印。全国尤其是上海的职业院校和培训机构多采用此教材开设相关课程，在专业教学、职业技能鉴定、职业技术培训和岗位培训中发挥了很大的作用。

随着我国科技进步、产业结构调整、市场经济的不断发展，新的国家和行业标准的相继颁布和实施，对智能楼宇管理员的职业技能提出了新的要求。上海市职业技能鉴定中心已组织有关方面的专家和技术人员，对智能楼宇管理员的鉴定细目和题库进行了提升，相应地，教材中有些数据、图表和文字表述等也有不同程度更新修改的必要。为此，我们依据上海 1+X 职业技能鉴定细目，结合这些年的教学实践，对书稿进行了资料更新、内容调整等工作。第 2 版教材从强化培训操作技能、掌握实用技术的角度出发，较好地体现了本职业当前主流的实用知识和操作技能，而且与技能鉴定更加贴合。

但因时间仓促，本次改版不足之处在所难免，欢迎读者提出宝贵意见和建议，以便重印或修订时改正。

编者

2019 年 5 月

前　言

职业培训制度的积极推进，尤其是职业资格证书制度的推行，为广大劳动者系统地学习相关职业的知识和技能，提高就业能力、工作能力和职业转换能力提供了可能，同时也为企业选择适应生产需要的合格劳动者提供了依据。

随着我国科学技术的飞速发展和产业结构的不断调整，各种新兴职业应运而生，传统职业中也越来越多、越来越快地融进了各种新知识、新技术和新工艺。因此，加快培养合格的、适应现代化建设要求的高技能人才就显得尤为迫切。近年来，上海市在加快高技能人才建设方面进行了有益的探索，积累了丰富而宝贵的经验。为优化人力资源结构，加快高技能人才队伍建设，上海市人力资源和社会保障局在提升职业标准、完善技能鉴定方面做了积极的探索和尝试，推出了 1+X 培训与鉴定模式。1+X 中的 1 代表国家职业标准，X 是为适应经济发展的需要，对职业的部分知识和技能要求进行的扩充和更新。随着经济发展和技术进步，X 将不断被赋予新的内涵，不断得到深化和提升。

上海市 1+X 培训与鉴定模式，得到了人力资源社会保障部的支持和肯定。为配合 1+X 培训与鉴定的需要，人力资源社会保障部教材办公室、中国就业培训技术指导中心上海分中心、上海市职业技能鉴定中心联合组织有关方面的专家、技术人员共同编写了职业技术・职业资格培训系列教材。

职业技术・职业资格培训教材严格按照 1+X 鉴定考核细目进行编写，教材内容充分反映了当前从事职业活动所需要的核心知识与技能，较好地体现了适用性、先进性与前瞻性。聘请编写 1+X 鉴定考核细目的专家和相关行业的专家参与教材的编审工作，保证了教材内容的科学性及与鉴定考核细目、题库的紧密衔接。

职业技术・职业资格培训教材突出了适应职业技能培训的特色，使读者通过学习与培训，不仅有助于通过鉴定考核，而且能够有针对性地进行系统学习，真正掌握本职业的核心技术与操作技能，从而实现了从懂得什么到会做什么的飞跃。

职业技术·职业资格培训教材立足于国家职业标准，也可为全国其他省市开展新职业、新技术职业培训和鉴定考核，以及高技能人才培养提供借鉴或参考。

本教材在编写过程中得到了上海企顺信息系统有限公司和上海企顺技能培训学校的大力支持与协助，在此表示感谢。

新教材的编写是一项探索性工作，由于时间紧迫，不足之处在所难免，欢迎各使用单位及个人对教材提出宝贵意见和建议，以便教材修订时补充更正。

人力资源社会保障部教材办公室
中国就业培训技术指导中心上海分中心
上海市职业技能鉴定中心

目　录

第 1 章　智能楼宇物业管理基础

第 2 章　楼宇自动化控制

第5章 火灾自动报警系统

第6章　有线电视系统

第 7 章　电子会议系统

第1章

智能楼宇物业管理基础

学习目标

➢ 了解智能建筑的概念、系统组成、发展历程与趋势
➢ 熟悉建筑智能化技术特点与应用范围
➢ 熟悉智能楼宇管理特点和关键技术
➢ 熟悉建筑 CAD（计算机辅助设计）软件基本功能
➢ 掌握建筑电气识图基本方法

知识要求

1.1 智能建筑概述

1984 年，由美国联合技术公司（United Technology Corp.，UTC）的一家子公司——联合技术建筑系统公司（United Technology Building System Corp.）在美国康涅狄格州的哈特福德市建造了一幢建筑——都市大厦（City Place），在楼内铺设了大量通信电缆，增加了程控交换机和计算机等办公自动化设备，并对楼内的机电设备（变配电、供水、空调、防火等）采用计算机控制和管理，具有计算机与通信设施连接，向楼内住户提供文字处理、语音传输、信息检索、发送电子邮件、情报资料检索等功能，实现了办公自动化、设备自动控制和通信自动化，从而第一次出现了“智能建筑”（Intelligent Building，IB）这一名称。

1985 年 8 月在日本东京建成的青山大楼则进一步提高了建筑的综合服务功能，该建筑采用了门禁管理系统、电子邮件等办公自动化系统，安全防火、防灾系统，节能系统等，建筑少有柱子和隔墙，以便于满足各种商业用途，用户可以自由分隔。

美国和日本最早的智能楼宇为日后兴起的智能建筑勾画了基本特征，计算机技术、控制技术、通信技术在建筑物中的应用，造就了新一代的建筑——“智能建筑”。

1.1.1 智能建筑定义

我国早期是以大厦内配备自动化设备作为智能建筑的定义。有“3A”智能大厦和“5A”智能大厦等称谓。“3A”智能大厦具有通信自动化（Communication Automation，CA），办公室自动化（Office Automation，OA）与大楼自动化（Building Automation，BA）

的特点。若再把消防自动化（Fire Automation，FA）与安保自动化（Security Automation，SA）从BA中划分出来，则成“5A”智能大厦。

为了实现大厦中各智能化子系统的综合管理，又形成了大厦管理自动化系统（Management Automation，MA）。这类以建筑内智能化设备的功能与配置作定义的方法，具有直观、容易界定等特点。但因为技术的进步与设备功能的发展是无限的，如果以此来对智能建筑进行定义，那么该定义的描述必须随着技术与设备功能的进步同步更新。

根据《智能建筑设计标准》（GB 50314—2015），智能建筑的定义是：以建筑物为平台，基于对各类智能化信息的综合应用，集架构、系统、应用、管理及优化组合为一体，具有感知、传输、记忆、推理、判断和决策的综合智慧能力，形成以人、建筑、环境互为协调的整合体，为人们提供安全、高效、便利及可持续发展功能环境的建筑。

这是迄今为止比较科学、完整的对智能建筑基本特征的描述。

1.1.2 智能建筑技术与系统

智能建筑并不是特殊的建筑物，而是以最大限度地激发人的创造力、提高工作效率为中心，配置了大量智能型设备的建筑。在这里广泛地应用了现代通信（Communication）、控制（Control）、计算机（Computer）、图像显示技术（CRT）和现代建筑（Architecture）技术等（即“4C+A”技术），构成了与传统弱电系统有本质区别的新型建筑弱电系统——“建筑智能化系统”。而上述“4C+A”技术也形成了建筑电气技术新的分支——“建筑智能化技术”。

就目前的技术发展水平和系统应用来说，建筑智能化系统组成可简单归纳为3A+GCS+BMS，即：

BAS，Building Automation System——大楼自动化系统。

OAS，Office Automation System——办公自动化系统。

CAS，Communication Automation System——通信自动化系统。

GCS，Generic Cabling System——综合布线系统。

BMS，Building Management System——建筑物管理系统。

建筑智能化系统结构如图1—1所示。

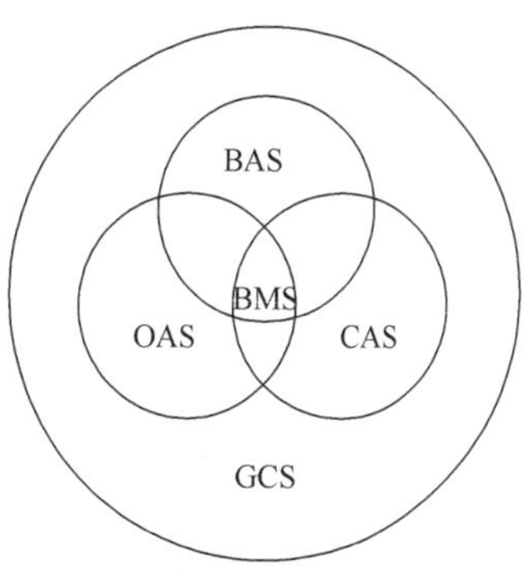

图1—1 建筑智能化系统结构

1. 大楼自动化系统

大楼自动化系统（BAS）通常包括设备控制与管理自

动化（BA）、安保自动化（SA）、消防自动化（FA）。

（1）设备控制与管理自动化（BA）。BA采用集散式的计算机控制系统（Distributed Control System），一般具有3个层次。最下层是现场控制机，每一台现场控制机监控一台或数台设备，对设备或对象参数实行自动检测、自动保护、自动故障报警和自动调节控制。它通过传感器检测得到的信号，进行直接数字控制（DDC）。中间层为系统监督控制器，负责BA中某一子系统的监督控制，管理这一子系统内的所有现场控制机。它接收系统内各现场控制机传送的信息，按照事先设定的程序或管理人员的指令实现对各设备的控制管理，并将子系统的信息上传到中央管理级计算机。最上层为中央管理系统，是整个BA系统的核心，对整个BA系统实施组织、协调、监督、管理、控制。

BA功能如下：

1）数据采集。收集各子系统的全网运行数据和运行状态信息，以数据文件形式存储在外存储器里。

2）运行参数和状态显示。可以显示各子系统的流程图形，可以用数字、曲线、直方图、饼图乃至颜色等各种形式显示系统运行参数和运行状态。

3）历史数据管理。将一定时期内的运行数据和运行状态存储起来。

4）运行记录报表。按照用户要求的各种格式打印各项参数的日报表或月报表。

5）远程控制。中央管理工作站操作人员可以利用中心计算机实时远程操作系统控制每台设备，并且系统设置了分级密码和使用权限，以防止误操作和人为破坏。

6）控制指导。中央管理工作站可以根据系统实时运行数据和历史数据，给出统一调度控制命令，对各子系统进行控制指导。

7）能源统计和计量。

8）定时。设备运行的时间表、启停时间可由管理人员输入，也可由计算机通过模拟计算得出最佳运行时间表。通过BA，可以把全楼所有的建筑设备和设施有效地管理起来。

因此，BA可以实现建筑设备和设施的节能、高效、可靠、安全的运行，从而保证智能化大楼的正常运转。

（2）安全自动化（SA）。SA常设有闭路电视监控系统（CCTV）、通道控制（门禁）系统、防盗报警系统、巡更系统等。系统24小时连续工作，监控建筑物的重要区域与公共场所，一旦发现危险情况或事故灾害的预兆，立即报警并采取对策，以确保建筑物内人员与财物的安全。

（3）消防自动化（FA）。FA具有火灾自动报警与消防联动控制功能，系统包括火灾报警、防排烟、应急电源、灭火控制、防火卷帘控制等，在火灾发生时可以及时报警并按消防规范启动相应的联动设施。

2. 办公自动化系统

办公自动化系统（OAS）按计算机技术来说是一个计算机网络与数据库技术结合的系统，利用计算机多媒体技术，提供集文字、声音、图像为一体的图文式办公手段，为各种行政、经营的管理与决策提供统计、规划、预测支持，实现信息库资源共享与高效的业务处理。OAS 已在政府、金融机构、科研单位、企业、新闻单位等的日常工作中起着极其重要的作用。在智能建筑中 OAS 常由两部分构成：物业管理公司为租户提供的信息服务和物业管理公司内部事物处理的 OAS，大楼使用机构与租用单位的业务专用 OAS。虽然两部分的 OAS 是各自独立建立的，而且要在工程后期才实施，但其计算机网络系统的结构应在工程前期进行规划，以便设计综合布线系统（GCS）。

3. 通信自动化系统

通信自动化系统（CAS）是通过数字程控交换机（PABX）来转接声音、数据和图像，借助公共通信网与建筑物内部 GCS 的接口来进入多媒体通信的系统。目前，公共通信网在我国有城市电话网、长途电话网、CHINAPAC（中国公用分组交换数据网）和 CHINADDN（中国公用数字数据网）。如果需要用卫星通信建立 VSAT（甚小口径卫星终端）网，可租用卫星转发器以实现卫星通信。多媒体通信的业务则有语言信箱、电视会议系统、传真、移动通信等。通信基础设施装备水平的提高，各种宽带接入的驻地网为拓展通信新业务提供了更良好的发展条件。

4. 综合布线系统

综合布线系统（GCS）是在智能建筑中构筑信息通道的设施。它采用光纤通信电缆、铜缆通信电缆及同轴电缆，布置在建筑物的垂直管井与水平线槽内，与每一层面的每个用户终端连接。GCS 可以以各种速率传送话音、图像、数据信息。OA、CA、BA 及 SA 的信号从理论上都可由 GCS 沟通。因而，有人称 GCS 为智能建筑的神经系统。

5. 建筑物管理系统

建筑物管理系统（BMS）是为了实现建筑设备管理自动化而设置的计算机系统，它把相对独立的 BA 系统、CA 系统和 OA 系统采用网络通信的方式实现信息共享与互相联动，以保证高效的管理和快速的应急响应。这一系统目前尚无统一的定义，有称其为系统集成，有称其为 IBMS（Intelligent Building Management System），有称其为 I^2BMS（Integrated Intelligent BMS），亦有称其为 I^3BMS（Intranet Integrated Intelligent BMS）。虽然称呼有所不同，且相应的技术方案有一些区别，但是基本功能还是相近的。

1.1.3 智能建筑发展趋势

随着计算机技术的飞速发展和应用范围的快速扩大，智能建筑因其高技术含量造就了完善的服务功能。可以说，智能建筑是信息时代的必然产物，是高科技与现代建筑的巧妙结合，它已成为综合国力的具体表现。但在智能建筑发展的不同阶段，由于社会发展背景与时代特点的不同，我国智能建筑的发展有不同的重点与需求。

20世纪末，地球环境的迅速恶化引起了世人的高度关注。人们提出了绿色建筑（Green Building）的概念，即倡导建设一种人与自然、建筑与环境和谐共存的建筑物。于是，如何将智能建筑与绿色建筑相融，如何将高科技的智能系统应用于绿色建筑，如何在不损害生态环境和大幅度节约能源的前提下，建造出能够满足现代人工作和生活需求的绿色智能建筑将是智能建筑在新时期的一种发展趋势和目标。

绿色建筑应该遵循可持续发展的原则，可持续发展就是要使经济发展有利于当地环境和基本生活条件的变化，这已经成为目前规划和发展的重要指导思想，针对环境污染、资源过量消耗等社会与环境问题提出切实可行的、持久的解决方法，以利于未来的发展。可持续发展依靠高效率的资源利用、有效的基础设施建设、保护和提高基本生活条件、创造新行业、促进经济发展等手段，创造出一个可持续的健康的社会发展模式。

由于智能建筑的理念契合了可持续发展的生态和谐发展理念，所以智能建筑发展将会更多凸显出建筑的节能环保性、实用性、先进性及可持续升级发展等特点，更加注重建筑的节能减排，更加追求建筑的高效和低碳。这一切对于降低能源消耗具有非常积极的促进作用。

由于绿色建筑在我国刚刚起步，其中大量的课题有待人们去探究与实践。中国的建筑智能化行业在智能与绿色建筑的发展过程中，必将获得更大的发展机遇，其技术水平将随之上升到一个新的高度。

1.2 智能化物业管理

1.2.1 智能楼宇管理基础

按我国物业管理相关规定，物业管理是物业管理经营人受物业所有人的委托，按照国家法律和管理标准及委托合同行使管理权，运用现代维修养护技术，以经济手段对物业及其周围环境的养护、修缮、经营，并为使用人提供多方面的服务，使物业发挥最大的使用价值和经济效益。

智能建筑的建设目标是通过科学有效的运营管理来实现的。智能建筑的运营需要在建筑全寿命期内坚持“以人为本”和可持续发展的理念，在传统物业服务的基础上通过应用信息化、智能化等技术，向人们提供安全、高效、便捷、节能、环保、健康的建筑环境。

随着智能建筑的快速发展，针对智能建筑的物业管理者的需求和技能水平要求也不断提高，我国智能建筑的起步相对国外较晚，因此智能建筑的专业管理人才稀缺已经成为日益凸显的问题。因为智能建筑涉及的专业多、配套产品和技术繁杂，且产品更新换代迅速，对物业管理人员的技术水平要求也很高，管理也趋于更加智能化和专业化。因此，设立智能楼宇管理职业资格，培养智能楼宇专项建设与管理人才，是适应知识经济时代、信息网络时代智能建筑业、房地产业、现代物业管理等行业对高素质管理人才的需求，促进和规范行业的管理，进一步提高从业者的专业素质和技术水平的重要举措，对于我国国民经济的发展具有积极的现实意义。

1.2.2 物业智能化管理特点

与传统物业管理相比，物业智能化管理有以下优点：

1. 创造了安全、健康、舒适宜人的办公、生活环境

物业智能化管理有全套安全防范自动监控系统，有自动探测、消防报警、喷淋系统等。其空调系统可以自动监测空气中的有害污染物含量。智能大厦对温度、湿度、照度均加以自动调节，甚至可以控制色彩、背景、噪声与气味，所有这些为人们带来了更加安全、健康、舒适的生活工作环境。

2. 节约能源

以现代化的商厦为例，其空调与照明系统的能耗很大，约占大厦总能耗的2/3。在满足使用者对环境要求的前提下，智能大厦可以利用自然光和大气冷热量来调节室内环境，以最大限度地减少能源消耗。如区分“工作”与“非工作”时间，对室内环境实施不同标准的自动控制，下班后减低室内照度与温湿度控制标准。利用智能化管理，最大限度地节省能源是智能建筑的主要特点之一，其经济性也使该类建筑得以迅速推广。

3. 能满足多种用户对不同环境功能的要求

传统建筑是根据事先给定的功能要求，完成其建筑与结构设计。智能建筑要求其建筑结构设计必须具有智能功能，采用开放式、大跨度框架结构，允许用户迅速而方便地改变建筑物的使用功能或重新规划建筑平面。室内办公所必需的通信与电力供应也具有极大的灵活性，通过结构化综合布线，在室内分布着多种标准化的弱电和强电插座，只要改变接跳线，就可以快速改变插座功能，如改变电话接口为计算机通信接口等。

4. 现代化的通信手段与办公条件大大提高工作效率

企业可以利用物业局域网，统一调度各部门运作，实现信息共享、互访和传递，极大地提高内部工作效率；同时，用户可以通过国际互联网进行多媒体信息传输和收集，还可以通过国际直拨电话、可视电话、电子邮件、声音邮件、电子会议、信息检索与统计分析等多种手段，及时获得全球性金融商业、科技及各种数据库系统中的信息，可随时与世界各地的机构进行商务往来，处理各种事宜。

5. 极大地丰富、方便人们的生活，提高生活质量

智能化物业可以通过各种技术实现对家中通信、家电、安全防范等设备的监视控制，可以实现水、电、气多表自动计量、自动收费，还可以通过网络平台提供社区服务、网络医疗、教育、娱乐、购物、投资理财等各类服务，从根本上改变人们的生活，提高生活质量。

6. 方便管理

智能化物业可以自动进行安全和灾情报警、智能门禁管理；自动监控水、电、空调等设备，显示设备运转情况，进行故障诊断，提醒及时维护等；智能化物业还可以实现车辆出入管理，水、电、气快速报修，网上传递服务信息等。

1.2.3 物业智能化管理新技术

智能建筑物业管理与传统建筑物业管理相比，具有许多新的内容和特点，具体新技术体现在：

1. BA 控制技术

BA 系统即楼宇自动化控制系统，又称为大楼自动化系统，它是在综合运用自动控制、计算机、通信、传感器等技术的基础上，实现建筑物设备的有效控制与管理，保证建筑设施的节能、高效、可靠、安全运行，满足用户的需求。BA 系统有广义与狭义之分：所谓广义 BA 系统，涵盖了建筑物中所有机电设备和设施的监控内容（包括安全防范、火灾自动报警等系统）；而目前实际工程中指的 BA 系统大多为狭义范畴，即利用 DDC（直接数字控制器）或 PLC（可编程控制器）对其采暖、通风、空调、电力、照明、电梯等进行监控管理的自动化控制系统。BA 系统主要实现设备运行监控、节能控制与管理、设备信息管理与分析等功能。

2. 通信技术

通信系统是智能建筑的“中枢神经”，它具备对来自建筑内外各种信息进行收集、处理、存储、显示、检索和提供决策支持的能力，实现信息共享、数据共享、程序共享，有效地扩大了建筑智能化的应用和管理领域。用现代通信方式装备起来的智能建筑，更有利于为人们创造出高效、便捷的工作条件和生活方式。

3. 能源监测与管理技术

在我国目前能耗结构中，建筑能源消耗已占我国总商品能耗的 20%～30%。在建筑的生命周期中，建筑材料和建造过程中所消耗的能源一般只占其总能源消耗的20%左右，大部分能源消耗发生在建筑物的运营过程中。我国的建筑运营能耗控制水平，尤其是大型公共建筑的能耗控制水平远远低于同等气候条件的发达国家。因此，我国大型公共建筑的节能应该有很大的空间。通过建立大型公共建筑分项用能实时监控及能源管理系统，采集实际能源消耗数据，结合绿色建筑评价标准，逐步通过管理及技术改造实现建筑运营节能，是物业管理智能化的重要内容。

虽然智能建筑的运营管理工作已引起人们的重视，但其建设方、设计方、施工方和物业服务方还是在工作上存在脱节的现象。这需要开发商在建设阶段更多地考虑今后运营管理的总体要求与实施细节；需要物业服务企业在工程前期介入，以保证相关的工程竣工资料完整。目前大多物业企业的运营服务观念尚未建立，不少物业从业人员没有受过专业培训，对掌握和优化智能建筑的运营管理，特别是智能技术应用有困难。因此，在智能建筑的运营管理领域还有大量的工作需要推进。

1.3 AutoCAD 工程制图应用软件介绍

1.3.1 AutoCAD 工程制图应用软件简介

AutoCAD 软件是美国 Autodesk 公司开发的产品，它将制图带入了个人计算机时代。CAD 是英语“Computer Aided Design”的缩写，意思是“计算机辅助设计”。AutoCAD 主要用于二维绘图和三维造型设计。自从 1982 年 Autodesk 公司首次推出 AutoCAD 软件，就在不断地进行完善，后来陆续推出了多个版本，现已经成为国际上广为流行的绘图工具。

如今，AutoCAD 已广泛应用于机械、建筑、电子、航天、造船、石油化工、土木工程、冶金、农业、气象、纺织、轻工业等领域。在中国，AutoCAD 已成为工程设计领域中应用最为广泛的计算机辅助设计软件之一。

1.3.2 AutoCAD 2010 安装与启动

1. 安装 AutoCAD 2010

AutoCAD 2010 软件以光盘形式提供，光盘中有名为 SETUP. EXE 的安装文件。执行 SETUP. EXE 文件，根据弹出的窗口选择、操作即可。安装界面如图 1—2 所示。

图1—2　AutoCAD 2010 安装界面

2. 启动 AutoCAD 2010

安装 AutoCAD 2010 后，系统会自动在 Windows 桌面上生成对应的快捷方式。双击该快捷方式，即可启动 AutoCAD 2010。与启动其他应用程序一样，也可以通过 Windows 资源管理器、Windows 任务栏按钮等启动 AutoCAD 2010。

1.3.3　AutoCAD 2010 经典工作界面

AutoCAD 2010 的经典工作界面由标题栏、菜单栏、各种工具栏、绘图窗口、光标、命令窗口、状态栏、坐标系图标、模型/布局选项卡、菜单浏览器等组成，如图 1—3 所示。

1. 标题栏

标题栏在界面的顶部中间位置，它显示了软件的名称 AutoCAD 2010 以及当前所操作图形文件的名称。如果是当前新建的图形文件尚未保存，则显示“Drawing1. dwg”。

标题栏右侧是最小化窗口按钮、还原窗口按钮/最大化窗口按钮、关闭按钮。

图 1—3　AutoCAD 2010 经典工作界面

2. 菜单浏览器

单击界面左上角的“菜单浏览器”按钮▲，会弹出应用程序菜单，可以搜索命令，选择创建、打开和发布文件的命令。

3. 快速访问工具栏

快速访问工具栏中包含多个常用命令：新建、打开、保存、打印、放弃、重做等。

4. 工具栏

除了快速访问工具栏，AutoCAD 2010 还提供传统方式工具栏。

如果用户使用“AutoCAD 经典”工作空间，该空间没有功能区命令按钮，通常使用工具栏中的命令按钮执行命令。

选择菜单命令“工具/工具栏/AutoCAD”，子菜单中将列出所有可选工具栏的名称。

5. 信息中心

位于界面右上方。通过输入关键字来搜索信息、显示“通信中心”面板以获取产品更新和通告，还可以显示“收藏夹”面板以访问保存的主题。

6. 功能区

默认情况下，在创建或打开图形时，功能区将显示在图形窗口的上面。功能区由选项卡组成。每个选项卡都含有多个带标签的面板，面板中包含许多与对话框和工具栏相同的控件（按钮）。

7. 绘图窗口

AutoCAD 界面中最大的空白区域就是绘图窗口区域。

8. 命令窗口

在绘图窗口的下方是命令窗口，它是用户与 AutoCAD 进行对话的窗口，通过命令窗口发出绘图命令与使用菜单命令和命令按钮的功能相同。命令窗口还可显示执行的命令、系统变量、选项、信息和提示。

命令窗口由两部分组成：命令行和命令历史记录窗口。

9. 状态栏

状态栏在 AutoCAD 界面的最底部，提供关于打开和关闭图形工具的有关信息和按钮，如图 1—4 所示。

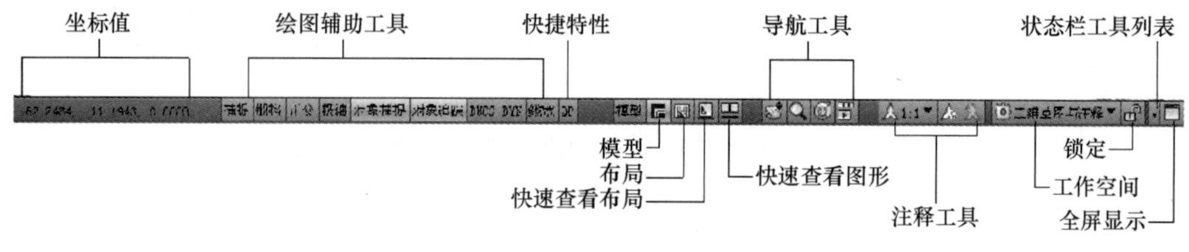

图 1—4 AutoCAD 状态栏

1.3.4 AutoCAD 工程制图应用软件基本操作

1. 图形文件管理

（1）创建新图形。单击“标准”工具栏上的 （新建）按钮，或选择“文件”|“新建”命令，即执行“NEW”命令，AutoCAD 弹出“选择样板”对话框。

通过此对话框选择对应的样板文件 acadiso. dwt，单击“打开”按钮，以对应的样板为模板建立一新图形。

（2）打开图形。单击“标准”工具栏上的 （打开）按钮，或选择“文件”|“打开”命令，即执行“OPEN”命令，AutoCAD 弹出与前面的图类似的“选择文件”对话框，可通过此对话框确定要打开的文件。

（3）保存图形

1）用“QSAVE”命令保存图形。单击“标准”工具栏上的 （保存）按钮，或选择“文件”|“保存”命令，即执行“QSAVE”命令，如果当前图形没有命名保存过，AutoCAD 会弹出“图形另存为”对话框。通过该对话框指定文件的保存位置及名称后，单击“保存”按钮，即可实现保存。

2）换名存盘。换名存盘指将当前绘制的图形以新文件名存盘。执行“SAVEAS”命令，AutoCAD 弹出“图形另存为”对话框，要求用户确定文件的保存位置及文件名。

2. 绘图基本设置

（1）设置图形界限。选择“格式”|“图形界限”命令，即执行“LIMITS”命令，AutoCAD 提示如下。

指定左下角点或［开（ON）/关（OFF）］<0.0000，0.0000>：指定图形界限的左下角位置，直接按“Enter”键或“Space”键采用默认值。

指定右上角点：指定图形界限的右上角位置。

具体操作：响应确认上述数据。

（2）设置绘图单位格式，包括设置绘图的长度单位、角度单位的格式以及它们的精度。选择“格式”|“单位”命令，即执行“UNITS”命令，AutoCAD 弹出“图形单位”对话框，如图 1—5 所示。

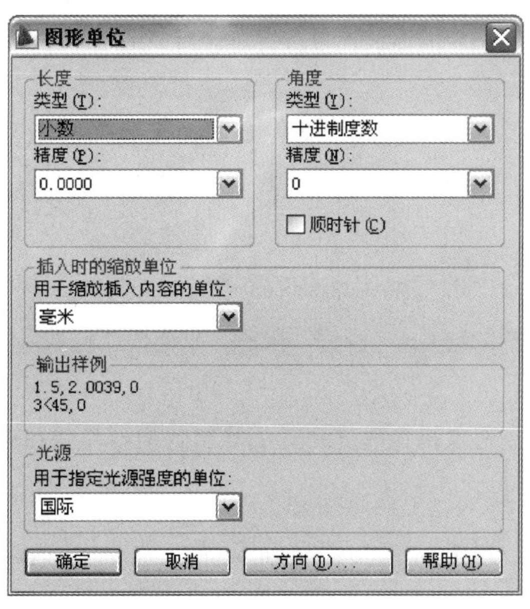

图 1—5　“图形单位”对话框

3. 绘制基本二维图形

（1）绘制直线。根据指定的端绘制一系列直线段。单击“绘图”工具栏上的（直线）按钮，或选择“绘图”|“直线”命令，即执行“LINE”命令。

（2）绘制射线。绘制沿单方向无限长的直线，射线一般用作辅助线。选择“绘图”|“射线”命令，即执行“RAY”命令。

（3）绘制矩形。根据指定的尺寸或条件绘制矩形。单击“绘图”工具栏上的（矩形）按钮，或选择“绘图”|“矩形”命令，即执行“RECTANG”命令。

（4）绘制圆。单击“绘图”工具栏上的（圆）按钮，即执行“CIRCLE”命令。

（5）绘制圆环。选择“绘图”|“圆环”命令，即执行“DONUT”命令，AutoCAD提示如下。

指定圆环的内径：（输入圆环的内径）。

指定圆环的外径：（输入圆环的外径）。

指定圆环的中心点或<退出>：（确定圆环的中心点位置，或按“Enter”键或“Space”键结束命令的执行。

（6）绘制圆弧。AutoCAD提供了多种绘制圆弧的方法，可通过“圆弧”子菜单选择某一方法执行绘制圆弧操作。

（7）绘制点。选择“格式”|“点样式”命令，即执行“DDPTYPE”命令，AutoCAD弹出“点样式”对话框，用户可通过该对话框选择自己需要的点样式。

4. 编辑图形

（1）删除图形。删除指定的对象，就像是用橡皮擦除图纸上不需要的内容。单击“修改”工具栏上的（删除）按钮，或选择“修改”|“删除”命令，即执行“ERASE”命令。

（2）移动对象。将选中的对象从当前位置移到另一位置，即更改图形在图纸上的位置。单击“修改”工具栏上的（移动）按钮，或选择“修改”|“移动”命令，即执行“MOVE”命令。

（3）复制对象。复制对象指将选定的对象复制到指定位置。单击“修改”工具栏上的（复制）按钮，或选择“修改”|“复制”命令，即执行“COPY”命令。

（4）旋转对象。旋转对象指将指定的对象绕指定点（基点）旋转指定的角度。单击“修改”工具栏上的（旋转）按钮，或选择“修改”|“旋转”命令，即执行“ROTATE”命令。

5. 线型与图层

(1) 线型设置。设置新绘图形的线型。选择“格式”|“线型”命令，即执行“LINETYPE”命令，AutoCAD 弹出如图 1—6 所示的“线型管理器”对话框，可通过其确定绘图线型、线型比例等。

图 1—6 “线型管理器”对话框

(2) 线宽设置。设置新绘图形的线宽。选择“格式”|“线宽”命令，即执行“LWEIGHT”命令，AutoCAD 会弹出“线宽设置”对话框供使用者选择确认。

(3) 颜色设置。设置新绘图形的颜色。选择“格式”|“颜色”命令，即执行“COLOR”命令，AutoCAD 会弹出“选择颜色”对话框供使用者选择确认。

(4) 图层管理。管理图层和图层特性。单击“图层”工具栏上的（图层特性管理器）按钮，或选择“格式”|“图层”命令，即执行“LAYER”命令，AutoCAD 弹出如图 1—7 所示的图层特性管理器。

通过“图层特性管理器”对话框可以建立新图层，为图层设置线型、颜色、线宽以及进行其他操作等。

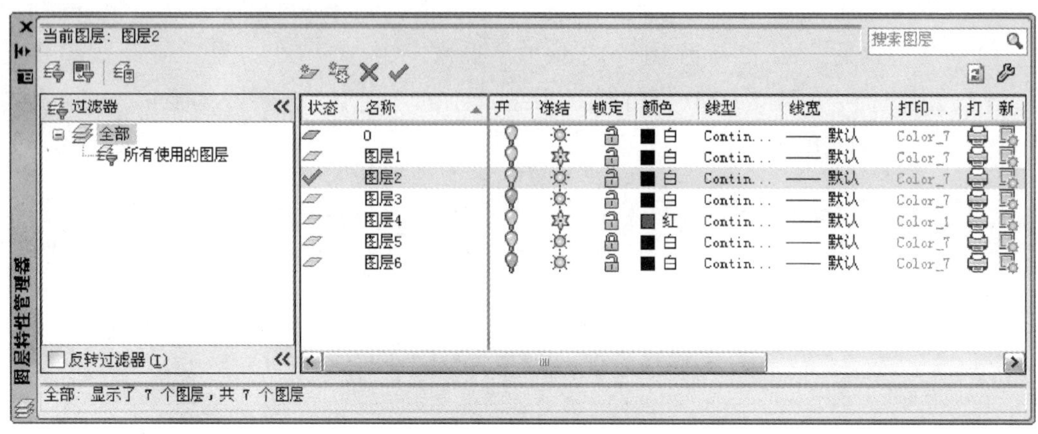

图1—7　图层特性管理器

1.4　建筑电气工程图基础

建筑电气工程图是用规定的图形符号和文字符号表示系统的组成及连接方式、装置和线路的具体安装位置和走向的图样。

1.4.1　建筑电气工程图类别

建筑电气工程图分系统图、平面图、原理图、接线图等。

1. 系统图

系统图包括供配电系统图（强电系统图）和弱电系统图。

供配电系统图表示供电方式、供电回路、电压等级及进户方式，标注回路个数、设备容量、启动方法、保护方式、计量方式、线路敷设方式，还可分高压系统图、低压系统图、电力系统图、照明系统图等。

弱电系统图表示弱电系统各子系统、设备、元器件相互间的连接关系。弱电系统图包括BA系统图、火灾报警系统图、安全防范系统图、综合布线系统图等。

2. 平面图

平面图是表示设备、器具、管线在建筑物中实际安装位置的水平投影图。平面图包括强电平面图和弱电平面图。

强电平面图包括电力平面图、照明平面图、防雷接地平面图等；弱电平面图包括 BA 系统施工平面图、消防报警系统平面图、综合布线系统平面图等。

3. 原理图

原理图表示控制原理，在施工过程中指导调试工作。

4. 接线图

接线图表示系统的接线关系，在施工过程中指导调试工作。

1.4.2 建筑电气工程图组成

电气工程图由首页、电气系统图、平面布置图、安装接线图、大样图和标准图集组成。

1. 首页主要包括目录、设计说明、图例、设备器材图表。

设计说明包括设计依据、工程概况、负荷等级、接地要求、负荷分配、线路敷设方式、设备安装高度、图中未能表明的特殊要求、施工注意事项、测试参数、业主的要求、施工原则。

图例即图形符号，通常只列出本套图纸中涉及的图形符号，在图例中可以标注装置与器具的安装方式和安装高度。

设备器材图表表明本套图纸中的电气设备、器具及材料明细。

2. 电气系统图用于指导组织定购和安装调试。

3. 平面布置图是指导施工与验收的依据。

4. 安装接线图用于指导电气安装和检查接线。

5. 大样图对某一特定区域进行特殊性放大标注。

6. 标准图集是指导施工及验收的依据。

1.4.3 电气工程图识读

1. 常用的文字符号及图形符号

图样是工程“语言”，这种“语言”是采用规定符号的形式表示出来。符号分为文字符号及图形符号。电气工程图常用的文字符号见表 1—1。

表 1—1　　电气工程图常用的文字符号

名称	符号	说明
相序	A B C N	A 相（第一相）涂黄色 B 相（第二相）涂绿色 C 相（第三相）涂红色 N 相为中性线，涂黑色

续表

名称	符号	说明
线路敷设方式	E	明敷
	C	暗敷
	SR	沿钢索敷设
	SC	穿水煤气钢管敷设
	TC	穿电线管敷设
	CP	穿金属软管敷设
	PC	穿硬塑料管
	FPC	穿半硬塑料管
	CT	电缆桥架敷设
敷设部位	F	沿地敷设
	W	沿墙敷设
	B	沿梁敷设
	CE	沿天棚敷设或顶板敷设
	BE	沿屋架或跨越屋架敷设
	CL	沿柱敷设
	CC	暗设天棚或顶板内
	ACC	暗设在不能进入的吊顶内
器具安装方式	CP	线吊式
	CP1	固定线吊式
	CP2	防水线吊式
	Ch	链吊式
	P	管吊式
	W	壁装式
	S	吸顶或直敷式
	R	嵌入式（嵌入不可进入的顶棚）
	CR	顶棚内安装嵌入可进入的顶棚
	WR	墙壁内安装
	SP	支架上安装
	CL	柱上安装
	HM	座装
	T	台上安装
线路的标注方式	WP	电力（动力回路）线路
	WC	控制回路
	WL	照明回路
	WEL	事故照明回路

2. 读图注意事项

就建筑电气工程而言，读图时应注意如下事项：

（1）注意阅读设计说明，尤其是施工注意事项及各分部分项工程的做法，特别是一些暗设线路、电气设备的基础及各种电气预埋件更与土建工程密切相关，读图时要结合相关专业图纸阅读。

（2）注意各种图对照看。例如，供配电系统图与电力系统图、照明系统图对照看，核对其对应关系；系统图与平面图对照看，电力系统图与电力平面图对照看，照明系统图与照明平面图对照看，核对有无不对应的错误。看系统的组成与平面对应的位置，看系统图与平面图线路的敷设方式、线路的型号、规格是否保持一致。

（3）注意看平面图的水平位置与其空间位置。

（4）注意线路的标注，注意电缆的型号规格、注意导线的根数及线路的敷设方式。

（5）注意核对图中标注的比例。

3. 施工平面图识读

某电气工程项目，施工图例如图 1—8 所示。图 1—9 为某地下室照明平面图。

图例符号

序号	符号	名　　称	型号及规格	备　　注
1		双管荧光灯	2×40W	链吊，距地2.8m
2		防水防尘灯	100W	吸顶式　车库
3		座灯头	40W	距地2.2m
4		半圆吸顶灯	60W	吸顶式
5		防水圆球吸顶灯	60W	吸顶式
6		开关		距地1.3m
7		单相二三孔安全插座		距地0.3m
8		配电箱		底边距地1.5m　嵌入式

注　灯具型号及厂家由用户自行选择确定

工程名称	设备用房		
工程名称	图例		
比　例	1:100	图　号	电施D-02

图 1—8　图例

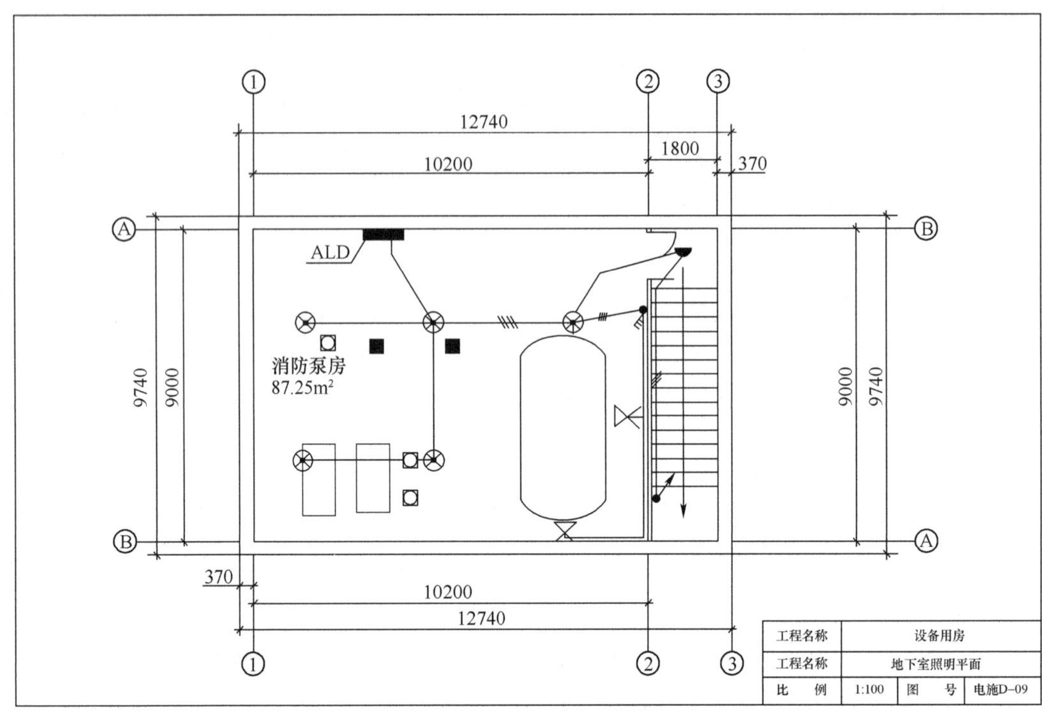

图 1—9 地下室照明平面图

识图分析如下：

地下室平面图中表示出地下室照明配电箱 ALD 的安装位置，从图中可知地下室的灯具有防水防尘灯、座灯头、半圆吸顶灯、一个暗装三联单控开关。灯具的电源从 ALD 引出，经开关分别控制防水防尘灯及座灯头，并从半圆吸顶灯位盒（或接线盒）处引出一条回路至 1 层图中②轴处。

本章测试题

一、判断题（将判断结果填入括号中，正确的填“√”，错误的填“×”）

1. 我国早期定义的“3A”智能大厦是指：大楼自动化、办公自动化、通信自动化。（　　）

2. 建筑智能化系统组成可简单归纳为 3A+GCS+BMS。（　　）

3. BA 系统采用集散式的计算机控制系统，一般具有上层与下层两个层次。（ ）

4. 智能建筑的理念契合了可持续发展的生态和谐发展理念，所以智能建筑发展将会更多凸显出建筑的节能环保性、实用性、先进性及可持续升级发展等特点。（ ）

5. 节能减排是物业管理智能化的重要内容。（ ）

二、单项选择题（选择一个正确的答案，将相应的字母填入题内的括号中）

1. "5A" 智能大厦是指：BA、CA、OA、FA 和（ ）。

A. TA　　B. SA　　C. MA　　D. PA

2. 在建筑的生命周期中，建筑材料和建造过程中所消耗的能源一般只占其总能源消耗的（ ）左右。

A. 20%　　B. 50%　　C. 10%　　D. 40%

3. 工程图图例中，通常列出本套图纸中涉及的图形符号，给出装置与器具的安装方式和（ ）。

A. 接线图　　B. 工作原理　　C. 安装高度　　D. 材料清单

4. （ ）系统可以实现建筑设备和设施的节能、高效、可靠、安全运行，从而保证智能化大楼的正常运转。

A. BA　　B. CA　　C. OA　　D. SA

5. 建造出能够满足现代人工作和生活需求的（ ），是智能建筑在新时期的一种发展趋势和目标。

A. 生态建筑　　B. 绿色智能建筑　　C. 环保建筑　　D. 节能建筑

三、简答题

1. 简述我国对智能建筑的最新定义。

2. AutoCAD 是什么软件，可用于哪些工程领域？

3. 建筑电气工程图有哪些类别？

4. 建筑智能化系统图包含哪些内容？

本章测试题答案

一、判断题

1. √　2. √　3. ×　4. √　5. √

二、单项选择题

1. B　2. A　3. C　4. A　5. B

三、简答题

略

第 2 章

楼宇自动化控制

学习目标

- 了解建筑电气工程基础知识
- 熟悉主要建筑电气设备类型与功能
- 熟悉楼宇自控系统组成与功能
- 熟悉现场控制器 I/O（输入/输出）接口类型与作用
- 掌握楼宇自控常用传感器与执行器选型、安装与连接

知识要求

2.1 建筑电气工程基础

建筑电气与智能建筑工程是将电气和电子信息技术应用于建筑物和相关区域，主要涉及建筑物和电气、电子技术等内容。

2.1.1 建筑物分类

1. 按用途分类

建筑物按用途可分为民用建筑和工业建筑。

（1）民用建筑。按功能、用途可分为办公建筑、商业建筑、文化建筑、媒体建筑、体育建筑、医疗建筑、学校建筑、交通建筑、住宅建筑等。

（2）工业建筑。有专用与通用之分：专用工业建筑指发电厂、化工厂、制药厂、汽车厂等生产某种特定产品的工业建筑；通用工业建筑指一般的机械厂、电器装配厂等。

2. 按建设规模分类

建筑物按建设规模可分成大型、中型和小型建筑。

（1）大型建筑是指建筑面积 20 000 m^2 以上的建筑物。

（2）中型建筑是指建筑面积 5 000~20 000 m^2 的建筑物。

（3）小型建筑是指建筑面积小于 5 000 m^2 的建筑物。

3. 按高度分类

建筑物按高度可分为低层、多层、中高层、高层和超高层建筑。对住宅而言：

（1）1~3 层为低层住宅。

（2）4~6 层为多层住宅。

（3）7~9 层为中高层住宅。

（4）10 层以上为高层住宅。

（5）高度超过 100 m 的为超高层住宅。

2.1.2 电气基础知识

1. 电路的组成

电路是电流的通路，它是用一些电工设备或电气元件按一定的方式组合起来的。随着电流的通过，电路中进行着能量的转换。电源是供应电能的装置，它把其他形式的能量转换成电能。

电路的另一个作用是传输、变换和处理电信号。例如，话筒输出的电信号很微弱，要经过放大电路放大后，才能推动扬声器发音，扬声器是接受和转换信号的设备，也称为负载。

常用的负载有：

（1）电阻。电阻（Resistor）是导体的一种基本性质，与导体的尺寸、材料、温度有关，在电路中具有降压、限流作用。

电阻的种类很多，通常分为碳膜电阻、金属电阻、绕线电阻等。此外，还有固定电阻与可变电阻，以及光敏电阻、压敏电阻、热敏电阻等。

一些电阻外形如图 2—1 所示。

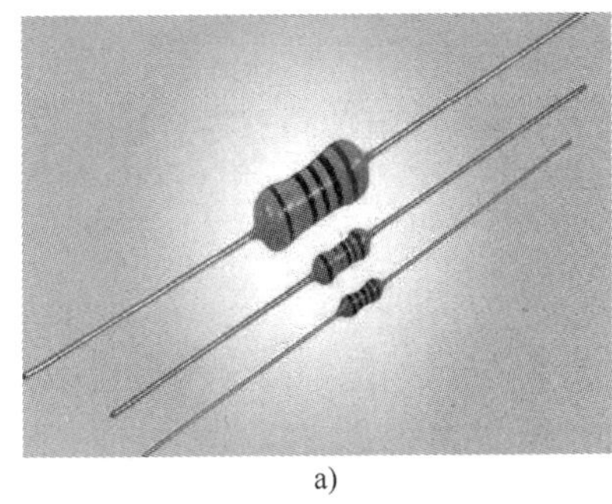

a)

b)

图 2—1　电阻

a）固定电阻　b）可变电阻

电阻的表示符号是“R”，基本单位是 Ω（欧姆），常用单位还有 kΩ（千欧）、MΩ（兆欧）等。

（2）电容。电容（Electric Capacity）由两个金属极中间夹绝缘材料（介质）构成，电容值用电容两极间电场与电量之间关系来表示。电容在电路中有隔断直流电、通过交流电的作用，因此常用来级间耦合、滤波、去耦合、旁路和信号调谐。

电容按构成材料可分为瓷片电容、聚酯电容、电解电容等；按结构可分为固定电容、可变电容、微调电容；按极性可分为极性电容和无极性电容。电解电容是常见的极性电容。

电容的表示符号是“C”，基本单位是 F（法拉），常用单位是 μF（微法）、pF（皮法），换算关系是：$1\ \mathrm{F}=10^6\ \mu\mathrm{F}$，$1\ \mu\mathrm{F}=10^6\ \mathrm{pF}$。

一些电容外形如图 2—2 所示。

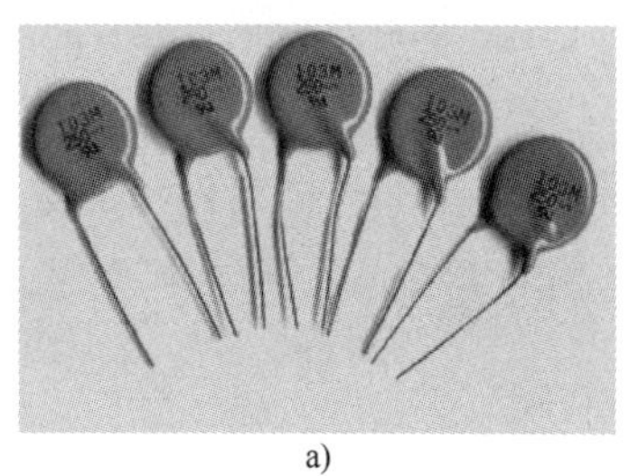

a)

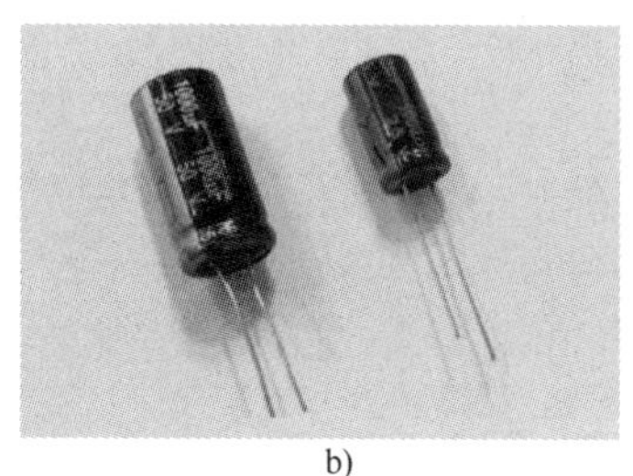

b)

图 2—2　电容

a）瓷片电容　b）电解电容

（3）电感。电感是闭合回路的一种属性，是一个物理量。当线圈通过电流后，在线圈中形成电磁感应，感应磁场又会产生感应电流来抵制通过线圈的电流。这种电流与线圈的相互作用关系称为电的感抗，也就是电感。能产生电感作用的元件统称为电感元件，简称电感器。电感有阻交流通直流、阻高频通低频（滤波）作用。

电感的表示符号是“L”，基本单位是 H（亨），常用单位是 mH（毫亨）、μH（微亨），换算关系是：$1\ \mathrm{H}=10^3\ \mathrm{mH}=10^6\ \mu\mathrm{H}$。

一些电感外形如图 2—3 所示。

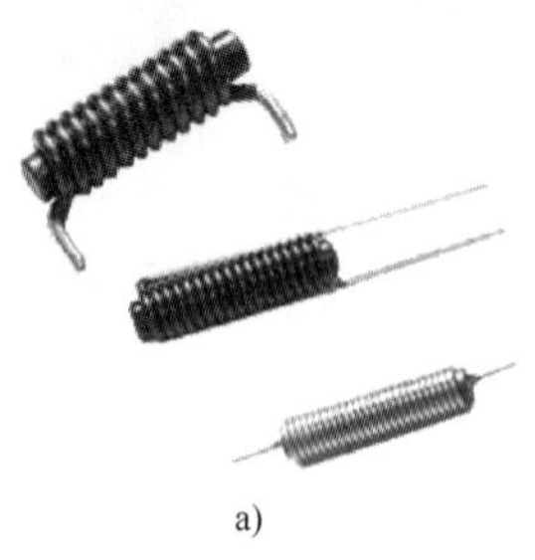

a)

b)

图 2—3　电感

a）线圈电感　b）贴片电感

2. 电路中的物理量

电路中常用的物理量有电流、电压、功率。

(1) 电流。电流由导体中电荷运动形成，是指单位时间流过导体横截面的电量，常用 I 表示，电流的单位为 A（安），常用的单位还有 mA（毫安）、μA（微安）。

(2) 电压。电压是电路两点间的电位差，各点电位与参考点有关。电压用 U 表示，基本单位是 V（伏特），常用的单位还有 mV（毫伏）、μV（微伏）、kV（千伏）等。

(3) 功率。功率 P 表示电能的瞬时强度。一个元件消耗的功率 P 等于元件两端所加电压 U 与通过电流 I 的乘积，即：

$$P=UI$$

功率的基本单位是 W（瓦），常用的单位还有 kW（千瓦）、MW（兆瓦）、mW（毫瓦）等。

3. 欧姆定律

电阻中的电流大小与加在电阻两端的电压成正比，而与电阻成反比，这就是欧姆定律。对于图 2—4a，存在关系式：

$$I=\frac{U}{R}$$

对于图 2—4b，存在关系式：

$$I=-\frac{U}{R}$$

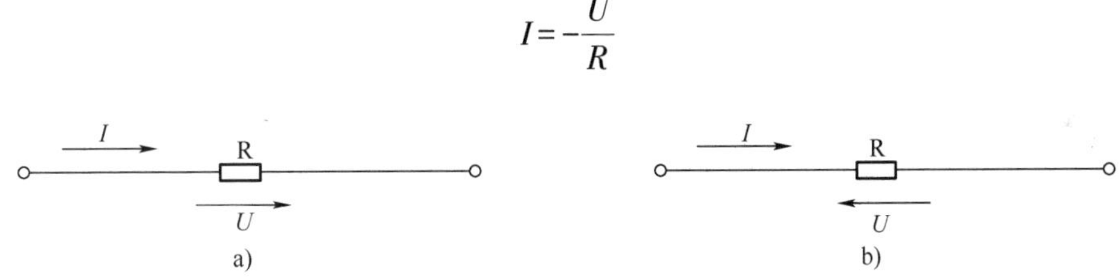

图 2—4　欧姆定律的应用

a）电压与电流正方向一致　b）电压与电流正方向相反

根据在电路图上所选电压和电流的正方向的不同，在欧姆定律的表示式中可带有正号或负号。当电压和电流的正方向一致时，则有 $U=IR$。当两者的正方向相反时，则得 $U=-IR$。

从上式可见，当所加的电压 U 一定时，电阻 R 越大，则电流 I 越小。显然，电阻具有对电流起阻碍作用的物理性质。

如果该电阻是一个表示该段电路特性而与电压和电流大小无关的常数，则称为线性电阻。

4. 交流电

建筑电气工程的主要功能之一是输送电能、分配电能和应用电能，而电能的应用形式主要是交流电。

（1）交流电的概念。随时间按照正弦规律变化的电动势、电压和电流统称为正弦交流电，简称交流电。

以交流电的形式产生电能或供给电能的设备称为交流电源。

由交流电源、用电设备和连接导线组成的电流通路统称为交流电路。

（2）三相交流电。三相交流电由三相交流发电机产生。

三相交流发电机的每一相绕组都可以看作是一个独立的单相电源分别向负载供电，如图2—5所示。这种供电方式需用六根输电线，既不经济也体现不出三相交流电的优点。因此，发电机三相定子绕组都是在内部采用星形（Y形）或三角形（△形）两种连接方式向外输电。

（3）三相电源的星形连接。如图2—6所示，将发电机三个线圈的末端U2、V2、W2连接在一起，这个连接点N称为中性点，自该点引出的导线叫中性线，中性线通常与大地相连，此时又称零线。

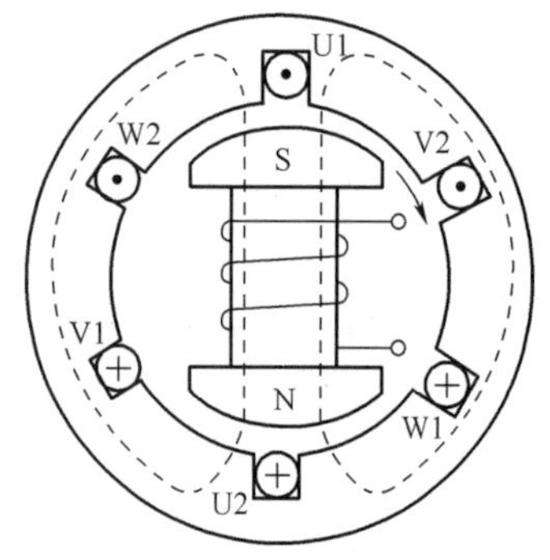

图2—5　三相发电机结构

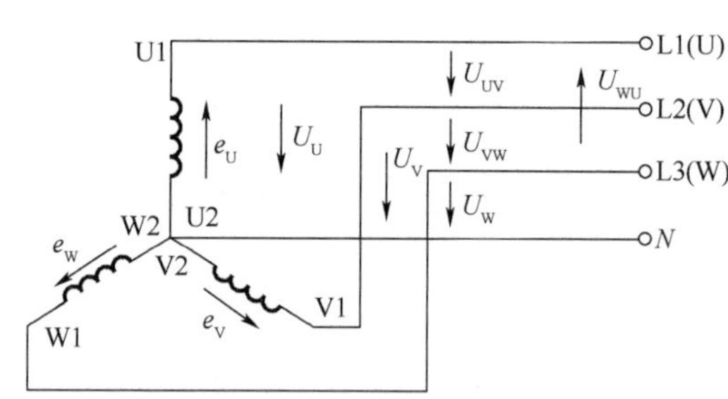

图2—6　三相电源星形连接

从三相线圈的首端U1、V1、W1分别引出三根导线统称为相线（俗称火线）。

这种具有中性线的三相供电方式称为三相四线制，而无中性线只引出3根相线的供电方式称为三相三线制。三相四线制供电的特点是可以提供给用电设备（负载）两种电压：一种称为相电压，即相线（火线）与零线之间的电压，共有三个，分别用U_U、U_V、U_W表示；另一种称为线电压，即相线与相线之间的电压，也有三个，分别用U_{UV}、U_{VW}、U_{WU}表示。

（4）三相交流电路。由于三相交流电在生产、输送、应用等方面有很多优点，因此建筑物中的供电、配电和用电均为三相交流电路。

三相交流电路中的电源有三个，每一个电源称为一相电源，一般称为 U、V、W 三相电源。

2.1.3 建筑电气工程

1. 建筑电气概念与内容

建筑电气是指在建筑中利用现代先进的科学理论及电气技术（含电力技术、信息技术、智能化技术等），创造一个人性化生活环境的电气系统。建筑电气的作用是服务于建筑内人们的工作、生活、学习、娱乐、安全等。

建筑电气包含内容：

（1）建筑强电系统，包括供配电系统、照明系统、接地系统。

（2）建筑弱电系统，也称建筑智能化系统，包括火灾自动报警系统、安全防范系统、设备自动化系统、有线电视系统、综合布线系统、有线广播及扩声系统、会议系统等。

2. 建筑电力负荷分级

我国根据建筑物的重要性，将电力负荷按其对供电可靠性的要求及中断供电在政治、经济上造成的损失或影响程度划分为三级。

（1）一级负荷。中断供电将造成人身伤亡者，中断供电将在政治、经济上造成重大损失者，中断供电将影响有重大政治、经济影响的用电单位的正常工作的负荷。

一级负荷应有两个独立电源供电。所谓独立电源，就是当一个电源发生故障，另一个电源应不致同时受到损坏。在一级负荷中的特别重要负荷，除上述两个独立电源外，还必须增设应急电源。

（2）二级负荷。中断供电将在政治、经济上造成较大损失者；中断供电将影响重要用电单位正常工作的负荷；中断供电将造成大型影剧院、大型商场等较多人员集中的重要公共场所秩序混乱者。

二级负荷应由双回线路供电，供电变压器也应有两台。做到当供电变压器发生故障或电力线路发生常见故障时，不致中断供电或中断后能迅速恢复。

（3）三级负荷。凡不属于一、二级负荷者称为三级负荷。

三级负荷对于供电电源没有特殊要求，一般由单回线路供电。

2.1.4 建筑电气设备

1. 高压配电装置

高压配电装置是指 1 kV 以上的电气设备，按其用途可分为进出线、隔离、计量、联络、互感、避雷器柜等。

高压配电装置按照安装地点分为户内式和户外式两种，配电柜具有很高的防护等级，要求在IP54以上。高压配电柜如图2—7所示，采用高压断路器或负荷开关作为开关电器。

2. 低压配电装置

低压配电装置主要有低压配电柜、配电箱和电表箱，还有作为配电和控制用途的低压开关箱、计量箱等。

（1）低压配电柜。即电压为380 V的配电柜。配电柜按材料可分成金属和塑料两大类；按安装位置可分为户内式和户外式。防护等级与高压配电装置相同。

低压配电柜（见图2—8）中采用的电器有断路器、接触器、电工测量仪表、自动化仪表等。

图2—7　高压配电柜

图2—8　低压配电柜

（2）低压配电箱。用于宾馆、公寓、高层建筑等建筑物，用在交流50 Hz，单相240 V、三相415 V及以下的户内照明和动力配电线路中，作为线路过载保护、短路保护及线路切换、计量、信号之用。

（3）照明配电箱（见图2—9）。分为封闭明装与嵌入暗装两种，主要由箱体、箱盖、支架、母线、自动开关等组成。

（4）电表箱。可广泛用于各类公共建筑、住宅等的用电计量。电表箱分暗装、明装、户外三种类型。电表箱体由塑料、金属或玻璃钢制造。

电表箱规格有1～16位等，分别安装相应数量的电能表。常见一种6位电表箱如图2—10所示。

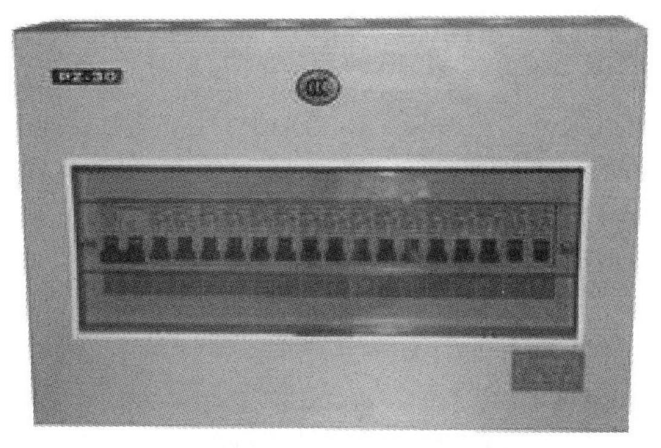

图 2—9　照明配电箱

图 2—10　电表箱

3. 变压器

变压器是利用电磁感应的原理来改变交流电压的装置，主要构件是一次线圈、二次线圈和铁芯（磁芯）。电路符号常用“T”表示。

（1）变压器工作原理。变压器由铁芯（磁芯）和线圈组成，线圈有两个或两个以上的绕组，其中接电源的绕组叫一次线圈，其余的绕组叫二次线圈。一次线圈加交流电产生磁场，二次线圈受磁场作用产生感应电动势，接上负载形成电流。

最简单的铁芯变压器由一个软磁材料做成的铁芯及套在铁芯上的两个匝数不等的线圈构成，如图 2—11 所示。

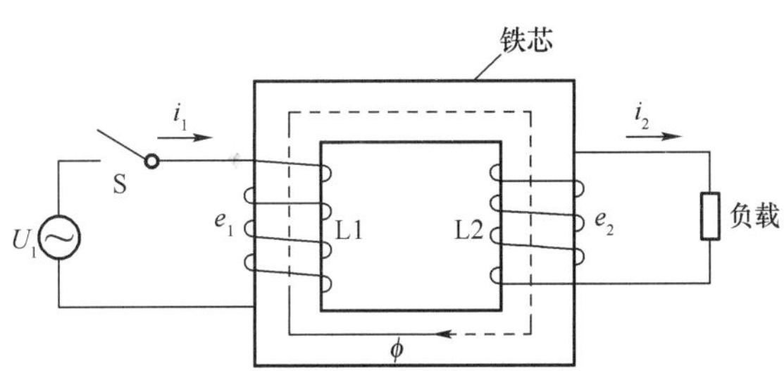

图 2—11　变压器组成与工作原理图

变压器的电动势与线圈匝数的关系是：

$$e_1/e_2=N_1/N_2$$

式中　e_1、e_2——一次线圈和二次线圈两端电动势；

N_1、N_2——一次线圈和二次线圈匝数。

（2）变压器分类。变压器按照用途可分为电力（配电）变压器、电炉变压器、电焊变压器、仪用变压器、特种变压器等。电力变压器按电力系统传输电能方向可分为升压变压器和降压变压器。

除了以上按用途分类外，变压器还可以按相数、绕组数目、铁芯形式、冷却方式分类。例如，变压器按铁芯形式可分为芯式、壳式；按冷却方式可分为干式、油浸式、充气冷却式等。

图 2—12 为芯式和油浸式变压器外形图。

a) b)

图 2—12　变压器

a）芯式变压器　b）油浸式变压器

4. 自备电源

自备电源通常有柴油发电机组、应急电源（EPS）、不间断电源（UPS）等。

（1）柴油发电机组（见图 2—13）。柴油发电机组是一种小型发电设备，系指以柴油为燃料，以柴油机为带动发电机发电的动力装置。

柴油发电机组一般由柴油机、发电机、控制箱、燃油箱、启动与控制装置等组成。机组功率相对较低，但体积小、轻便灵活、操作维护方便，广泛用于工矿单位和建筑楼宇，作为备用电源和临时电源使用。

（2）应急电源。应急电源是为满足消防设施、应急照明、事故照明等一级负荷供电需要而设计生产的。应急电源系统由互投装置、自动充电机、逆变电源、蓄电池组等组成。在交流电网正常供电时，经互投装置给重要负载供电；当交流电网断电时，系统会自动切换到逆变电源供电；当交流电网正常时，系统将恢复电网供电。应急电源装置外形如图 2—14所示。

（3）不间断电源。不间断电源是在市电中断时能够继续向负荷供电的设备。不间断电源组成包括主机和蓄电池两部分。

图 2—13　柴油发电机组

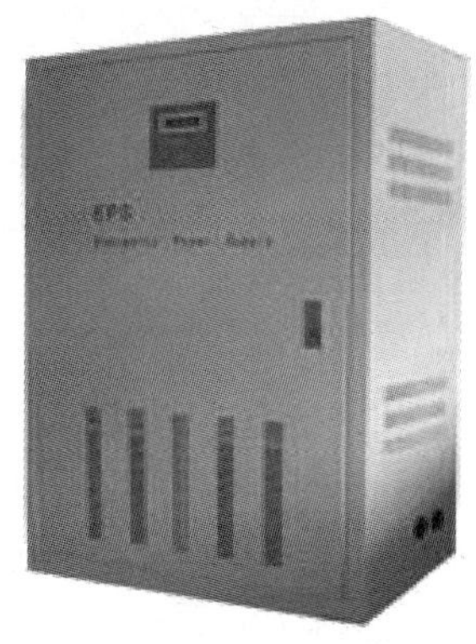

图 2—14　应急电源

不间断电源按工作方式可分为后备式和在线式两种。

1）后备式 UPS。后备式 UPS 在市电正常时，由市电通过简单稳压滤波输出供给用电设备，蓄电池处于充电状态；当停电时，逆变器工作，将电池提供的直流电转变为稳定的交流电输出给用电设备。由于平时市电正常时，逆变器是不工作的，只有在市电停电、蓄电池放电时才开始工作，所以这种 UPS 被称为后备式 UPS。

2）在线式 UPS。在线式 UPS 不管电网电压是否正常，负载所用的交流电压都要经过逆变电路，即逆变电路始终处于工作状态。在线式 UPS 一般为双变换结构。所谓双变换是指 UPS 正常工作时，电能经过了 AC/DC（交流/直流）、DC/AC 两次变换后再供给负载。在线式 UPS 在供电状况下的主要功能是稳压及防止电波干扰，同时对蓄电池充电管理；在停电时则使用备用直流电源（蓄电池组）给逆变器供电。由于逆变器一直在工作，因此不存在切换时间问题，适用于对电源有严格要求的场合。在线式 UPS 外形如图 2—15 所示。

5. 低压电器

低压电器是指额定电压在 1 000 V 以下，在电路中起控制、保护、转换、通断作用的电气设备。

低压电器按作用不同可分为控制电器、保护电器、执行电器、辅助电器等。常用的低压电器有小型断路器、塑壳断路器、漏电保护断路器、按钮、接触器、热继电器、中间继电器等。

图 2—15　在线式 UPS

（1）小型断路器。小型断路器用于建筑物低压端终端配电，具有断路保护、过载保护、控制、隔离功能。其最高工作电压 440 VAC，额定电流 2~63 A，额定短路分断能力有 4.5 kA、6 kA、10 kA、15 kA 等。

小型断路器极数有 1P、2P、3P、4P 和 1P+N（相线+中性线）。相线+中性线的断路器可以同时切断相线与中性线，但对中性线不提供保护。

小型断路器的脱扣特性曲线有 A、B、C、D 型 4 种，其中 C 型用于常规负载与配电线路，D 型用于启动电流大的负载（如电动机、变压器等）。小型断路器外形如图 2—16 所示。

（2）塑壳断路器。塑壳断路器是一种较大的断路器，可以提供断路保护、过载保护、隔离等功能。其额定电压为 500 VAC，额定电流有 20~630 A，额定分断能力有 25 kA、35 kA、42 kA、50 kA，极数有 3P 和 4P。塑壳断路器外形如图 2—17 所示。

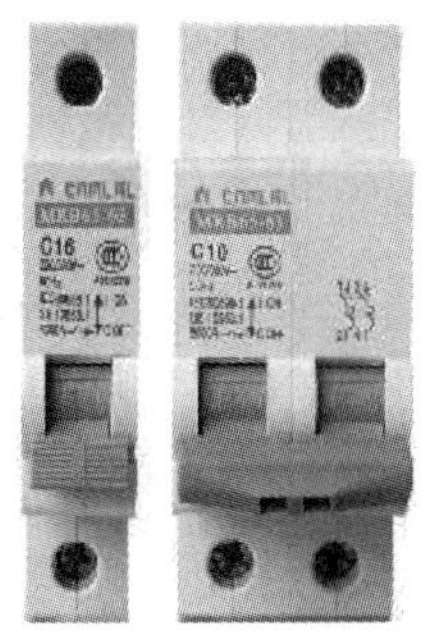

图 2—16　小型断路器

图 2—17　塑壳断路器

（3）漏电保护断路器。漏电保护断路器（见图 2—18）又称漏电保护开关。当回路中有电流泄漏且达到一定值时，漏电保护断路器就可以快速自动切断电源，以避免触电事故的发生或因泄漏电流造成火灾事故的发生。

（4）按钮。按钮是一种常见的指令电器，通常有动合触头和动分触头，有些带有指示灯。常见的一种按钮如图 2—19 所示。

（5）接触器。接触器是利用电磁吸力工作的开关，分为交流接触器和直流接触器，它的工作原理是利用线圈流过电流产生磁场，使触头闭合，从而控制负载的电器。

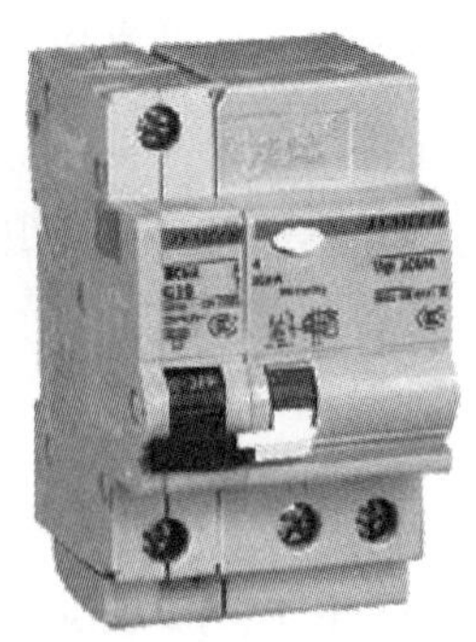

图 2—18　漏电保护断路器

交流接触器（见图 2—20）通常用主接点来开闭电路，用辅助接点来导通控制回路。

图 2—19　按钮

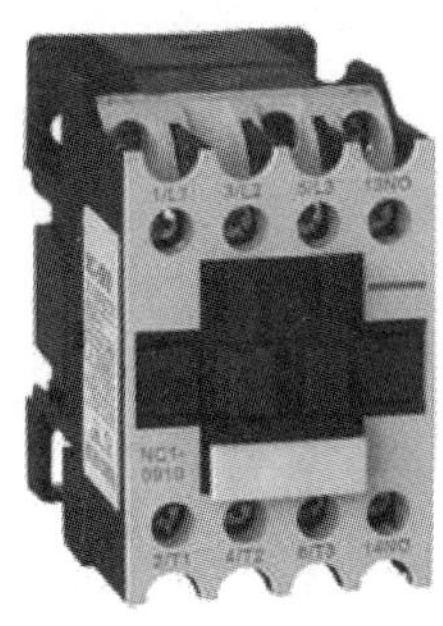

图 2—20　交流接触器

（6）热继电器。热继电器是用于电动机过载、故障保护的电器。其工作原理是由流入热元件的电流产生热量，使有不同膨胀系数的双金属片发生形变，当形变达到一定距离时，就推动连杆动作，使控制电路断开，从而使接触器失电，主电路断开，实现电动机的过载保护。热继电器外形如图 2—21 所示。

（7）中间继电器。中间继电器用于继电保护和自动控制系统中，以增加触点的数量及容量。中间继电器的结构和原理与交流接触器基本相同，与接触器的主要区别在于：接触器的主触头可以通过大电流，而中间继电器的触头只能通过小电流，所以，中间继电器只用于控制电路中。中间继电器外形如图 2—22 所示。

图 2—21　热继电器

图 2—22　中间继电器

6. 建筑电器

建筑电器是指安装在建筑物上的各种开关、插座，如照明开关、电源插座、电视插座、电话插座、网络插座等。

（1）照明开关。照明开关是在灯具附近控制灯具开关的电器。照明开关由面板和底座组成，分单控与双控两种。单控只能在一处控制照明，双控可以在两个不同位置控制同一盏灯，但需预先进行相应布线。

多位开关是几个开关并列安装在同一块面板上，各自独立控制相应灯具。在一块面板上可以有 1、2、3、4 个开关，分别称单位、双位、三位和四位开关，也有称双联、三联等。

此外，还有触摸开关、声控开关、带指示灯开关等。在潮湿场所要使用防溅开关。

一种三位照明开关如图 2—23 所示。

(2) 插座。插座是在工作和生活场所对小型移动电器供电的装置。插座有单相、三相之分，一般插座带接地极；还有带开关插座、防溅插座、带保护门插座等。

插座开关可以控制插座通断电，多用于家用电器，如微波炉、洗衣机等。一种带开关的二、三极插座如图 2—24 所示。

图 2—23 照明开关

图 2—24 带开关插座

在卫生间等潮湿场所要用防溅插座。如果插座安装位置较低，用带保护门插座，可以防止儿童触电。

一般插座是安装在墙上的，也有在地面上安装的地面插座，如图 2—25 所示。

图 2—25 地面插座

家居插座有 10 A 250 V 及 16 A 250 V 两种，空调宜选用 16 A 插座，其他常规家用电器选用 10 A 250 V 即可。

除上述电源插座外，建筑物中还有电话（网络）插座（见图 2—26）、有线电视插座（见图 2—27）等。

7. 输电器材

在建筑物内使用的输电器材主要有电线、电缆、母线、线路保护管、电缆桥架等。

(1) 电线、电缆。电线、电缆都是传输电能和电子信息的介质。

电线由一根或几根柔软的导线组成，外面包以轻软的护层；电缆由一根或几根绝缘包导线组成，外面再包以金属或橡胶制的坚韧外层。

图 2—26　电话（网络）插座

图 2—27　有线电视插座

电缆与电线一般都由芯线、绝缘包皮和保护外皮三个组成部分组成。

电缆按用途可分为电力电缆、信号电缆、控制电缆；按使用环境可分为室内电缆和室外电缆；按防火特性可分为阻燃电缆和耐火电缆。

电力电缆按芯数分为单芯和多芯电缆。

信号电缆按工作频率可分为视频、音频、射频、高频电缆等。

图 2—28 为五芯电力电缆，图 2—29 为射频同轴电缆。

图 2—28　五芯电力电缆

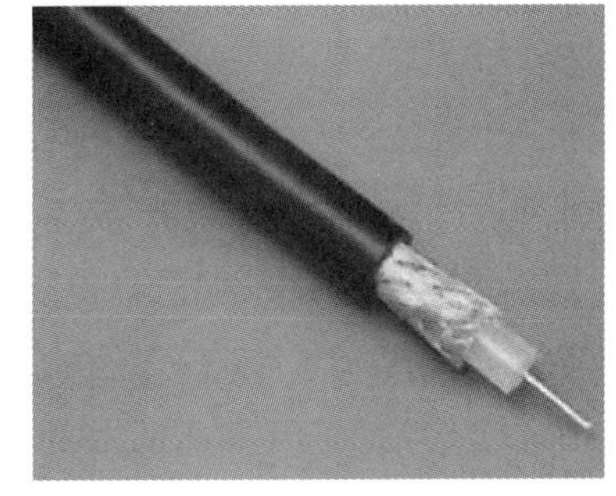

图 2—29　射频同轴电缆

（2）母线。母线是指用高导电率的铜（铜排）、铝质材料制成的，用于传输电能，具有汇集和分配电力能力的产品，是电站或变电站输送电能用的总导线。通过它，把发电机、变压器或整流器输出的电能输送给各个用户或其他变电所。

常用的母线应用形式是插接式母线槽，母线槽是由金属板（钢板或铝板）保护外壳、导电排、绝缘材料及有关附件组成的系统。它可制成标准长度的段节，并且每隔一段距离设有插接分线盒，也可制成中间不带分线盒的馈电型封闭式母线，为馈电和安装检修带来了极大的方便。

插接式母线槽采用了新技术与新工艺，降低了母线槽两端部连接处及分线口插接处的接触电阻和温升，并在母线槽中使用了高质量的绝缘材料，与传统的电缆相比，在大电流输送时，极大地改善了电力传输与分配性能。某型号插接式母线槽外形如图 2—30 所示。

（3）线路保护管。线路保护管又称套管、导管，是电气安装中用于保护电线、电缆布线的管道，允许电线、电缆的穿入与更换。线路保护管主要有钢保护管、塑料保护管、紧定套管、软管等。

图 2—30　插接式母线槽

钢保护管用于容易受机械损伤和防火要求较高的场所，有薄壁管与厚壁管、镀锌与非镀锌之分。薄壁管又称电管，厚壁管就是水煤气管。

塑料保护管一般采用聚氯乙烯（PVC）、聚乙烯（PE）、聚丙烯（PP）制成，施工方便，价格便宜。

紧定套管又称薄壁钢导管，采用优质冷轧带钢精密加工而成，双面镀锌，明敷、暗敷均可，有套接式紧定套管（JDG）和扣接式紧定套管（KBG）两种形式。

软管分为塑料软管、金属软管、包塑金属软管、可绕金属保护管（普利卡软管）等。

（4）电缆桥架。电缆桥架用于敷设大量电缆干线或分支电缆，主要有板式和网格式两种。

板式电缆桥架（见图 2—31a）主要由金属板材制成，有钢制和铝合金制，也有玻璃钢制成的。按外形可分为槽式、梯级式和托盘式。

网格式电缆桥架（见图 2—31b）由金属线材制作，节省材料，组合灵活。

金属桥架的安装方式主要有沿顶板安装、沿墙安装、垂直安装、沿竖井安装、沿地面安装、沿电缆沟及管道支架安装等。安装所用支（吊）架可用成品或自制，支（吊）架固定方式主要有预埋铁件上焊接、膨胀螺钉固定等。

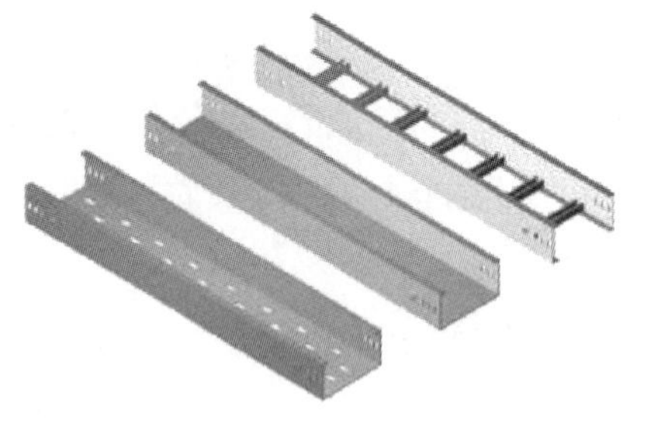

a）

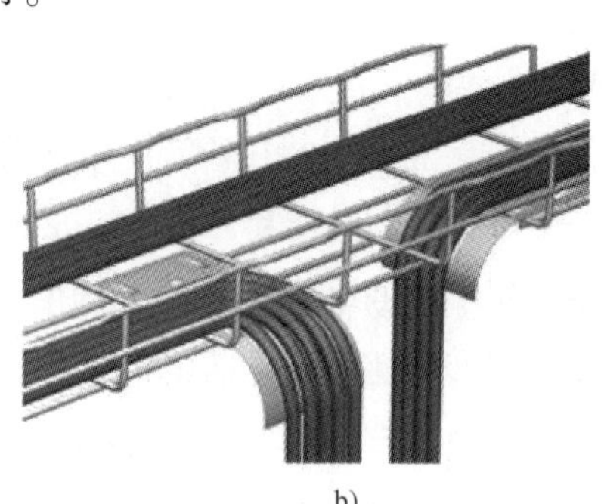

b）

图 2—31　电缆桥架

a）板式电缆桥架　b）网格式电缆桥架

2.1.5 建筑电气安全技术

因为电力的生产和使用有其特殊性，在生产和使用过程中，若不注意安全，则会造成人身伤亡事故和国家财产的巨大损失。因此，安全用电在生产领域和生活领域具有特殊的重大意义。

1. 产生电气事故的原因

(1) 缺乏安全知识。

(2) 电气设备的安装、使用和维修不符合安全规程。

(3) 没有安全工作制度。

2. 触电事故

所谓触电，多是因为人体有意无意地与正常带电体接触或漏电金属外壳接触，使人体的某两点之间被加上电压，在这两点之间形成电流，即触电电流。

触电的伤害形式有两类：电击和电伤。电击是电流通过人体造成内部器官损坏，使人呼吸困难，严重时造成心脏停止跳动而死亡，而表体没有痕迹；由于电流的热效应、化学效应、机械效应，以及在电流作用下熔化蒸发的金属微粒侵袭人体皮肤而使人体皮肤遭受灼伤、烙伤和皮肤金属化的伤害叫电伤。

防止触电的措施有：

(1) 设立屏障，保证人与带电体的安全距离，并悬挂标志牌。

(2) 有金属外壳的电气设备，要采取接地和接零保护。

(3) 采用安全电压。

(4) 采用联锁装置和继电器保护装置，推广、使用漏电保护装置。

(5) 正确选用和安装导线、电缆、电气设备。

(6) 对有故障的电气设备及时维修。

(7) 合理使用各种安全用具、工具和仪表，要经常检查、定期试验。

(8) 建立健全各项安全规章制度，加强安全教育和对电气工作人员的培训。

3. 接地

接地即各种设备与大地的电气连接。要求接地的设备有电力设备、通信设备、电子设备、防雷装置等。接地的目的是使设备正常和安全运行。常用的接地可分为以下几种：

(1) 系统接地。在电力系统中，将某一适当的点与大地连接，称为系统接地或称工作接地，如变压器中性点接地、零线重复接地等。

(2) 设备保护接地。各种电气设备的金属外壳、线路的金属管、电缆的金属保护层、安装电气设备的金属支架等，由于导体的绝缘损坏可能带电。为了防止这些不带电金属部分在设备发生故障时产生过高的对地电压危及人身安全而设置的接地，称为保护接地。

常见的保护接地方式有 TN 系统、TT 系统、IT 系统。

（3）防雷接地。为了使雷电流安全地向大地泄放，以保护被击建筑物或电力设备而采取的接地，称为防雷接地。

（4）屏蔽接地。一方面是为了防止外来电磁波的干扰和侵入，造成电子设备的误动作或通信质量的下降；另一方面是为了防止电子设备产生的高频向外部泄放，需将线路的滤波器、变压器的静电屏蔽层，电缆的屏蔽层，屏蔽室的屏蔽网等进行接地，称为屏蔽接地。

（5）防静电接地。静电是由于摩擦等原因而产生的积蓄电荷，要防止静电放电产生事故或影响电子设备的工作，就需要有使静电荷迅速向大地泄放的接地，这种接地称为防静电接地。

（6）等电位接地。医院的某些特殊的检查和治疗室、手术室和病房中，病人所能接触到的金属部分（如床架、床灯、医疗电器等），不应产生有危险的电位差，因此要把这些金属部分相互连接起来成为等电位体并予以接地，称为等电位接地。高层建筑中为了减少雷电造成的电位差，将每层的钢筋网及大型金属物体连接成一体并接地，也是等电位接地。

（7）电子设备的信号接地和功率接地。电子设备的信号接地（或称逻辑接地）是信号回路中放大器、混频器、扫描电路、逻辑电路等的统一基准电位接地，目的是不致引起信号量的误差。功率接地是所有继电器、电动机、电源装置、大电流装置、指示灯等电路的统一接地，以保证将这些电路中的干扰信号泄漏到地中，不致干扰灵敏的信号电路。

4. 建筑工程防雷

（1）建筑物的防雷分类。民用建筑和工业建筑根据雷电对建筑物的影响情况，可分成三类防雷等级。第一、二类民用与工业建、构筑物应有防直击雷、防雷电感应和防雷电波侵入的措施。第三类民用与工业建、构筑物应有防直击雷和防雷电波侵入的措施。

（2）一般的防雷措施和防雷装置。防直击雷一般采用装设避雷网或避雷带、避雷针保护屋面的突出物。防直击雷的引下线不应少于 2 根，其间距不应大于 24 m。防直击雷的接地装置的冲击电阻不应大于 10 Ω。

作为建筑物防雷装置，接闪器是用来吸引雷电的，引下线用于接闪器和接地体的连接，接地体的作用是使雷电流迅速流散到大地中去。

（3）防雷电波侵入的措施及装置。发生雷电时，雷电波会沿着金属管道和架空线路侵入室内，危及人身安全或损坏设备的现象称为雷电波侵入。

防雷电波侵入的措施有：将进入建筑物的各种线路和金属管道全部埋地引入；架空引入时采用避雷器防雷电波侵入。

（4）防止雷电反击的措施。所谓雷电反击，是指当防雷装置受到雷击时，在接闪器、引下线和接地体上会产生很高的电位，若防雷装置与建筑物内外的电气设备、电线或其他金属管线之间绝缘距离不够，它们之间发生放电的现象。反击也会造成电气设备绝缘破坏，金属管道烧穿，甚至引起火灾和爆炸。

防止雷电反击的措施是，将建筑物每层的钢筋与所有的引下线相连接，金属外壳做等电位连接。

（5）现代建筑的防雷还要考虑建筑物内部设备的防雷，高层建筑在防直击雷的基础上，还应增设防止侧击雷的措施。

5. 漏电保护技术

随着人民生活条件的不断改善和提高，使用的电器数量、种类越来越多，这就对漏电保护技术提出了更高的要求。

漏电保护开关（也称为剩余电流动作保护器）可以对低压电网中的直接触电和间接触电进行有效的防护，其作用是其他保护电器（如熔断器、自动空气开关等）所不能比拟的。

漏电保护开关原理是：在系统发生接地故障（如人员触电、设备绝缘损坏碰壳接地等）时出现较大的剩余电流，漏电保护开关能可靠地动作，切断电源。

按照我国相关规范，下列设备和场所必须安装漏电保护装置：

（1）属于Ⅰ类的移动式电气设备及手持式电动工具。

（2）安装在潮湿、强腐蚀性等环境恶劣场所的电气设备。

（3）建筑施工工地的电气施工机械设备。

（4）暂设临时用电的电气设备。

（5）宾馆、饭店及招待所的客房内插座回路。

（6）游泳池、喷水池、浴池的水中照明设备。

（7）机关、学校、企业、住宅等建筑物内的插座回路。

（8）安装在水中的供电线路和设备。

（9）医院中直接接触人体的医用电气设备。

（10）其他需要安装漏电保护器的场所。

6. 电涌保护技术

电涌保护器（又称浪涌保护器、避雷器，简称SPD）适用于交流50/60 Hz、额定电压

220 V/380 V 的供电系统（或通信系统）中，对间接雷电和直接雷电影响或其他瞬时过压的电涌进行保护，具有相对相、相对地、相对中性线、中性线对地及其组合等保护模式。

电涌保护器是一个非线性电阻元件，它的阻值取决于施加其两端的电压 U 和触发电压 U_d 值的大小。不同产品的 U_d 为标准给定值，工作原理如下：

（1）当 $U<U_d$ 时，SPD 的阻值很高（1 MΩ），只有很小的漏电电流（<1 mA）通过。

（2）当 $U \geqslant U_d$ 时，SPD 的阻值减小到只有几欧姆，瞬间泄放过电流，使电压突降。待 $U<U_d$ 时，SPD 又呈现高阻性。

根据上述原理，SPD 广泛用于低压配电系统，用于限制电网中的大气过电压，使其不超过各种电气设备及配电装置所能承受的冲击耐受电压，保护设备免受雷电危害。

图 2—32　电涌保护器

某种型号的电涌保护器如图 2—32 所示。

2.2　楼宇自控系统

为了满足各种使用功能和众多服务要求，建筑物中需要设置照明设备、空调设备、冷热源设备、通风设备、污水处理设备、给排水设备、变配电设备、应急供电设备、电梯及自动扶梯等。这些设备数量庞大，分布区域广，控制工艺不一，联动关系复杂，这为建筑设备的操作运行与管理维护带来极大困难。而楼宇自控系统在综合运用自动控制、计算机、通信、传感器等技术的基础上，能实现对建筑物设备和设施的有效控制与管理，保证建筑设施的节能、高效、可靠、安全运行，满足广大使用者的需求。

2.2.1　楼宇自控系统组成

楼宇自控系统是由中央管理站、各种现场控制器（又称 DDC）、各类传感器、执行机构组成的，它能对建筑物的变配电、给排水、空调、照明等一系列系统进行有效监控和操作，发挥各系统的最大功效并且最大限度地节约能源，是一个能够完成多种控制及管理功能的网络系统。它是随着计算机在环境控制中的应用而发展起来的一种智能化控制管理系统。

一个完整的楼宇自控系统基本布置如图 2—33 所示。

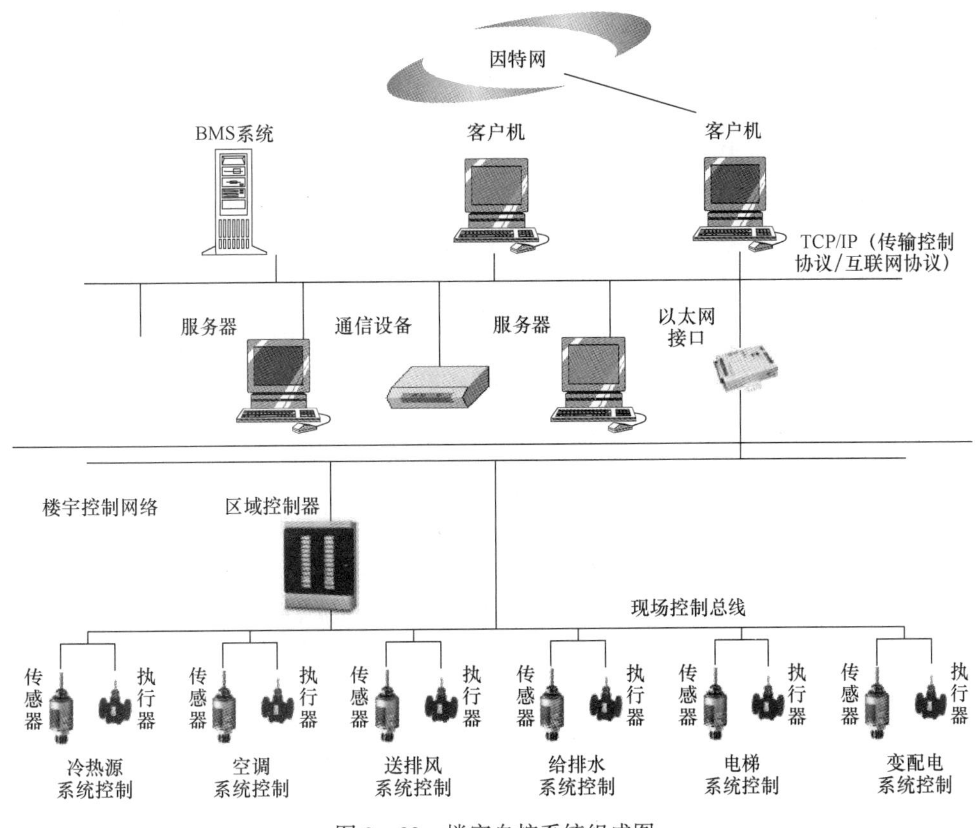

图 2—33　楼宇自控系统组成图

2.2.2　楼宇自控系统管理对象

楼宇自控系统的管理对象就是为实现建筑功能提供能源、动力、照明、交通、环境等的建筑设备。楼宇自控系统让这些建筑设备正常、稳定地运行，为建筑功能的实现和正常发挥提供保障。

通常在建筑设计时，由相关专业的设计人员根据建筑的使用功能需要对建筑设备进行设计和配置。对于楼宇自控系统的设计者来说，首先需要了解建筑的功能定位，需要了解这些建筑设备的设计配置意图及工作原理。

这些被管理的对象通常包括以下几类。

能源与动力：高压配电、变电、低压配电、应急发电等。

照明：工作照明、事故照明、艺术照明、障碍照明、泛光照明等。

交通：垂直电梯、自动扶梯、停车场等。

环境：空调及冷热源、通风、环境监测与控制、给排水、卫生设备、污水处理等。

通常也会将消防（火灾自动报警、灭火及排烟的联动控制、紧急广播等）、安保（防盗报警、电视监控、出入口控制、电子巡更等）等系统纳入楼宇自控系统进行管理。

建筑设备的运行管理以实现各种被管理设备的优化控制为目标，主要包含以下控制内容：

1. 变配电设备及应急发电设备

包括：高低压柜主开关动作状态监测，变压器与配电柜运行状态及参数的自动监测，主要设备供电控制，停电复电自动控制，应急电源供电控制等。

2. 照明设备

包括：楼层、门厅与走道照明的定时开关控制，楼梯照明定时开关控制，泛光照明灯定时开关控制，停车场照明定时开关控制，航空障碍灯点灯状态显示，事故应急照明控制，照明设备的状态监测等。

3. 空调通风设备

包括：空调机组状态监测与运行参数测量，空调机组的最佳启停时间控制，空调机组预定程序控制与温湿度控制，室内/室外气温、湿度、CO 和 CO_2 浓度等参数测量，新风机组启停时间控制，新风机组预定程序控制与温湿度控制，新风机组状态监测与运行参数测量，送排风机组的状态监测和控制等。

4. 给排水设备

包括：给排水系统的状态监测，使用水量、排水量测量，污水池、集水井水位监测，地下、中间层、屋顶水箱水位监测，公共饮水过滤，杀菌设备控制，给水水质监测，给排水泵的状态控制，卫生、污水处理设备运行监测与控制等。

5. 交通设备与停车场

包括：电梯、自动扶梯运行状态监测，停电及紧急状态时的应急处理，语音报告服务系统管理，出入口开闭控制，出入口状态监视，停车库车位状态的监视，停车场的送排风设备控制等。

6. 冷热源设备

包括：冷冻机、热泵、锅炉、热交换器等设备的运行状态监视与参数检测，冷冻机、热泵、锅炉、热交换器等设备的启停与台数控制，冷冻机房设备、锅炉房设备的自动联锁控制，冷冻水、热水的温度、压力控制，能量计量等。

7. 能源管理

在保证用户舒适性的原则下，楼宇自控系统对设备的运行状态进行调整与控制，以节省能源消耗。系统利用优化设备运行工艺，进行能耗统计、节约用电控制、电力系统的功率因数改善、照度的自动调节、照明设备的自动控制、空调系统节能方式运行控制、自动冲洗设备的节水方式运行控制等操作，来实现节约能源的目标。

2.2.3　传感器与执行器

1. 传感器

传感器是将非电量转换为电量的装置，变送器是把传感器输出电量转换为控制设备可以处理电量的装置，工程上有时把传感器与变送器一体化，统称传感器。楼宇自控中常用的传感器有温度传感器、湿度传感器、压力传感器、压差传感器、液位传感器、流量传感器、空气质量传感器、水流开关、人员探测器等。

（1）温度传感器。温度传感器用于测量气体、液体或其他物体的温度。楼宇自控中常用测温元件有金属热电阻（如 Pt100 等）、半导体热敏电阻等。温度传感器由测温元件、测量变送电路及相应附加装置组成，安装方式有室内、室外、风管、水管、烟道表面安装等。图 2—34 所示为室内温度传感器与水管温度传感器。

a)　　　　　　　　b)

图 2—34　温度传感器

a）室内温度传感器　b）水管温度传感器

（2）湿度传感器。湿度传感器用于测量空气中水蒸气含量，即湿度。安装方式有室内、室外、风道等。湿敏元件有电阻式和电容式两种。也有温湿度一体化的传感器，如图 2—35 所示。

（3）压力传感器。压力传感器用于测量管道内液体和气体的压力，测压元件有波纹管与弹簧管。通常波纹管用于测量风管静压，弹簧管用于测量水压与气压。

（4）压差传感器。压差传感器也称压差开关（见图 2—36），用于测量通过引压管路传递的空气、液体压差。测压元件一般用双波纹管。压差开关常用于监测风机运行状态和过滤网清洁情况。

（5）液位传感器。液位传感器也称液位开关、水位开关，是一种测量液位的压力传感器。楼宇自控中常用液位开关控制水泵启停。液位开关分接触式和非接触式两种。常用的非接触式开关有电容式液位开关。接触浮球式液位开关应用最广泛。

（6）流量传感器。流量传感器也称流量计，用于测量气体或液体的体积流量和质量流量。楼宇自控中常用的流量计主要用于测量冷冻水、热水及生活用水的流量，按测温原理可分为涡轮式、涡街式、电磁式、热式流量计等。

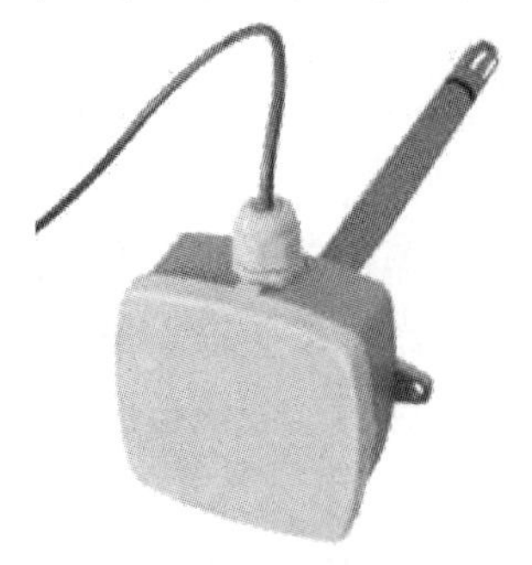

图2—35　风管温湿度传感器

图2—36　压差开关

图2—37为涡轮式流量计和电磁式流量计外形图。

a)

b)

图2—37　流量传感器

a）涡轮式流量计　b）电磁式流量计

（7）空气质量传感器。空气质量传感器用于测量空气中二氧化碳和其他气体含量，分室内型、风管型等安装形式。

（8）照度传感器。照度传感器用于测量室内或室外照度，控制智能照明灯具。

（9）水流开关。水流开关（见图2—38）用于楼宇自控系统中冷冻水、冷却水循环控制，水泵开关控制，电磁阀通断控制等过程，是当达到一定流量后将水流转换为开关式电信号的传感器。

（10）人员探测器。人员探测器用超声波或红外技术探测室内人员，输出开关量信号，通常用于控制智能照明灯具。

图2—38　水流开关

2. 执行器

执行器是楼宇自控系统重要的组成部分，它接受现场控制器发出的信号，通过控制风阀、水阀开度和电源开关等来控制温度、湿度、流量、液位等。

执行器由执行机构和调节机构组成。执行机构是根据调节器控制信号产生推力或位移的装置，而调节机构是根据执行机构输出信号去改变能量或物料输送量的装置。

执行器按其能源形式分为气动、电动和液动三大类，它们各有特点，适用于不同的场合。楼宇自控系统中常用电动执行器。电动执行器的执行机构分角行程和线行程两种，都是以两相交流电动机为动力的位置伺服机构，作用是将输入的直流电流信号线性地转换为位移量。

图 2—39 为电动水阀执行器与电动风阀执行器。

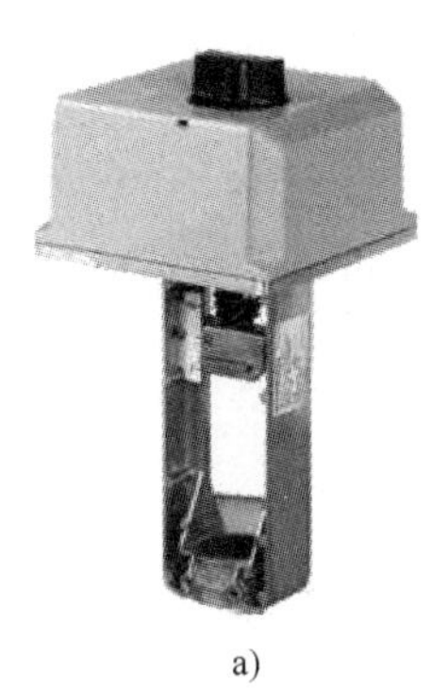

a)

b)

图 2—39　电动执行器

a）电动水阀执行器　b）电动风阀执行器

电动调节阀是一种流量调节机构，和电动执行器一同组成控制调节装置，完成温度、湿度等控制，有连续控制与开关控制两种类型。

电动调节阀剖面图如图 2—40 所示，图 2—41 为电动蝶阀与执行器，图 2—42 为电动调节阀与执行器。

图 2—40　电动调节阀剖面图

图 2—41　电动蝶阀与执行器

图 2—42　电动调节阀与执行器

2.2.4 现场控制器

楼宇自控系统中现场控制器又称直接数字控制器（Direct Digital Controller，DDC），一个控制器加上相应的电源和辅助输入输出设备（如各种继电器、接触器等）就构成了一个典型的现场控制器。

现场控制器的组成如图 2—43 所示。

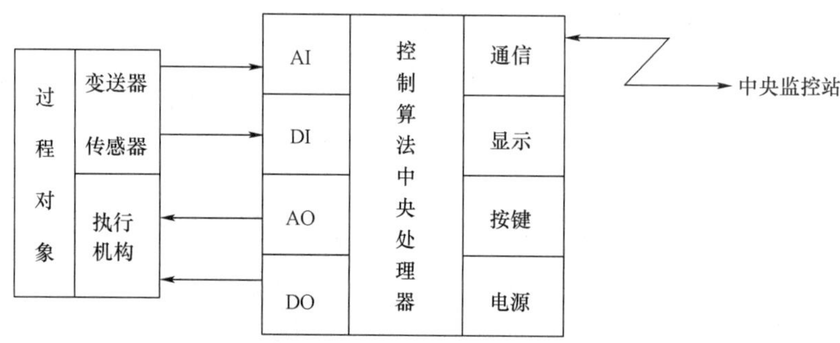

图 2—43 现场控制器的组成

楼宇自控系统的显示与操作功能通常集中于中央监控站，现场控制器一般不设置 CRT 显示器和操作键盘，但有的系统备有袖珍型现场操作器（手持终端），在开停工或检修时可直接连接现场控制器进行操作。某些现场控制器在面板上有小型按钮与数字显示器等智能模件，可进行一些诸如参数调整、状态查看等简单操作。现场控制器外形如图 2—44 所示。

现场控制器通过通信模块与其他设备进行通信，包括向上位机发送监视状态，接收上位机发出的指令，与同级设备进行互操作，通过现场控制面板改变部分程序参数等。

楼宇自控系统中现场控制设备的通信接口根据产品不同可以分为与现场总线的接口，与现场控制面板的接口，与上层控制网络（可以是以太网、中间层控制网络或通信控制器的 RS485 等）的接口等。

现场控制设备包括四种最基本的输入输出接口：模拟量输入接口（AI）、模拟量输出接口（AO）、开关量（或称为数字量）输入接口（DI）、开关量（或称为数字量）输出模块（DO）。

1. 模拟量输入接口（AI）

控制过程中的各种连续性物理量（如温度、压力、压差、应力、位移等），可以由现场传感器或变送器转变为相应的电信号或其他信号送入现场控制设备的模拟量输入通道进

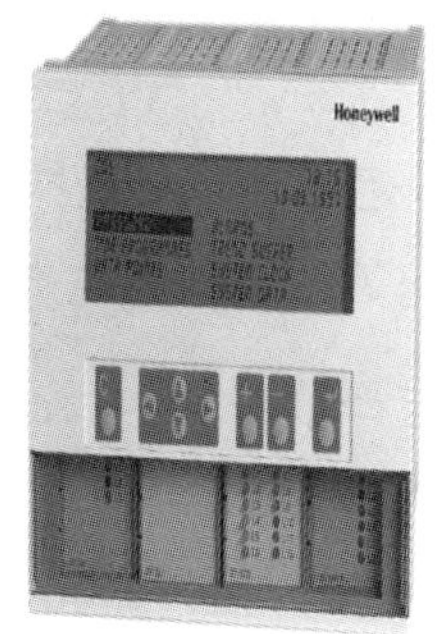

图 2—44　现场控制器

行处理。

楼宇自控系统中，现场设备的电信号输入一般均采用 4~20 mA 标准电流信号，也有用 0~10 mA 标准信号的。在一些信号传送距离短、损耗小的场合采用 0~5 V 或 0~10 V 标准电压信号。

2. 模拟量输出接口（AO）

模拟量输出接口的输出一般为 4~20 mA 标准直流电流信号或 0~10 V 标准直流电压信号。模拟量输出接口用来控制线行程或角行程电动执行机构的行程，或通过调速装置（如交流变频调速器）控制各种电动机的转速。

3. 开关量输入接口（DI）

开关量输入接口用来输入各种限位（限值）开关、继电器或阀门联动触点的开、关状态，输入信号可以是交流电压信号、直流电压信号或干接点。

4. 开关量输出接口（DO）

开关量输出接口用于控制电磁阀门、继电器、指示灯、声光报警器等只具有开、关两种状态的设备。开关量输出接口一般以干接点形式进行输出，要求输出的 0 或 1 对应于干接点的通或断。

2.2.5 楼宇自控系统软件与功能

楼宇自控系统是由中央管理站、各种DDC及各类传感器、执行机构组成的，通过相应的控制软件，对建筑物的变配电、给排水、空调、照明等一系列系统进行有效监控和操作。楼宇自控系统软件按其功能分为管理层软件与控制层软件。

1. 管理层软件

管理层软件是安装在中央监控站、服务器和工作站上的软件，服务于系统管理。

楼宇自控系统的中央监控站提供集中监视、远程操作、系统生成、报表处理、诊断等功能，还可以设有相应通信接口，通过它可以与上一级系统（如BMS）集成，以实现更高层次的控制和管理功能。

楼宇自控系统工作站包括大屏幕监视器、监控计算机、通信设备等。它作为操作人员与楼宇自控系统之间的接口，提供了集中显示、打印保存、系统维护、组态等功能。

楼宇自控系统工作站的显示界面可以直接利用一些标准显示界面，这些界面是楼宇自控系统厂家的工程师和操作人员根据多年的经验，在系统中设定的显示功能，也可以由工程师根据用户的特殊需求进行定制。

图2—45所示为某空调箱系统监控状态的动态图。

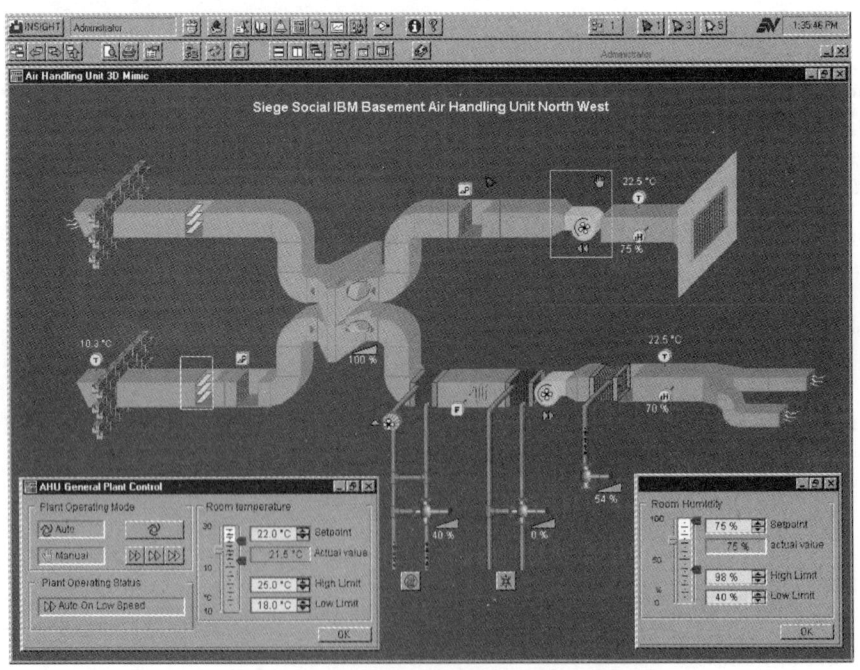

图2—45 空调箱系统监控状态的动态图

2. 控制层软件

控制层软件是指安装在现场控制器上的软件，服务于现场控制。软件采用专用图像化界面操作，功能包括：对各种现场检测仪表（如各种传感器、变送器等）送来的过程信号进行实时数据采集、滤波、校正、补偿处理，完成上下限报警、累积量计算等运算、判别功能，重要的测量值和报警值经通信网络传送到工作站数据库，用于实时显示、优化计算、报警、打印等。

2.3 案例分析

2.3.1 工程背景与需求

某公共建筑配备有风冷热泵机组、空调通风系统、照明系统、供配电系统和电梯、给排水等设备，建筑设施规模大，面积广，功能齐全，技术要求很高。

设计、配置楼宇自控系统的目的是向该建筑物的用户提供舒适、便捷的空间环境，节约能源，保护环境，提高对建筑设备的监控管理效率，为现代化的物业管理创造必要的条件。

2.3.2 系统构架

采用两层网络构架，上层通信网络为TCP/IP协议的以太网，可以和大楼局域网连接。控制网络现场总线，把工作站和DDC、区域网络管理器连接起来，构成控制网主要骨架，如图2—46所示。

系统的网络具备当前主流的工业标准协议和接口（如TCP/IP、BACnet、Lontalk、OPC等），可以和具有这种协议和接口的第三方设备通过网络连接在一起；同时系统也提供一系列开放的通信接口，用于与各种楼宇设备通信连接。

2.3.3 系统监控功能

1. 冷热源系统监控

主要监控内容包括：

（1）风冷热泵机组的启停控制、温度再设定、运行状态、故障报警、手/自动状态、冷冻水供回水温、水流状态。

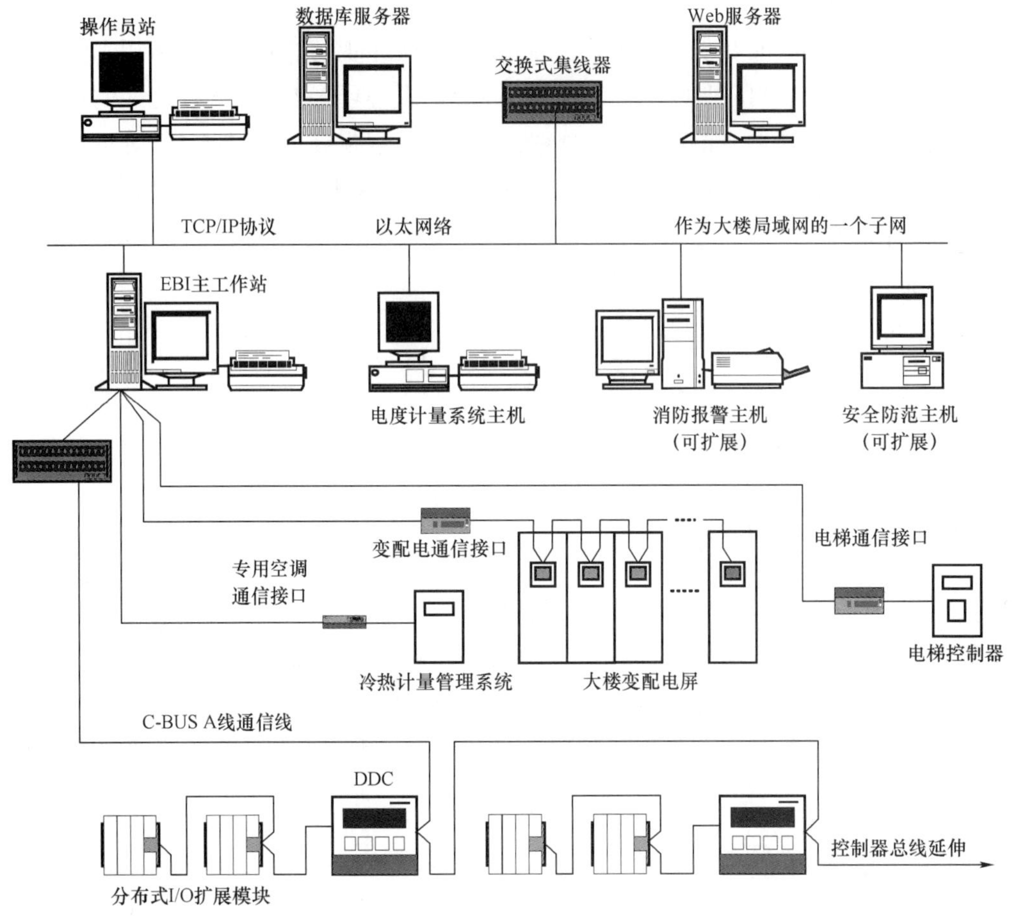

图2—46　网络系统构架图

(2) 冷冻水泵的启停控制、运行状态、故障报警、手/自动状态、备用泵投入控制。

(3) 冷冻水供回水温度、压力、旁通阀压差控制、系统流量、负荷计算。

2. 空调系统监控

主要监控内容包括：

(1) 风机启停控制、运行状态、故障报警、手/自动状态、变频控制。

(2) 回风温湿度和二氧化碳浓度。

(3) 送风温度。

(4) 新风阀、回风阀调节控制，过滤器淤塞报警。

(5) 加湿段加湿阀调节控制。

(6) 消防指令监测及联动控制。

3. 送排风系统监控

主要监控内容包括：

（1）风机启停控制、运行状态、故障报警、手/自动状态。

（2）地下层的二氧化碳浓度。

（3）防火阀的运行状态和故障报警。

4. 给排水系统监控

给排水系统包括生活水箱、生活水泵、集水坑、排水泵等。主要监控内容包括：

（1）生活给水泵的运行状态及故障报警，水泵启停控制。

（2）生活水池的液位，同时进行高低液位报警。

（3）集水坑的高低液位状态，同时进行超水位报警。

（4）排水泵启停控制、运行状态、手/自动状态、故障报警。

（5）消防用水泵运行状态和故障报警。

5. 变配电系统监控

变配电系统包括高压配电系统、低压配电系统、变压器系统。主要监控内容包括：

（1）高压进线柜的开关状态和跳闸报警、电压、电流、频率、功率因数、有功功率和电量。

（2）高压出线和高压母线联络柜断路器的开关状态和跳闸报警。

（3）变压器温度和超温报警，监测低压进线柜的开关状态、电压、电流、有功功率。

（4）低压母线出线的开关状态、故障状态、电流、功率因数和电量。

（5）低压进线断路器的开关状态。

（6）低压母线联络柜的开关状态。

（7）重要低压出线开关的开关状态。

6. 照明系统监控

BA 系统监控的照明回路主要是整个建筑的泛光照明、楼层的公共照明。主要监控内容包括：

（1）运行状态、手/自动状态。

（2）配置室外光照度传感器，根据室外光照度情况控制室内外照明的开与关。

（3）按照大楼物业管理部门要求，定时开关各种照明设备，达到最佳节能效果。

（4）统计各种照明的工作情况，并打印报表，以供物业管理部门参考。

（5）根据用户需要可随时修改各照明调度计划。

（6）累计各控制开关的闭合工作时间。

7. 电梯监控

BA 系统通过电梯提供的接口和协议采集信号对电梯进行监测，不作控制。通过通信接口可以采集电梯运行和故障报警以及上下行、楼层位置等信号数据。

技能要求

本章技能要求需在楼宇自控实训台（见图 2—47）上操作完成，实训台系统包括：

DDC×1，型号：PXC16。

温湿度传感器×1，型号：QFM1660。

压差开关×1，型号：QBM81-5。

风阀驱动器×1，型号：GDB161. 1E。

电动水阀驱动器×1，型号：GLB161. 9E。

计算机：安装有空调控制 Insight 软件，供系统连接数据观察与调试。

智能设故系统。

电源：24 V DC，24 V AC。

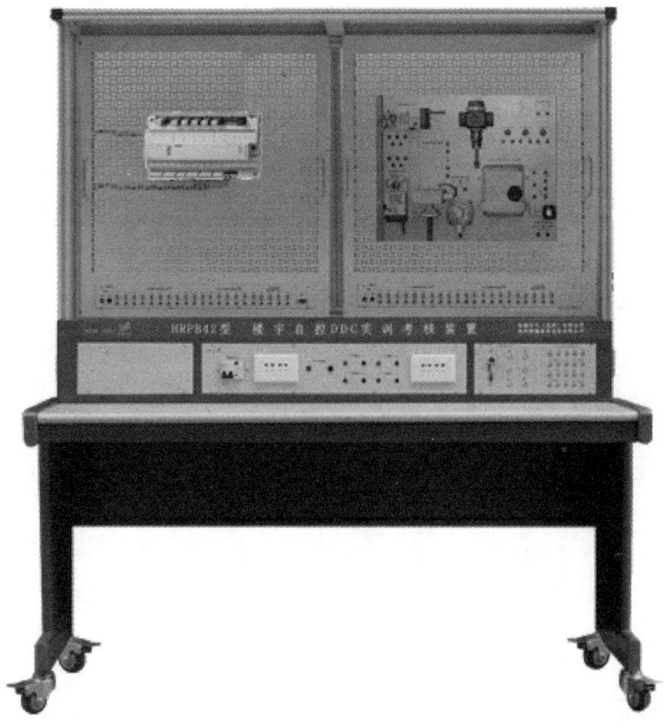

图 2—47　楼宇自控实训台

温湿度传感器的操作使用

操作准备

（1）准备实训导线、万用表等实训材料与工具。

（2）检查设备电源，并开启计算机。

操作步骤

步骤 1：按照图 2—48 连接电气线路。

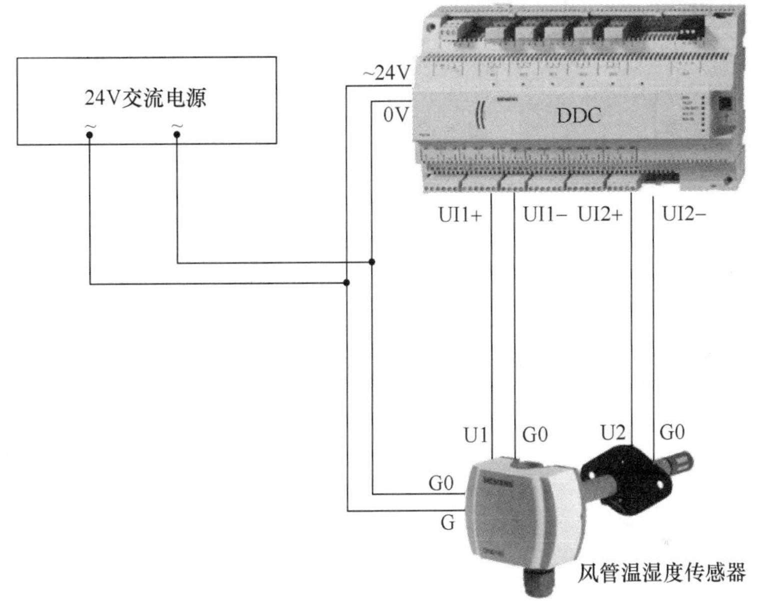

图 2—48　温湿度传感器接线图

步骤 2：打开设备电源，打开 Insight 软件，进入监控画面，如图 2—49 所示。

步骤 3：记录风管 UI1 温度值以及风管 UI2 湿度值。

步骤 4：打开热交换器，观察风管 UI1 温度值以及风管 UI2 湿度值的变化并记录。

步骤 5：系统设置故障后，通过万用表测量传感器的输出，将故障排除。

注意事项

（1）线路连接时应插紧，并确保正负极正确。

（2）排故时，注意电流信号与电压信号的测量方式。

（3）操作完成后，先关闭设备电源，再移除实训导线。

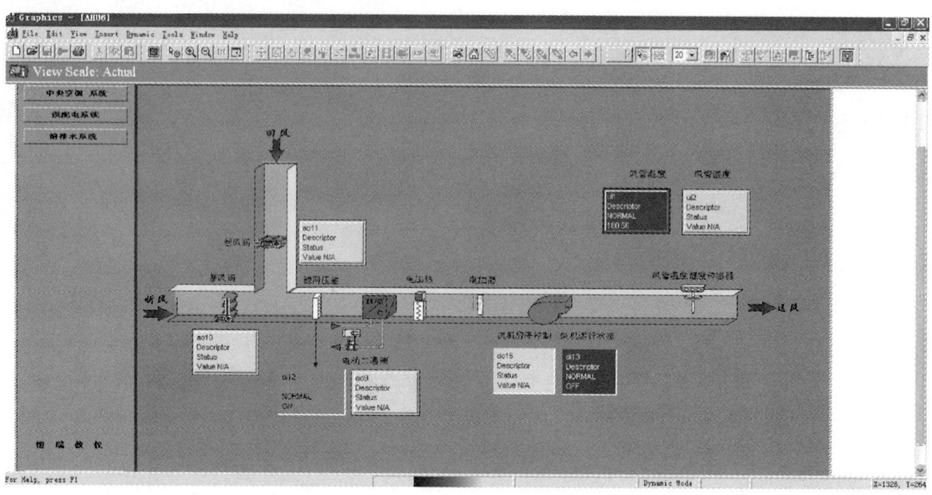

图 2—49　空调机系统监控图（温湿度传感器）

压差开关的操作使用

操作准备

（1）准备实训导线、万用表等实训材料与工具。

（2）检查设备电源，并开启计算机。

操作步骤

步骤 1： 按照图 2—50 连接电气线路。

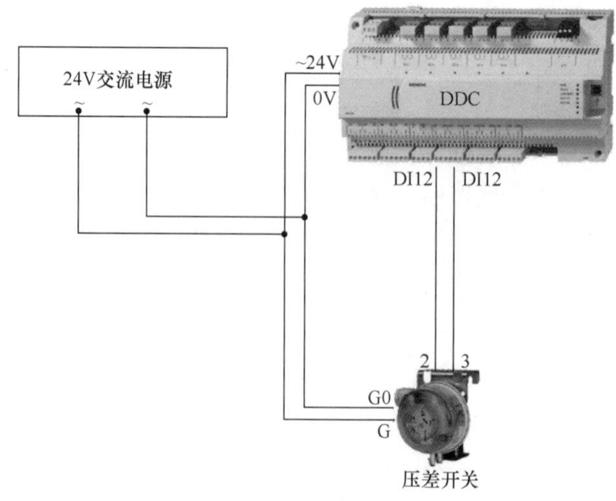

图 2—50　压差开关接线图

步骤 2： 打开设备电源，打开 Insight 软件，进入监控画面，如图 2—51 所示。

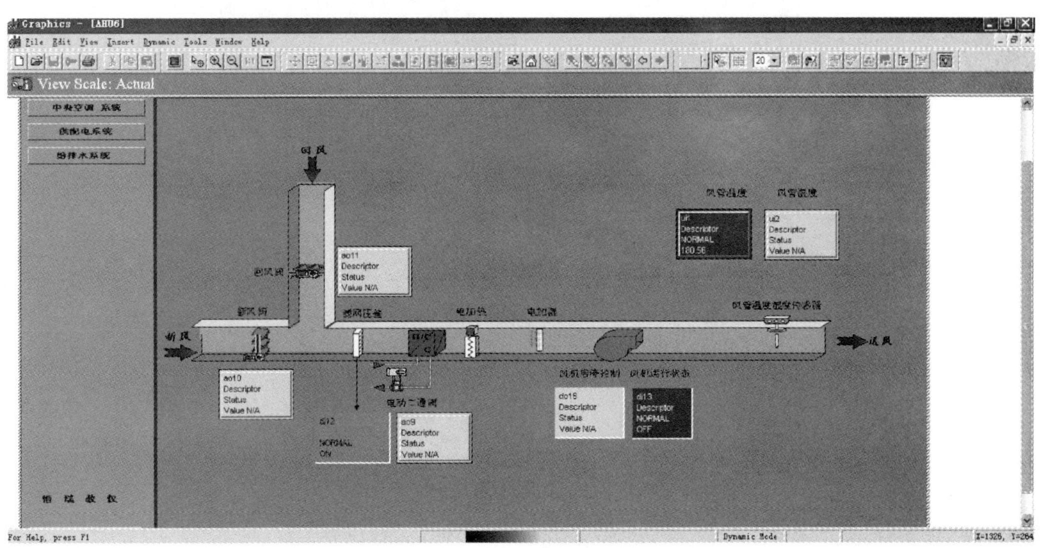

图 2—51　空调系统监控图（压差开关）

步骤 3： 打开压差模拟开关，观测压差开关 DI12 的值。

步骤 4： 系统设置故障后，通过万用表测量传感器的输出，将故障排除。

注意事项

（1）测量开关信号时，注意公共端的位置。

（2）操作完成后，先关闭设备电源，再移除实训导线。

风阀驱动器的操作使用

操作准备

（1）准备实训导线、万用表等实训材料与工具。

（2）检查设备电源，并开启计算机。

操作步骤

步骤 1： 按照图 2—52 连接电气线路。

步骤 2： 打开设备电源，打开 Insight 软件，进入监控画面，如图 2—53 所示。

步骤 3： 点击新风阀操作块，输入新风阀开度（0～100%），观测新风阀的运行情况，如图 2—54 所示。

步骤 4： 系统设置故障后，通过万用表测量传感器的输出，将故障排除。

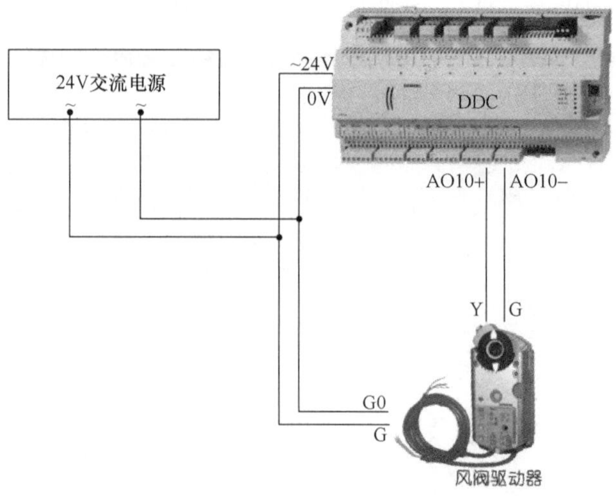

图 2—52　风阀驱动器接线图

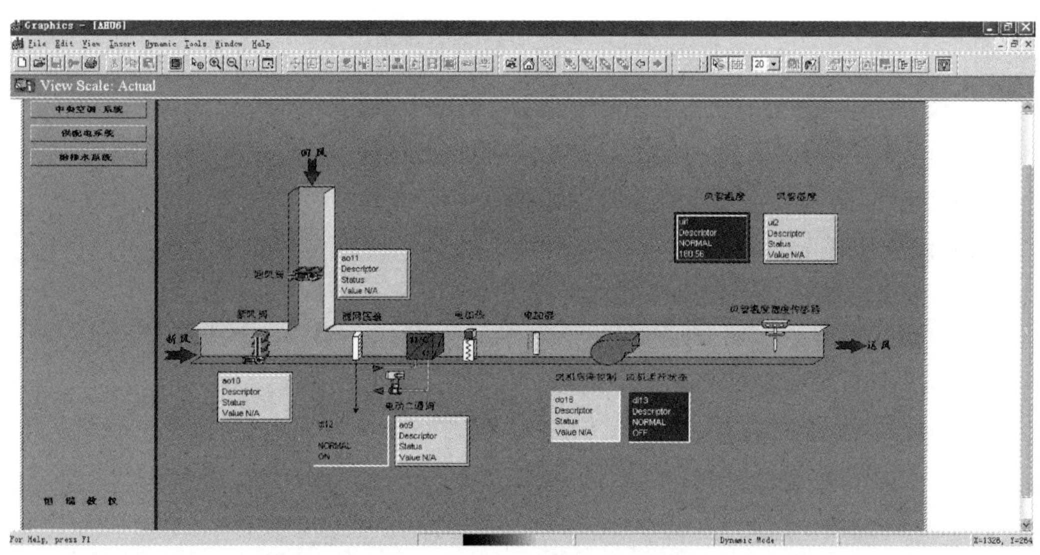

图 2—53　空调系统监控图（风阀驱动）

注意事项

（1）线路连接时应插紧，并确保正负极正确。

（2）排故时，注意电流信号与电压信号的测量方式。

（3）操作完成后，先关闭设备电源，再移除实训导线。

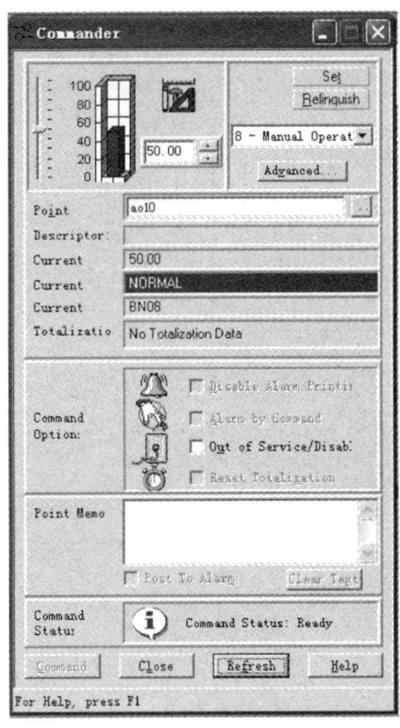

图 2—54　风阀驱动输出控制

电动水阀驱动器的操作使用

操作准备

(1) 准备实训导线、万用表等实训材料与工具。

(2) 检查设备电源，并开启计算机。

操作步骤

步骤 1： 按照图 2—55 连接电气线路。

步骤 2： 打开设备电源，打开 Insight 软件，进入监控画面，如图 2—56 所示。

步骤 3： 点击电动水阀操作块，输入阀门开度（0~100%），观测阀门的运行情况，如图 2—57 所示。

步骤 4： 系统设置故障后，通过万用表测量传感器的输出，将故障排除。

注意事项

(1) 线路连接时应插紧，并确保正负极正确。

(2) 排故时，注意电流信号与电压信号的测量方式。

(3) 操作完成后，先关闭设备电源，再移除实训导线。

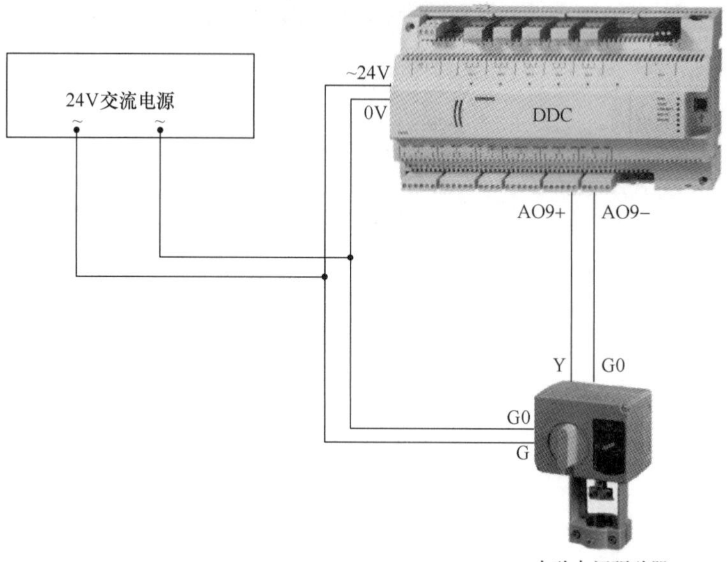

图2—55　电动水阀驱动器接线图

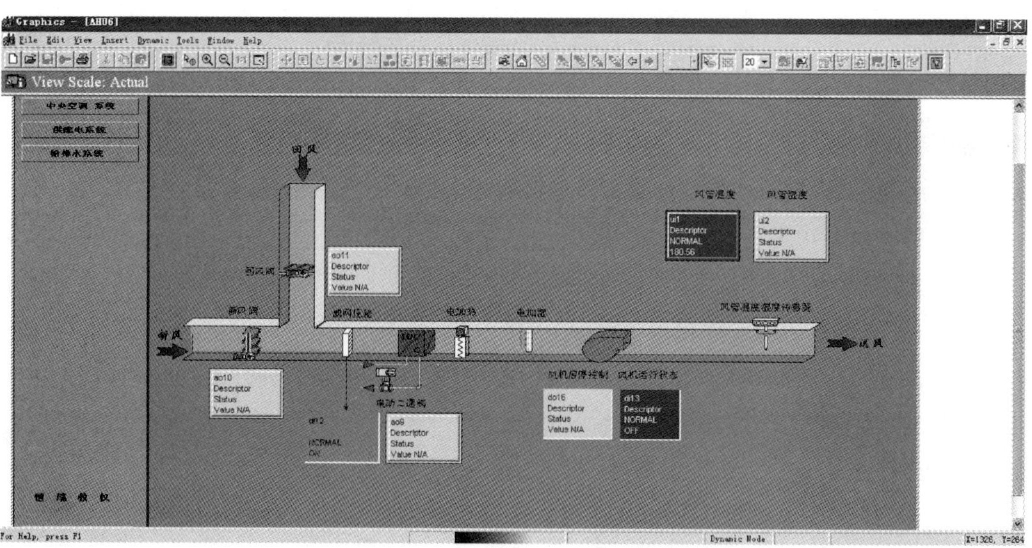

图2—56　空调系统监控图（电动水阀驱动）

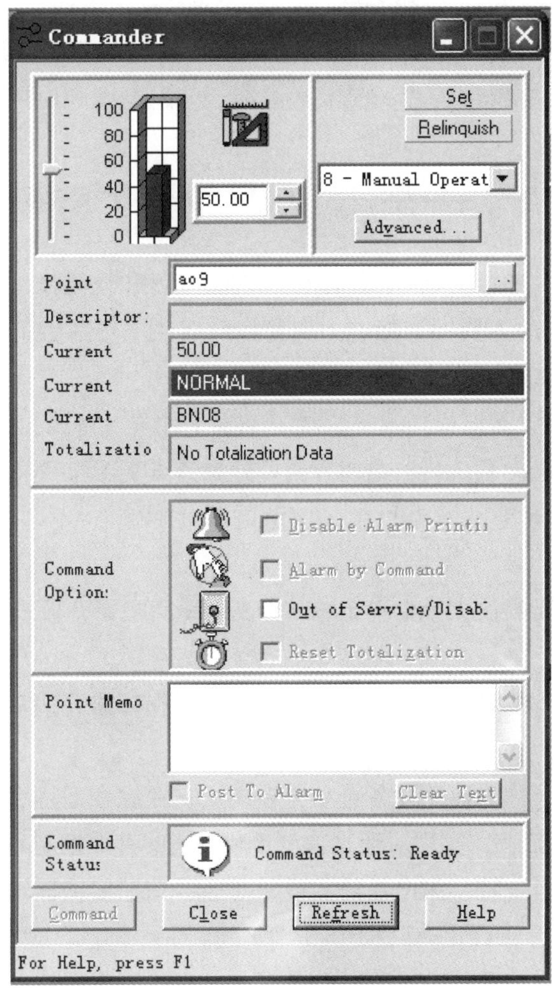

图 2—57　电动水阀驱动输出控制

本章测试题

一、判断题（将判断结果填入括号中，正确的填“√”，错误的填“×”）

1. 建筑物按用途可分为民用建筑和工业建筑。 （　　）

2. 电路是电流的通路，它是用一些电工设备或电气元件按一定的方式组合起来的。 （　　）

3. 电源是供应电能的装置，它把其他形式的能量转换成电能。（　　）

4. 电容按极性可分为极性和无极性电容，电解电容是常见的无极性电容。（　　）

5. 建筑电气工程的主要功能之一是输送电能、分配电能和应用电能，而电能的应用形式主要是直流电。（　　）

6. 随时间按照正弦规律变化的电动势、电压和电流统称为正弦交流电，简称交流电。（　　）

7. 三相电源向外供电时，只能采用三相三线制、三相四线制。（　　）

8. 我国根据建筑物的重要性，将电力负荷按其对供电可靠性的要求及中断供电在政治、经济上造成的损失或影响的程度划分为五级。（　　）

9. 所谓三相四线制就是三根相线（火线）一根中性线（零线）的供电体制。（　　）

10. 电力变压器按电力系统传输电能方向可分为升压变压器和降压变压器。（　　）

11. 自备电源通常有柴油发电机组、应急电源（EPS）、不间断电源（UPS）等。（　　）

12. 母线槽主要用于敷设大量电缆干线或分支电缆，主要有板式和网格式两种。（　　）

13. 在系统发生接地故障（如人员触电、设备绝缘损坏碰壳接地等）时，出现较大的剩余电流，普通开关能可靠地动作，切断电源。（　　）

14. 楼宇自控系统又称为建筑设备自动化系统，它在综合运用自动控制、计算机、通信、传感器等技术的基础上，实现对建筑物设备和设施的有效控制与管理。（　　）

15. 传感器是将非电量转换为电量的装置，变送器是把传感器输出电量转换为控制设备可以处理电量的装置，工程上有时把传感器与变送器一体化，统称传感器。（　　）

16. 执行器是楼宇自控系统中重要的组成部分，它接受现场控制器发出的信号，通过控制风阀、水阀开度和电源开关等，控制温度、湿度、流量、液位等。（　　）

二、单项选择题（选择一个正确的答案，将相应的字母填入题内的括号中）

1.（　　）有阻交流通直流，阻高频通低频（滤波）的作用。

A. 电阻　　B. 电感　　C. 电容　　D. 电源

2.（　　）是导体的一种基本性质，与导体的尺寸、材料、温度有关，在电路中具有降压、限流作用。

A. 电阻　　B. 电感　　C. 电容　　D. 电源

3. 变压器是利用电磁感应的原理来改变交流电压的装置，主要构件是一次线圈、二次线圈和铁芯（磁芯）。电路符号常用（　　）表示。

A. “I”　　B. “U”　　C. “R”　　D. “T”

4. 高压配电装置是指（　　）以上的电气设备，按其用途可分为进出线、隔离、计量、联络、互感、避雷器柜等。

A. 380 V　　B. 220 V　　C. 1 kV　　D. 500 V

5. 当回路中有电流泄漏且达到一定值时，（　　）就可以快速自动切断电源，以避免触电事故的发生或因泄漏电流造成火灾事故的发生。

A. 照明开关　　B. 漏电保护断路器

C. 交流接触器　　D. 继电器

6. 小型断路器的脱扣特性曲线有 A、B、C、D 型 4 种，其中（　　）用于常规负载与配电线路。

A. A 型　　B. B 型　　C. C 型　　D. D 型

7.（　　）是用于电动机过载、故障保护的电器。

A. 中间继电器　　B. 断路器　　C. 交流接触器　　D. 热继电器

8.（　　）用于继电保护和自动控制系统中，以增加触点的数量及容量。

A. 中间继电器　　B. 断路器　　C. 交流接触器　　D. 热继电器

9.（　　）接口一般以干接点形式进行输出，要求输出的 0 或 1 对应于干接点的通或断。

A. AI　　B. DI　　C. AO　　D. DO

10.（　　）接口用来控制线行程或角行程电动执行机构的行程，或通过调速装置（如交流变频调速器）控制各种电动机的转速。

A. AI　　B. DI　　C. AO　　D. DO

本章测试题答案

一、判断题

1. √　2. √　3. √　4. ×　5. ×　6. √　7. ×　8. ×　9. √　10. √　11. √　12. √　13. ×　14. √　15. √　16. √

二、单项选择题

1. B　2. A　3. D　4. C　5. B　6. C　7. D　8. A　9. D　10. C

第 3 章

信息通信系统

学习目标

➢ 了解综合布线系统特点、组成、分级与应用
➢ 能够熟练地进行综合布线系统的线缆及端接器件的连接
➢ 熟悉综合布线系统线缆布放要求
➢ 了解常用网络设备及其主要功能
➢ 了解全光网络系统的特点、组成与应用
➢ 能够对无线网络设备进行初步配置

知识要求

3.1 综合布线系统

3.1.1 综合布线系统概述

1. 综合布线系统的概念

综合布线系统（Generic Cabling System，GCS）是一种模块化、结构化、高灵活性的、存在于建筑物内和建筑群之间的信息传输通道。综合布线系统是在计算机和通信技术发展的基础上为进一步适应社会信息化的需要而发展起来的，同时也是智能大厦发展的结果。

对于现代化的大楼来说，综合布线系统就如体内的神经，它采用了一系列高质量的标准材料，以模块化的组合方式，把语音、数据、图像、多媒体等信息传递系统用统一的传输媒介进行综合，经过统一的规划设计，将现代建筑的各个子系统有机地连接起来，为现代建筑的系统集成提供了物理介质。可以说，综合布线系统的成功与否直接关系到现代化大楼的成败。

综合布线系统是建筑物或建筑群内的传输网络，是建筑物内的“信息高速路”。它既使话音、数据、图像和多媒体通信设备、交换设备和其他信息管理系统彼此相连接，又使这些设备与外界通信网络相连接。它包括建筑物到外部网络或电信运营商局端线路上的连接点与工作区的话音和数据终端之间所有电缆及相关布线部件。

2. 综合布线系统的发展过程

传统的布线（如电话线缆、有线电视线缆、计算机网络线缆等）都是由不同单位各自设计和安装完成的，采用不同的线缆及终端插座，各个系统相互独立。由于各个系统的终端插座、终端插头、配线架等设备都无法兼容，所以当设备需要移动或更换时，就必须重新布线。这样既增加了资金的投入，也使建筑物内线缆杂乱无章，增加了管理和维护的难度。

20 世纪 80 年代末期，美国朗讯科技公司（原 AT&T）贝尔实验室的科学家们经过多年的研究，在该公司的办公楼和工厂试验成功的基础上，在美国率先推出了结构化布线系统（Structured Cabling System，SCS），其代表产品是 SYSTIMAX PDS（建筑与建筑群综合布线系统）。我国在 20 世纪 80 年代末期开始引入综合布线系统，20 世纪 90 年代中后期综合布线系统得到了迅速发展。目前，现代化建筑中广泛采用综合布线系统，“综合布线”已成为我国现代化建筑工程中的热门课题，也是建筑工程、通信工程设计及安装施工相互结合的一项十分重要的内容。在建筑智能化领域，综合布线系统通常与信息网络系统、安全技术防范系统及建筑设备监控系统同步优化设计和统筹规划施工。

3. 综合布线系统特点

与传统布线技术相比，综合布线系统具有以下 6 个特点。

（1）兼容性。旧式建筑物中提供了电话、电力、闭路电视等服务，每项服务都要使用不同的电缆及开关插座。例如，电话系统采用一般的双绞线电缆，闭路电视系统采用专用的同轴视频电缆，计算机网络系统采用四对双绞线电缆。各个应用系统的电缆规格差异很大，彼此不能兼容，因此只能各个系统独立安装，布线混乱无序，直接影响美观和使用。综合布线系统具有综合所有系统和互相兼容的特点，采用光纤或高质量的布线材料和接续设备，能满足不同生产厂家终端设备的需要，使语音、数据和视频信号均能高质量地传输。

（2）开放性。综合布线系统采用开放式体系结构，符合多种国际上现行的标准，几乎对所有厂商的产品都是开放的，如计算机设备、网络交换机、扫描仪、网络打印机设备等，并支持所有通信协议。

（3）灵活性。传统布线系统的体系结构是固定的，不考虑设备的搬移或增加，因此设备搬移或增加后就必须重新布线，耗时费力。综合布线采用标准的传输线缆、相关连接硬件及模块化设计，所有的通道都是通用性的，所有设备的开通及变动均不需要重新布线，只需增减相应的设备并在配线架上进行必要的跳线管理即可实现。综合布线系统的组网也灵活多样，同一房间内可以安装多台不同的用户终端，如计算机、电话、机顶盒、电视等。

（4）可靠性。传统布线方式的各个系统独立安装，往往因为各应用系统布线不当而造成交叉干扰，无法保障各应用系统的信号高质量传输。综合布线采用高品质的材料和组合压接的方式，构成一套高标准的信息传输通道，所有线缆和相关连接器件均通过 ISO（国际标准化组织）认证，每条通道都要经过专业测试仪器对链路的阻抗、衰减、串扰等各项指标进行严格测试，以确保其电气性能符合认证要求。应用系统全部采用点到点端接，任何一条链路故障均不影响其他链路的运行，从而保证整个系统可靠运行。

（5）先进性。综合布线系统采用光纤与双绞线电缆混合布线方式，合理地组成一套完整的布线体系。所有布线均采用世界上最新通信标准，链路均按 8 芯双绞线配置，5 类、超 5 类、6 类、增强型 6 类以及 7 类双绞线电缆引到桌面，可以满足常用的 100 Mbps 至 600 Mbps 数据传输的需求，特殊情况下，还可以将光纤引到桌面，实现千兆数据传输的应用需求。

（6）经济性。综合布线与传统的布线方式相比，是一种既具有良好的初期投资特性，又具有很高的性价比的高科技产品。综合布线系统可以兼容各种应用系统，又考虑了建筑内设备的变更及科学技术的发展，因此可以确保在建筑建成后的较长一段时间内，满足用户不断增长的应用需求，节省了重新布线的额外投资。

3. 1. 2　综合布线系统构成

按照《综合布线系统工程设计规范》（GB 50311—2016）规定，综合布线系统基本构成应包括建筑群子系统、干线子系统和配线子系统，如图 3—1 所示。配线子系统可以设置集合点（CP 点），也可以不设置集合点。

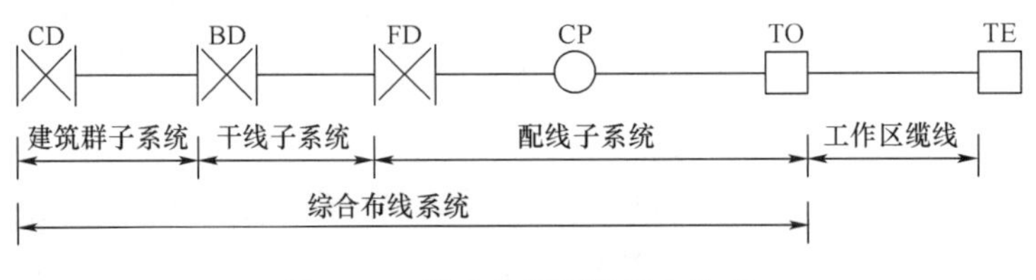

图 3—1　综合布线系统基本构成

综合布线系统常见基本构成要求如下：

1. 工作区

一个独立的需要设置终端设备（TE）的区域宜划分为一个工作区。工作区由配线子系统的信息插座模块（TO）延伸到终端设备处的连接缆线及适配器组成。

2. 配线子系统

配线子系统由工作区的信息插座模块、信息插座模块至电信间配线设备（FD）的配线电缆和光缆、电信间的配线设备及设备缆线和跳线等组成。

3. 干线子系统

干线子系统由设备间至电信间的干线电缆和光缆，安装在设备间的建筑物配线设备（BD）及设备缆线和跳线组成。

4. 建筑群子系统

建筑群子系统由连接多个建筑物之间的主干电缆和光缆、建筑群配线设备（CD）及设备缆线和跳线组成。

5. 设备间

设备间是在每幢建筑物的适当地点进行网络管理和信息交换的场地。对于综合布线系统工程设计，设备间主要安装建筑物配线设备。电话交换机、计算机主机设备及入口设施也可与配线设备安装在一起。

6. 进线间

进线间是建筑物外部通信和信息管线的入口部位，并可作为入口设施和建筑群配线设备的安装场地。

7. 管理

管理应对工作区、电信间、设备间、进线间的配线设备、缆线、信息插座模块等设施按一定的模式进行标识和记录。

综合布线各子系统中，建筑物内楼层配线设备（FD）之间、不同建筑物的建筑物配线设备（BD）之间可建立直达路由（见图 3—2a）。工作区信息点（TO）可不经过楼层配线设备直接连接至建筑物配线设备（BD），楼层配线设备（FD）也可不经过建筑物配线设备（BD）直接与建筑群配线设备（CD）互联（见图 3—2b）。

综合布线系统入口设施连接外部网络和其他建筑物的引入线缆，应通过线缆和 BD 或 CD 互联（见图 3—3）。对于设置设备间的建筑物，设备间所在的楼层配线设备（FD）可以和设备间的建筑物配线设备或建筑群配线设备（BD/CD）及入口设施安装在同一场地。

3.1.3 线缆与端接器件

1. 光缆与端接器件基础

（1）光纤概述。光纤是光导纤维的简写，是一种由玻璃或塑料制成的纤维，可作为光传导工具。传输原理是“光的全反射”。

微细的光纤封装在塑料护套中，使它能够弯曲而不至于断裂。通常，光纤一端的发射装置使用发光二极管（Light Emitting Diode，LED）或一束激光将光脉冲传送至光纤，光

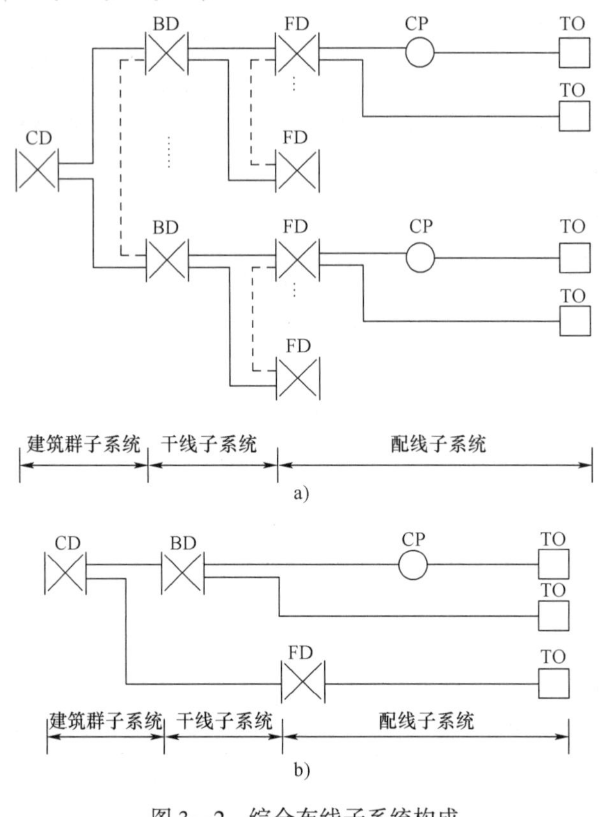

图3—2　综合布线子系统构成

a）直达路由　b）TO与BD、FD与CD互联

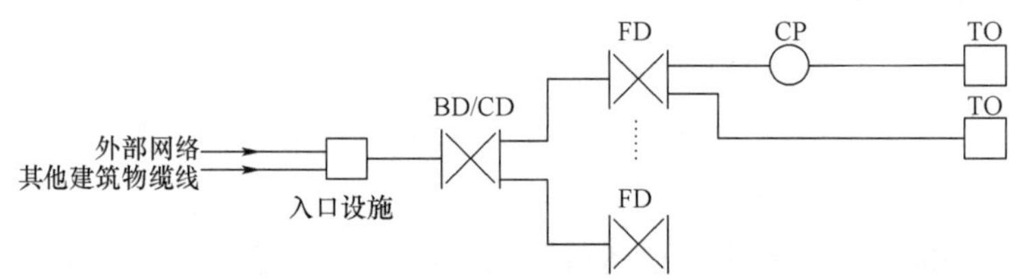

图3—3　综合布线系统引入部分构成

纤另一端的接收装置使用光敏元件检测脉冲。

在日常生活中，由于光在光导纤维的传导损耗比电在电线传导的损耗低得多，光纤被用作长距离的信息传递。

通常，光纤与光缆两个名词会被混淆。多数光纤在使用前必须由几层保护结构包覆，包覆后的缆线即被称为光缆。光缆外层的保护层和绝缘层可防止周围环境对光纤的伤害，如水、火、电击等。光缆由缆皮、芳纶纱、缓冲层和光纤组成。光纤和同轴电缆相似，只是没有网状屏蔽层。

光纤结构如图 3—4 所示。纤芯外面包围着一层折射率比纤芯低的玻璃封套，俗称包层，包层使光线保持在芯内。再外面的是一层薄的塑料外套，即涂敷层，用来保护包层。光纤通常被扎成束，外面有外壳保护。纤芯通常是由石英玻璃制成的横截面积很小的双层同心圆柱体，它质地脆，易断裂，因此需要外加一保护层。

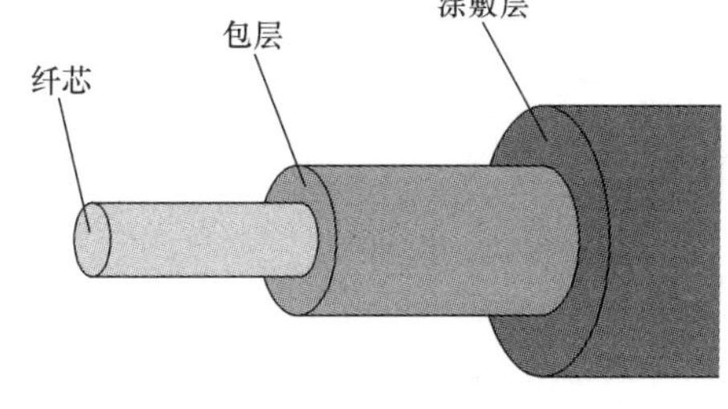

图 3—4　光纤结构

（2）光纤分类。光纤主要分以下两大类：

1）传输点模数类。传输点模数类分单模光纤（Single Mode Fiber）和多模光纤（Multi Mode Fiber）。单模光纤的纤芯直径很小，在给定的工作波长上没有模分散特性，只能以单一模式传输，传输频带宽，传输容量大，传输距离长。多模光纤是在给定的工作波长上，能以多种模式同时传输的光纤。与单模光纤相比，多模光纤的传输性能较差，但其成本比较低，一般用于建筑物内或地理位置相邻的环境。如果可以把多模比作猎枪，能够同时把许多子弹装入枪筒，那么单模就是步枪，单一光线就像一颗子弹。

多模光纤的纤芯直径为 50 μm 或 62. 5 μm，包层外径 125 μm，表示为 50/125 μm 或 62. 5/125 μm，其工作标称波长为 850 nm 和 1 300 nm。单模光纤的纤芯直径为 9~10 μm，包层外径 125 μm，表示为 9/125 μm，其工作标称波长为 1 310 nm 和 1 550 nm。

2）折射率分布类。折射率分布类光纤可分为跳变式光纤和渐变式光纤。跳变式光纤纤芯的折射率和保护层的折射率都是一个常数。在纤芯和保护层的交界面，折射率呈阶梯型变化。渐变式光纤纤芯的折射率随着半径的增加按一定规律减小，在纤芯与保护层交界处减小为保护层的折射率。纤芯折射率的变化近似于抛物线。

（3）光缆型号。光缆型号由七个部分组成，各部分均用代号表示，如图 3—5 所示。其中结构特征指缆芯结构和光缆派生结构特征。

Ⅰ	Ⅱ	Ⅲ	Ⅳ	Ⅴ	—	Ⅵ	Ⅶ
分类	加强构件	光缆结构特征	护套	外护层	—	光纤数	光纤类别

图 3—5　光缆型号的构成

1）分类的代号及含义（见表 3—1）

表 3—1　　光缆分类代号含义表

室外型		室内型		室内外型		其他类型	
代号	含义	代号	含义	代号	含义	代号	含义
GY	通信用室（野）外光缆	GJ	通信用室（局）内光缆	GJY	通信用室内外光缆	GH	通信用海底光缆
GYW	通信用微型室外光缆	GJC	通信用气吹布放微型室内光缆	GJYX	室内外蝶形引放光缆	GM	通信用移动式光缆
GYC	通信用气吹布放微型室外光缆	GJX	蝶形引放光缆			GS	通信用设备光缆
GYL	通信用室外路面微槽敷设光缆					GT	通信用特殊光缆
GYP	通信用室外防鼠啮排水管道光缆						

2）加强构件的代号及含义

（无符号）——金属加强构件；

F——非金属加强构件。

3）结构特征的代号及含义（见表 3—2）

表 3—2　　光纤结构特征代号含义表

室外型		室内型		室内外型		其他类型	
代号	含义	代号	含义	代号	含义	代号	含义
D	光纤带状结构	（无符号）	光纤松套被覆结构	T	油膏填充式结构	B	扁平形状
J	光纤紧套被覆结构	（无符号）	层绞结构	E	护层椭圆截面	Z	阻燃结构
G	骨架槽结构	（无符号）	干式阻水结构	C	自承式结构		
X	中心管（被覆）结构						

4）护套的代号及含义（见表 3—3）

表 3—3　　光纤护套代号含义表

代号	含义	代号	含义	代号	含义
Y	聚乙烯护套	V	聚氯乙烯护套	A	铝-聚乙烯粘结构护套（简称 A 护套）
S	钢-聚乙烯粘结构护套（简称 S 护套）	W	夹带平行钢丝的钢-聚乙烯粘结构护套（简称 W 护套）		

5）外护层的代号及含义（见表 3—4）

外护层包括垫层、铠装层和外被层的某些部分或全部。外护层代号用两组数字表示：第一组表示铠装层，它可以是一位或两位数字；第二组表示外被层，它是一位数字；垫层不需要表示。

表 3—4　　光纤外护层代号含义表

铠装层代号	含义	外被层	含义
0	无铠装层	1	纤维外被
2	饶包双钢带	2	聚氯乙烯套
3	单细圆钢丝	3	聚乙烯套
33	双细圆钢丝	4	聚乙烯套加覆尼龙层
4	单粗圆钢丝	5	聚乙烯保护管
44	双粗圆钢丝		
5	皱纹钢带		

6）规格的代号及含义。光缆的规格由光纤规格和导电芯线的有关规格组成，光纤和导电芯线规格之间用“+”号隔开。

①光纤规格。光纤规格由光纤数和光纤类别代号组成。光纤数用光缆中同一类别光纤的实际有效数目的数字表示，也可用光纤带（管）数和每带（管）光纤数为基础的计算加圆括号来表示。光纤类别代号见表 3—5。

表 3—5　　光纤类别的代号

代号	光纤类别	对应 ITUT 标准
Ala 或 Al	50/125 μm 二氧化硅系渐变型多模光纤	G. 651
Alb	62. 5/125 μm 二氧化硅系渐变型多模光纤	G. 651
B1. 1 或 B1	二氧化硅普通单模光纤	G. 652
B4	非零色散位移单模光纤	G. 655

②导电芯线规格。导电芯线规格的构成符合有关电缆标准中铜导电芯线构成的规定。

例如，GYFTY04-24B1 代号构成说明：油膏填充式、非金属加强件、聚乙烯护套加覆尼龙层的通信用室外光缆，包含 24 根 B1. 1 类单模光纤。

（4）室内光缆。室内光缆是敷设在建筑物内的光缆，主要用于建筑物内的通信设备、计算机、交换机、终端用户的设备等。

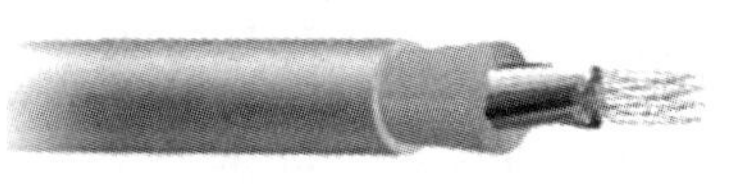

1）室内光缆的结构。室内光缆是一定数量的光纤按照一定方式组成缆心，外包有护套，有的还包覆外护层，用以实现光信号传输的一种通信线路。

室内光缆一般由外层护套、芳纶纱加强件、纤芯组成。其结构如图3—6所示。

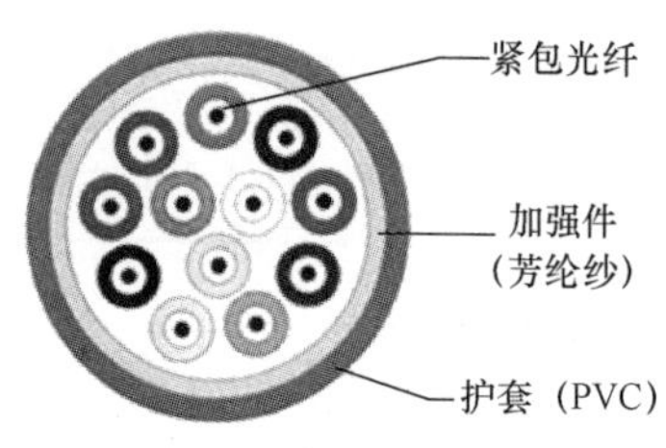

图3—6 室内光缆结构

2）室内光缆的力学性能。通常情况下室内光缆可由2芯、4芯、6芯、8芯或12芯光纤组成，其相关的力学性能参考表3—6。

表3—6 室内光缆的力学性能

光纤芯数	光缆尺寸（mm×mm）	光缆重量（kg/km）	允许拉伸力（N）		允许压扁力（N/100 mm）		最小弯曲半径（mm）		适用温度范围（℃）
			长期	短暂	长期	短暂	动态	静态	
2	2.5×2.9	8	80	200	200	500	20H	10H	-20~60
4	2.5×2.9	8	80	200	200	500			
6	2.5×3.5	10	80	200	200	500			
8	2.5×4.1	13	80	200	200	500			
12	2.5×5.2	16	80	200	200	500			

说明：

光纤种类：单模G.652 A/B/C/D、G.657或G.655 A/B/C光纤，多模A1a或A1b光纤，或其他型号及种类的光纤。

光纤芯数：光纤带由2芯、4芯、6芯、8芯或12芯光纤并带组成，由用户具体指定。

护套材料：环保阻燃聚氯乙烯（PVC）、环保低烟无卤阻燃聚烯烃（LSZH）、环保聚氨酯（TPU）或其他商定材料；松套管材料通常为聚对苯二甲酸丁二醇酯（PBT）。

护套颜色（包括缆中光纤的颜色）：按标准规定的颜色，也可是其他商定颜色。

光缆尺寸：标称光缆尺寸，也可是其他商定尺寸。

长度：1 km、2 km或3 km，也可是其他商定长度。

（5）室外光缆。用于室外的光缆，它持久耐用，能经受风吹日晒、天寒地冻，外包装厚，具有耐压、耐腐蚀、抗拉等一些力学特性和环境特性。

1）室外光缆的结构（见图3—7）

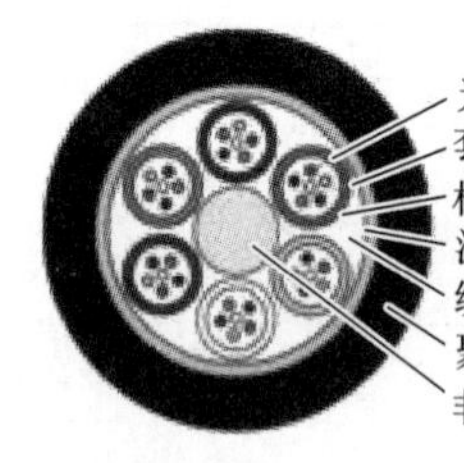

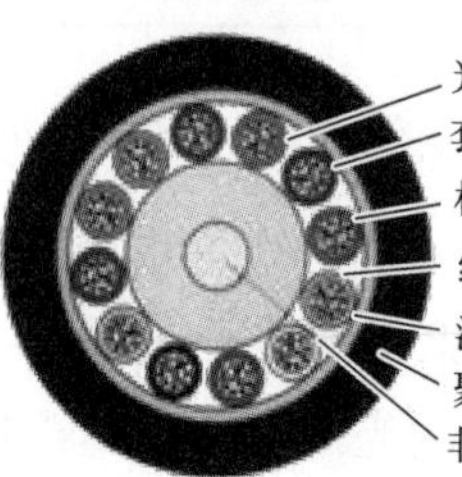

图3—7 室外光缆结构

2）室外光缆的类别（见表 3—7）

表 3—7　　室外光缆类别表

光缆代号	含义
室外中心束管式铠装光缆型号	
GYXTW-8 A1B	室外中心束管式铠装 8 芯多模（62.5/125）
GYXTW-4B1	室外中心束管式铠装 4 芯单模（9/125）
室外层绞式铝铠光缆型号	
GYTA-4 A1B	室外层绞式铝铠 4 芯多模（62.5/125）
GYTA-8B1	室外层绞式铝铠 8 芯单模（9/125）
室外层绞式铠装光缆型号	
GYTS-6A1B	室外层绞式铠装 6 芯多模（62.5/125）
GYTS-8B1	室外层绞式双铠双护套 8 芯单模（9/125）
室外层绞式双铠双护套光缆型号	
GYTA53-4A1B	室外层绞式双铠双护套 4 芯多模（62.5/125）
GYTA53-8B1	室外层绞式双铠双护套 8 芯单模（9/125）

（6）皮线光缆

1）皮线光缆结构。皮线光缆多为单芯、双芯结构，横截面呈 8 字形，加强件位于两圆中心，可采用金属或非金属结构，光纤位于 8 字形的几何中心，适合在楼内以管道方式或布明线方式入户。皮线光缆结构如图 3—8 所示。

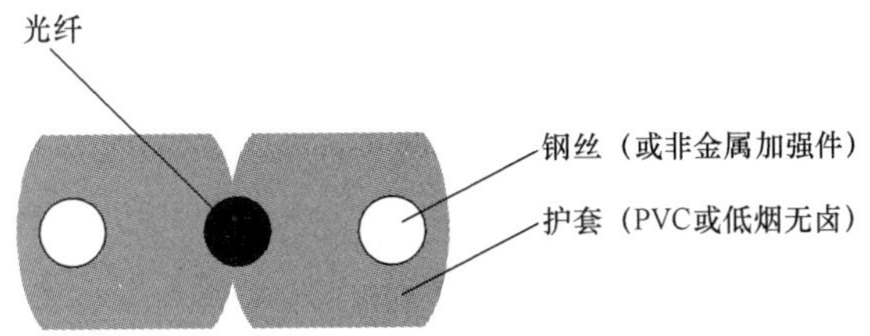

图 3—8　皮线光缆结构

2）皮线光缆代号（见表 3—8）

表 3—8　　常用皮线光缆代号含义表

代号	名称	适用范围
GJXH	金属加强件、低烟无卤阻燃聚烯烃护套、蝶形引入光缆	室内布线用
GJXDH	金属加强件、低烟无卤阻燃聚烯烃护套、蝶形引入光纤带光缆	
GJXFH	非金属加强件、低烟无卤阻燃聚烯烃护套、蝶形引入光缆	
GJXFDH	非金属加强件、低烟无卤阻燃聚烯烃护套、蝶形引入光纤带光缆	

续表

代号	名称	适用范围
GJYXCH	金属加强件、低烟无卤阻燃聚烯烃护套、自承式蝶形引入光缆	室外架空引入用
GJYXDCH	金属加强件、低烟无卤阻燃聚烯烃护套、自承式蝶形引入光纤带光缆	
GJYXFDCH	非金属加强件、低烟无卤阻燃聚烯烃护套、自承式蝶形引入光纤带光缆	

（7）常用光缆连接器件。常用光缆连接器件有光纤适配器、光纤配线架（箱）等。

1）光纤适配器。常用的光纤适配器如图 3—9 所示。常用光纤跳线见图 3—10 所示。

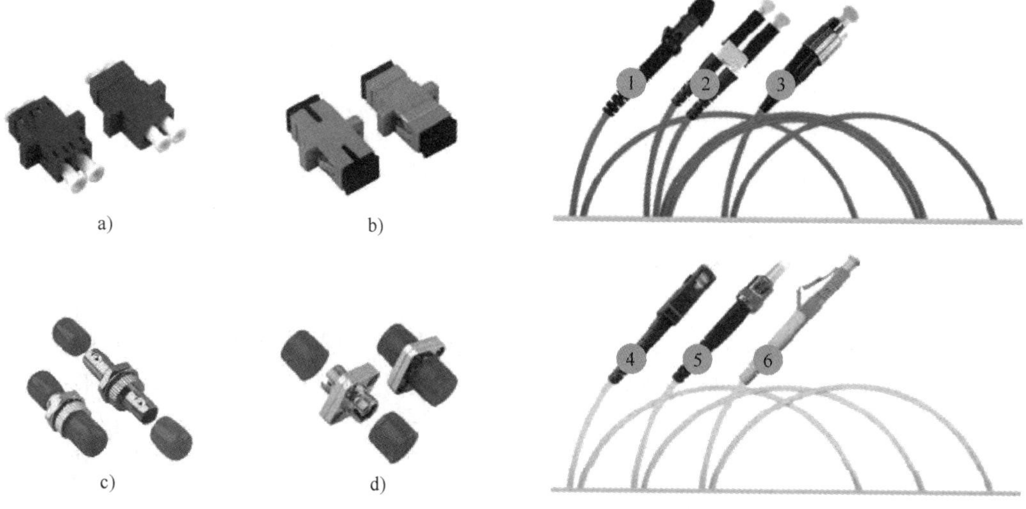

图 3—9　常用光纤适配器

a）LC 型适配器　b）SC 型适配器

c）ST 型适配器　d）FC 型适配器

图 3—10　常用光纤跳线

1—MTRJ 连接件　2—LC 连接件　3—FC 连接件

4—SC 连接件　5—ST 连接件　6—LC 连接件

2）光纤配线架（箱）。常用光纤配线架如图 3—11 所示。常见光纤配线箱如图 3—12 所示。

2. 铜缆

（1）网络线缆

1）五类网线。五类是指国际电气工业协会为双绞线电缆定义的五种不同质量级别。该类电缆增加了绕线密度，外套一种高质量的绝缘材料，传输率为 100 MHz，用于语音传输和最高传输速率为 100 Mbps 的数据传输，主要用于 100BASE-T 和 10BASE-T 网络。这是最常用的以太网电缆。

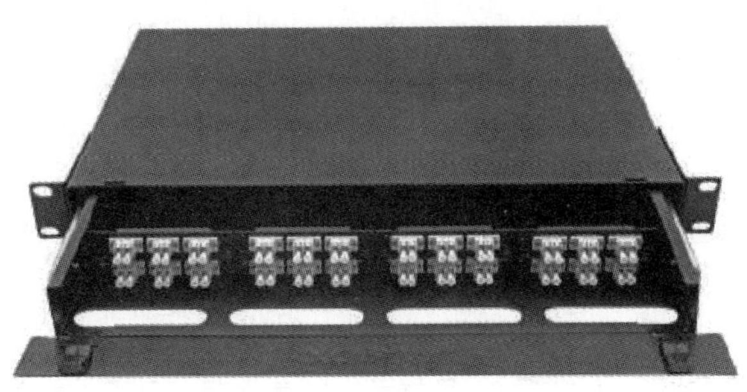

图 3—11　光纤配线架

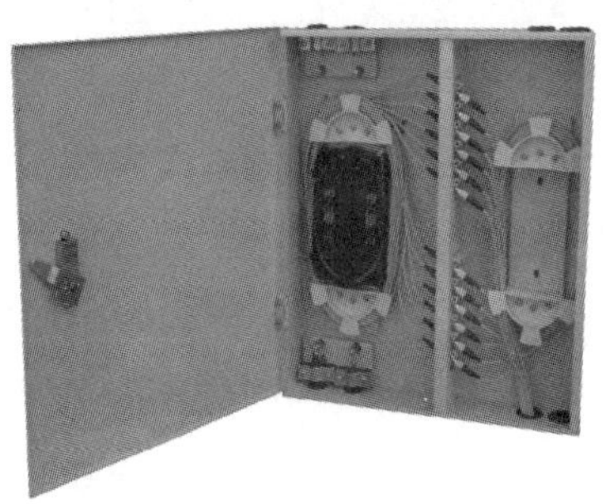

图 3—12　光纤配线箱

2）超五类网线。超五类网线衰减小，串扰少，并且具有更高的衰减与串扰的比值（ACR）和信噪比（Structural Return Loss）、更小的时延误差，性能得到很大提高。超五类网线主要用于千兆位以太网（1 000 Mbps），最高带宽可达 100 MHz。超五类网线结构如图 3—13 所示。

3）六类网线。六类非屏蔽双绞线的各项参数都有大幅提高，传输支持最高带宽也扩展至 250 MHz。六类双绞线在外形上和结构上与五类或超五类双绞线都有一定的差别，不仅增加了绝缘的和随长度变化而旋转角度的十字骨架，并将双绞线的四对线分别置于十字骨架的四个凹槽内，保持四对双绞线的相对位置，提高双绞线的平衡特性和串扰衰减，而且电缆的直径也更粗，能保证在安装过程中双绞线的平衡结构不遭到破坏。六类网线结构如图 3—14 所示。

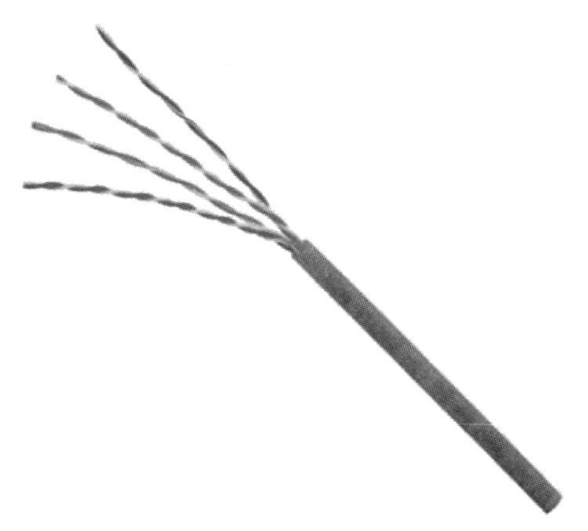

图 3—13　超五类网线结构

图 3—14　六类网线结构

4）增强型六类网线。标识是 Cat. 6A，性能满足 EIA/TIA 568-B. 2-1 和 ISO/IEC 11801：2002 的标准，最高带宽达 600 MHz。它们在 ISO/IEC 11801：2002 标准中的共同点

是都要求 23 AWG，而在 EIA/TIA 568 的标准中没有规定六类必须是十字骨架，也没有规定六类必须是 23 AWG。也就是说在 EIA/TIA 框架下有可能出现 24 AWG 六类网线，也有可能出现一字骨架的六类网线。增强型六类网线通常为双屏蔽网络线缆（SFTP），在四对双绞线的外层存在一个铝箔屏蔽层和金属丝网屏蔽层。

5）七类网线。七类网线是 ISO 7 类/F 级标准中最新的一种双绞线，它主要为了适应万兆位以太网技术的应用和发展。但它不再是一种非屏蔽双绞线了，而是一种屏蔽双绞线，因此它可以提供至少 500 MHz 的综合衰减对串扰比和 600 MHz 的整体带宽，是六类线的 2 倍以上，传输速率可达 10 Gbps。在七类网线中，每一对线都有一个屏蔽层，四对线合在一起还有一个公共大屏蔽层。从物理结构上来看，额外的屏蔽层使七类线有一个较大的线径。还有一个重要的区别在于其连接硬件的能力，七类系统的参数要求连接头在 600 MHz 时，所有的线对提供至少 60 dB 的综合近端串扰。

6）网络线缆线序。网络 8 位模块通用插座可按 568A 或 568B 的方式进行连接（见图 3—15）。

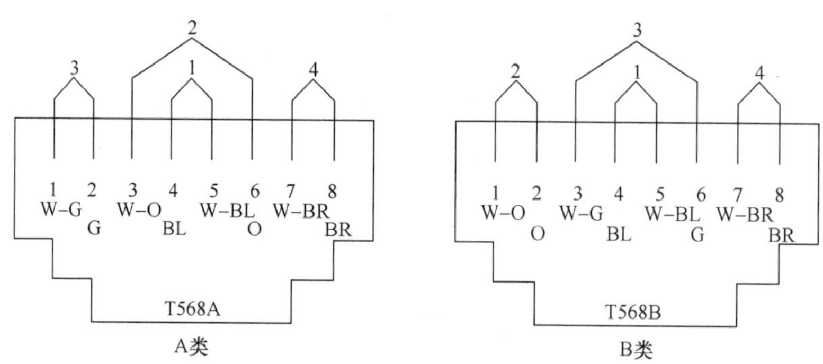

图 3—15　网络 8 位模块式通用插座连接

注：G（Green）——绿；BL（Blue）——蓝；BR（Brown）——棕；W（White）——白；O（Orange）——橙

（2）语音线缆

1）大对数线缆。大对数即多对数的意思，系指很多一对一对的电缆组成一小捆，再由很多小捆组成一大捆（更大对数的电缆则再由一大捆一大捆组成一根更大的电缆）。一般来说，大对数线缆在综合布线系统工程中常用作语音主干线缆。大对数线缆结构如图 3—16 所示。

大对数线缆的线序要求如下。

线缆主色为：白、红、黑、黄、紫。线缆配色为：蓝、橙、绿、棕、灰。

25 对通信电缆色谱线序，一组线缆为 25 对，以色带来分组，一共分为 25 组，分别为：

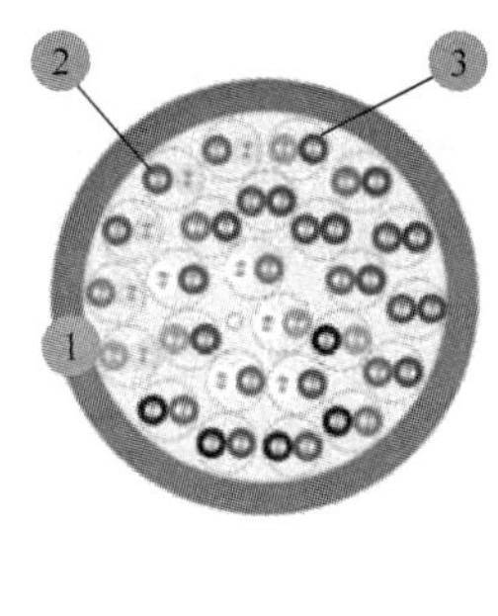

a)

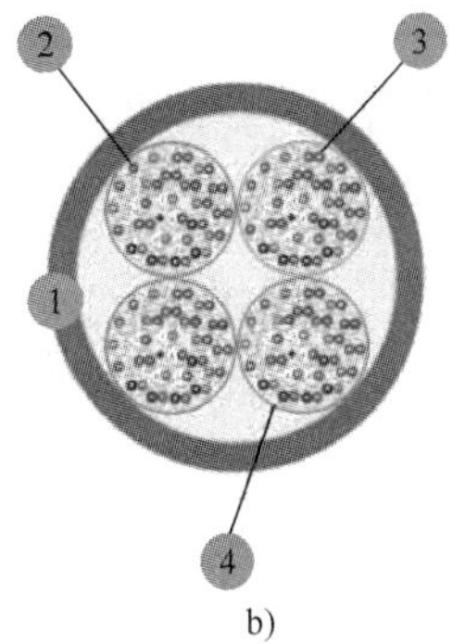

b)

图 3—16　大对数线缆结构

a）25 对　b）100 对

1—外层护套　2—0. 4±0. 02 实心铜导体　3—绝缘绞接元件　4—聚酯带

①白蓝、白橙、白绿、白棕、白灰。

②红蓝、红橙、红绿、红棕、红灰。

③黑蓝、黑橙、黑绿、黑棕、黑灰。

④黄蓝、黄橙、黄绿、黄棕、黄灰。

⑤紫蓝、紫橙、紫绿、紫棕、紫灰。

50 对通信电缆色谱线序：50 对通信电缆里有 2 种标识线，前 25 对是用“白蓝”标识线缠着的，后 25 对是用“白橙”标识线缠着的。50 对大对数电缆色谱线序见表 3—9。

表 3—9　　50 对大对数电缆色谱线序

前 25 对用“白蓝”标识线缠着									
1	白蓝	2	白橙	3	白绿	4	白棕	5	白灰
6	红蓝	7	红橙	8	红绿	9	红棕	10	红灰
11	黑蓝	12	黑橙	13	黑绿	14	黑棕	15	黑灰
16	黄蓝	17	黄橙	18	黄绿	19	黄棕	20	黄灰
21	紫蓝	22	紫橙	23	紫绿	24	紫棕	25	紫灰
后 25 对用“白橙”标识线缠着									
26	白蓝	27	白橙	28	白绿	29	白棕	30	白灰
31	红蓝	32	红橙	33	红绿	34	红棕	35	红灰
36	黑蓝	37	黑橙	38	黑绿	39	黑棕	40	黑灰
41	黄蓝	42	黄橙	43	黄绿	44	黄棕	45	黄灰
46	紫蓝	47	紫橙	48	紫绿	49	紫棕	50	紫灰

2）电话线缆。电话线缆常见规格有二芯和四芯，线径分别有 0. 4 mm 和 0. 5 mm。除了二芯和四芯之外，还有六、八、十芯。二芯走模拟电话信号（即现在市话使用模式），四芯走

数字电话信号。四芯电话线多用于现在办公系统线路布线使用，四芯电话线用 2 芯备用 2 芯。

在实际使用时，程控电话交换机的前台数字话机多采用四芯的电话线。四芯电话线接线顺序通常按照黑、红、绿、黄线序，红绿色用于电话传输，黄黑色用于反极传输。

（3）常用铜缆连接器件

1）网络线缆连接器件。常用网络模块如图 3—17 所示。

图 3—17　常见网络模块

常用网络配线架见图 3—18 所示。

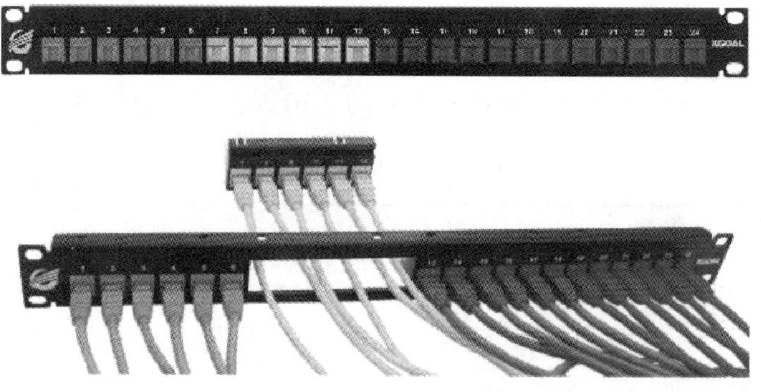

图 3—18　常用网络配线架

2）语音线缆连接器件。50 口机架式语音配线架如图 3—19 所示。25 口机架式语音配线架如图 3—20 所示。110 机架式语音配线架如图 3—21 所示。110 语音配线架的语音鸭嘴跳线如图 3—22 所示。

图 3—19　50 口机架式语音配线架

图 3—20　25 口机架式语音配线架

图 3—21　110 机架式语音配线架

图 3—22　110 语音配线架的语音鸭嘴跳线

3.1.4　安装工艺与缆线布放要求

1. 安装工艺要求

（1）工作区

1）工作区信息插座的安装规定

①安装在地面上的信息插座盒应满足防水和抗压要求。

②工作环境中的信息插座可带有保护壳体。

③暗装或明装在墙体或柱子上的信息插座盒底距地高度宜为 300 mm。

④安装在工作台侧隔板面及临近墙面上的信息插座盒底距地宜为 1.0 m。

⑤信息插座模块宜采用标准 86 系列面板安装，安装光纤模块的底盒深度不应小于 60 mm。

2）工作区的电源安装规定

①每个工作区宜配置不少于 2 个单相交流 220 V/10 A 电源插座盒。

②电源插座应选用带保护接地的单相电源插座。

③工作区电源插座宜嵌墙暗装，高度应与信息插座一致。

3）CP 集合点箱体、多用户信息插座箱体宜安装在导管的引入侧及便于维护的柱子、承重墙上等处，箱体底边距地高度宜为 500 mm。当在墙体、柱子的上部或吊顶内安装时，距地高度不宜小于 1 800 mm。

4）每个用户单元信息配线箱附近水平 70～150 mm 处，宜预留设置 2 个单相交流 220 V/10 A 电源插座，并应符合下列规定。

①每个电源插座的配电线路均应装设保护器，电源插座宜嵌墙暗装，底部距地高度应与信息配线箱一致。

②用户单元信息配线箱内应引入单相 220 V 电源。

（2）电信间

1）电信间数量的设计规定

①电信间数量应按所服务楼层面积及工作区信息点密度与数量确定。

②同楼层信息点数量不大于 400 个时，宜设置 1 个电信间；大于 400 个时，宜设置 2 个及以上电信间。

③楼层信息点数量较少，且水平缆线长度在 90 m 范围内时，可多个楼层合设一个电信间。

2）当有信息安全等特殊要求时，应将所有涉密的信息通信网络设备和布线系统设备等进行空间物理隔离或独立安装在专用的电信间内，并应设置独立的涉密机柜及布线管槽。

3）电信间内，信息通信网络系统设备及布线系统设备宜与弱电系统布线设备分设在不同的机柜内。当两者设备容量配置较少时，也可在同一机柜内作空间物理隔离后安装。

4）各楼层电信间、竖向缆线管槽及对应的竖井宜上下对齐。

5）电信间内不应设置与安装的设备无关的水、风管及低压配电缆线管槽与竖井。

6）根据工程中配线设备与以太网交换机设备的数量、机柜的尺寸及布置，电信间的使用面积不应小于 5 m^2。当电信间内需设置其他通信设施和弱电系统设备箱柜或弱电竖井时，应增加使用面积。

7）电信间室内温度应保持在 10～35℃，相对湿度应保持在 20%～80%。当房间内安装有源设备时，应采取满足信息通信设备可靠运行要求的对应措施。

8）电信间应采用外开防火门，房门的防火等级应按建筑物等级类别设定。房门的高度不应小于 2.0 m，净宽不应小于 0.9 m。

9）电信间内梁下净高不应小于 2.5 m。

10）电信间的水泥地面应高出本层地面不小于 100 mm 或设置防水门槛。室内地面应具有防潮、防尘、防静电等措施。

11）电信间应设置不少于 2 个单相电流 220 V/10 A 电源插座盒，每个电源插座的配电线路均应装设保护器。设备供电电源应另行配置。

（3）设备间

1）每栋建筑物内应设置不少于 1 个设备间，并应符合下列规定。

①当电话交换机与计算机网络设备分别安装在不同的场地、有安全要求或有不同业务应用需要时，可设置 2 个或 2 个以上配线专用的设备间。

②当综合布线系统设备间与建筑内信息接入机房、信息网络机房、用户交换机机房、智能化总控室等合设时，房屋使用空间应做分隔。

2）设备间内的空间应满足布线系统设备的安装需要，其使用面积不应小于 10 m^2。当设备间内需安装其他信息通信系统设备机柜或光纤到用户单元通信设施机柜时，应增加使用面积。

3）设备间的其他设计规定

①设备间宜处于干线子系统的中间位置，并应考虑主干缆线的传输距离、敷设路由与数量。

②设备间宜靠近建筑物布放主干缆线的竖井位置。

③设备间宜设置在建筑物的首层或楼上层。当地下室为多层时，也可设置在地下一层。

④设备间应远离供电变压器、发动机和发电机、X 射线设备、无线射频或雷达发射机等设备以及有电磁干扰源存在的场所。

⑤设备间应远离粉尘、油烟、有害气体，以及存有腐蚀性、易燃、易爆物品的场所。

⑥设备间不应设置在厕所、浴室，或其他潮湿、易积水区域的正下方或毗邻场所。

⑦设备间室内温度应保持在 10~35℃，相对湿度应保持在 20%~30%，并应有良好的通风。当室内安装有源信息通信网络设备时，应采取满足设备可靠运行要求的对应措施。

⑧设备间内梁下净高不应小于 2. 5 m。

⑨设备间应采用外开双扇防火门。房门净高不应小于 2. 0 m，净宽不应小于 1. 5 m。

⑩设备间的水泥地面应高出本层地面不小于 100 mm 或设防水门槛。

2. 缆线布放要求

（1）建筑物内缆线的敷设方式应根据建筑物构造、环境特征、使用要求、需求分布，以及所选用导体与缆线类型、外形尺寸、结构等因素综合确定。

1）水平缆线敷设时，应采用导管、桥架的方式，并符合下列规定。

①从槽盒、托盘引出至信息插座，可采用金属导管敷设。

②吊顶内宜采用金属托盘、槽盒的方式敷设。

③吊顶或地板下缆线引至办公家具桌面时，宜采用垂直槽盒方式及利用家具内管槽敷设。

④墙体内应采用穿导管方式敷设。

⑤大开间地面布放缆线时，根据环境条件宜选用架空地板下或网络地板内的托盘、槽盒方式敷设。

2）干线子系统垂直通道宜选用穿楼板电缆孔、导管或桥架、电缆竖井三种方式敷设。

3）建筑群之间的缆线宜采用地下管道或电缆沟方式敷设。

（2）明敷缆线应符合室内或室外敷设场所环境特征要求，并应符合下列规定。

1）采用线卡沿墙体、顶棚、建筑物构件表面或家具直接敷设，固定间距不宜大于 1 m。

2）缆线不应直接敷设于建筑物的顶棚、顶棚抹灰层、墙体保湿层及装饰板内。

3）明敷缆线与其他管线交叉贴邻时，应按防护要求采取保护隔离措施。

4）敷设在易受机械损伤的场所时，应采用钢管保护。

（3）综合布线系统管线的弯曲半径应符合表 3—10 的规定。

表 3—10　　管线敷设弯曲半径

缆线类型	弯曲半径
二芯或四芯水平光缆	>25 mm
其他芯数或主干光缆	不小于光缆外径的 10 倍
4 对屏蔽/非屏蔽电缆	不小于电缆外径的 4 倍
大对数主干电缆	不小于电缆外径的 10 倍
室外光缆电缆	不小于缆线外径的 10 倍

（4）管线布放在导管与槽盒内的管径与截面利用率应符合下列规定。

1）管径利用率和截面利用率应按下列公式计算：

$$管径利用率 = d/D$$

式中　d——缆线外径；

D——管道内径（d 和 D 必须采用相同的单位）。

$$截面利用率 = A_1/A$$

式中　A_1——穿在管内的缆线总截面积；

A——管径的内截面积（A_1 和 A 必须采用相同的单位）。

2）弯导管的管径利用率应为 40%～50%。

3）导管内穿放大对数电缆或四芯以上光缆时，直线管路的管径利用率应为 50%～60%。

4）导管内穿放 4 对双绞线或四芯及以下电缆时，截面利用率应为 25%～30%。

5）槽盒内的截面利用率应为 30%～50%。

（5）用户光缆敷设与接续应符合下列规定。

1）用户光缆光纤接续宜采用熔接方式。

2）在用户接入点配线设备及信息配线箱内宜采用熔接尾纤方式终接，不具备熔接条件时可采用现场组装光纤连接器件终接。

3）每一光纤链路中宜采用相同类型的光纤连接器件。

4）采用金属加强芯的光缆，金属构件应接地。

5）室内光缆预留长度规定

①光缆在配线柜处预留长度应为 3～5 m。

②光缆在楼层配线箱处预留长度不应小于 0.5 m。

③光缆在信息配线箱终接时预留长度不应小于 0.5 m。

④光缆纤芯不做终接时，应保留光缆施工预留长度。

（6）光缆敷设安装的最小静态弯曲半径应符合 GB/T 50311—2016 的规定。

（7）缆线布放的路由中不应有连接点。

3.2 计算机网络系统

3.2.1 计算机网络系统概述

1. 计算机网络系统概念

计算机网络技术是现代通信技术和计算机技术相结合的产物。关于计算机网络和网络系统的定义没有一个统一的标准，但是大部分说法都同意将它定义为一个通过通信设备和线路将多台计算机系统及相应外设连接起来，以达到资源共享和/或信息交流、传递目的的系统。

计算机网络系统由网络硬件、网络软件和通信线路所组成。在这个网络系统中，通信线路是基础，硬件的选择对网络起着关键作用，而软件则是挖掘网络潜力的重要工具。

这个系统中的各个计算机系统，可以是功能独立，也可以是具有相同功能；其存放的地理位置也许远在天边，也许近在眼前；连接这些相互独立系统的通信设备和线路，无论是物理的，还是逻辑的，必然是在这些物理设备、线路的基础上构建起来的。而在物理连接的基础上，实现真正连接还需要网络软件和协议的支持，如各类网络操作系统、网络管理软件、网络通信协议等。

2. 计算机网络系统的特点

（1）资源共享。资源共享是当前解决资源稀缺，整合和优化资源，使资源利用率显著提高的重要手段。同样，它也是建立和完善计算机网络系统的主要目的。可共享的资源包括：软件、硬件、数据。近年来被广泛应用的云计算、云存储就是软、硬件和数据共享的典型代表。

（2）信息交流。通过网络系统来进行信息交流与交换已逐步成为人们日常生活、工作中一个不可或缺的信息沟通方式。信息沟通按互动性可分为以下几种方式：推式沟通（主动）、拉式沟通（被动）和推拉式沟通（互动）。这些沟通方式往往是可以互相转换的。例如，很多公司在日常办公中，采用邮件或者公司内网网站来发布公司的一些公告，这就是信息的一种推式沟通方式。在不确定信息接收者数量、人群或者需要全员接收的时候，可以选用这种沟通方式。反之，对于信息接收者来说，需要接收者主动去输入特定的接收地址来完成信息的这种传递，如上述邮件、公告的例子中，接收者需要登录自己的邮箱，或者登录公司发布公告的网站来接收信息，这就是信息拉式沟通。另一种典型的拉式沟通，很多人都有过类似经历，在一些电子政务网站，根据个人需求，选择相应的网页链接或下载链接来完成下一步的信息获取。同样是发邮件和网站公告的例子，公司相关部门发布了邮件或者网站公告，员工对此进行了回复，这就是一个信息从传递到交流的完整过程。这样的沟通方式就是推拉式沟通，亦即信息的互动，典型应用有微信朋友圈、微博、各类论坛等。

（3）协同办公。协同办公即分布式办公，解决因不同地理位置办公而产生的一系列问题。并行处理（Parallel Processing）与分布式处理（Distributed Processing）是计算机体系结构中两种提高系统处理能力的方法。并行处理是利用多个功能部件或多个处理器同时工作来提高系统性能或可靠性的计算机系统，这种系统至少包含指令级或指令级以上的并行。分布式处理则是将不同地点或具有不同功能的多台计算机通过网络连接起来，在控制系统的统一管理控制下，完成各种信息处理任务的计算机系统。

随着计算机技术和通信网络的高速发展，在线办公越来越普及。甚至很多办公软件在版本更新过程中，已考虑到并行处理可能会产生的一系列问题，并将其解决方案更新在新版本中。

（4）提高系统可靠性，均衡负载。通过网络系统将重要的信息、数据备份到不同计算机，或者在网络部署中，对关键节点的机器、设备和线路提供冗余，来进一步实现资源共享，提高系统的可靠性。在网络中，对于负载过重的资源设备，可以通过制定负载均衡策略来减轻这些设备的负担，优化系统。负载均衡的作用在于把不同客户端的请求，通过负载均衡策略分配到不同的服务器。通过更改请求的目的地址对请求进行转发，在服务器返回数据包的时候，更改返回数据包的源地址，保证客户端请求的目的地址和返回包地址是同一个地址。

（5）系统内各独立计算机的“自治”。互联的计算机是分布在不同地理位置的多台独立“自治计算机”。联网的计算机既可以为本地用户提供服务，也可以为远程用户提供网络服务。

3. OSI/RM 开放系统互联参考模型

OSI/RM（Open System Interconnection/Reference Model）是国际标准化组织（ISO）和国际电报电话咨询委员会（CCITT）联合制定的开放系统互联参考模型。它是一个逻辑上的定义和规范，把网络从逻辑上分为七层。每一层都有相应的物理设备及与本层相适应的协议、如路由器、交换机与 TCP/IP 协议簇。OSI 七层模型是一种框架性的设计方法，建立七层模型的主要目的是解决异构型网络互联时所遇到的兼容性问题，其最主要的功能就是帮助不同类型的主机实现数据传输。它的最大优点是将服务、接口和协议这三个概念明确地区分开来，通过七个层次化的结构模型使不同的系统、不同的网络之间实现可靠的传输与通信。

OSI 网络七层模型如图 3—23 所示。七层从低到高分别是：物理层、数据链路层、网络层、传输层、会话层、表示层和应用层。两个开放系统中的同等层之间的通信规则和约定称为协议。通常把 1~4 层协议称为下层协议，5~7 层协议称为上层协议。各层实现功能如下。

物理层：提供为建立、维护和拆除物理链路所需要的机械的、电气的、功能的和规程的特性；在有关的物理链路上传输非结构的位流以及故障检测指示。

数据链路层：在网络层实体间提供数据发送和接收的功能和过程；提供数据链路的流控。

网络层：控制分组传送、路由选择、网络互联等功能，它的作用是将具体的物理传送对高层透明。

传输层：提供建立、维护和拆除传送连接的功能；选择网络层提供最合适的服务；在系统之间提供可靠、透明的数据传送，提供端到端的错误恢复和流量控制。

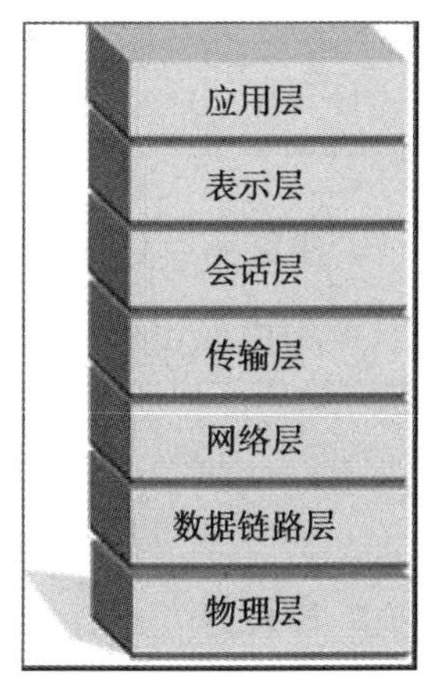

图 3—23　OSI 七层模型

会话层：提供两进程之间建立、维护和结束会话连接的功能；提供交互会话的管理功能，如单工、双工、全双工三种会话模式数据流方向的控制。

表示层：代表应用进程协商数据表示；完成数据转换、格式化和文本压缩。

应用层：提供 OSI 用户服务，如事务处理程序、文件传送协议、网络管理等。

3.2.2 以太网组网设备

网络互联通常需要利用一个中间设备，这个中间设备被称为中继设备，或称为网间连接器。中继设备在网间的连接路径中进行协议和功能的转换，它具有很强的层次性。中继设备根据其在 OSI 模型所在的层次，可分为物理层互联设备、数据链路层互联设备、网络层互联设备、网关级（网络层以上）互联设备。

典型的以太网组网设备有中继器、集线器（HUB）、网卡、网桥、交换机、路由器等。也可以把网线看作最简单的网络互联产品，在简单网络环境（对等网）中，甚至一根网线就可以实现两台设备的连接与共享。表 3—11 列出了 OSI 各层级上一些常用的以太网组网设备及其主要功能。

表 3—11　　典型以太网组网设备及其功能

OSI 层级	数据形式	典型设备	主要功能
物理层	比特位	中继器、集线器	以比特位形式传输信息分组，对信号进行再生、整形和放大，并转发
数据链路层	帧	网卡、网桥、交换机	在链路上连接多台设备，传送数据包
网络层	报文或报文分组	路由器、无线 AP	路由选择、一定的数据处理及网络管理功能
网络层以上	报文	网关	解决端对端服务问题，用于高层之间的协议转换

1. 中继器

中继器又称转发器，它是扩展局域网的硬件设备，属于物理层的中继系统。其功能是在物理层内实现透明的二进制比特复制，补偿信号衰减。它的转发并不会改变信号的原型，仅仅只是将它放大了一定倍数。中继器用于协议相同但传输介质不同的局域网之间的连接。

2. 集线器

集线器是一种网内连接设备，是具有管理能力的智能型设备，它执行信号再生、信息包转发以及其他相应功能。集线器性能的好坏直接影响网络数据信息传输的性能。

一组客户机、服务器和外围设备通过集线器连接在一起，在某一时刻集线器以“共享”容量的方式向客户机提供全部带宽，即在同一时刻，只为网络上的一个客户提供服务，这就是集线器的工作方式。

3. 网桥

网桥和路由器是局域网中两种最常见的连接设备。这两种设备最大的区别主要表现在互联协议的级别上。网桥也被称为桥接器，它是数据链路层上实现局域网之间互联的设备。网桥区别于物理层互联设备的地方在于，网桥处理的是完整的数据帧，同时它使用的接口与计算机相同。网桥不涉及逻辑地址，所以它工作在第二层（数据链路层），并且端口很少。网桥常常是基于软件的，因此可以处理上层事务。

4. 交换机

早期的网桥更多的是为了划分冲突域，将一个较大网络划分为两个小网络，以此降低数据在网络上的不必要传输，提高局域网的效率，在端口设计方面也只有 2 个（输入/输出端口）。随着局域网的逐步扩大和硬件水平的发展，很快仅有 2 个端口的网桥对现有局域网的应用、发展显得有点力不从心了。此时，交换机这种设备应运而生，出现了 4 个、8 个、24 个及 48 个端口的链路层设备。由于交换机比物理层设备（如集线器）更安全，网络效率更高，比网桥扩充性更好，因此很快就替代了前两者，成为组建局域网的重要设备。

交换机是一种用于光/电信号转发的网络设备。它可以为接入交换机的任意两个网络节点提供独享的电信号通路。最常见的交换机是以太网交换机，其他常见的还有电话语音交换机、光纤交换机等。

（1）交换机工作原理。早期的交换机工作在数据链路层。它拥有一条很高带宽的背部总线和内部交换矩阵，所有的端口都挂接在这条背部总线上。控制电路收到数据包以后，处理端口会查找内存中的地址对照表以确定目的 MAC（网卡的硬件地址）的 NIC（网卡）挂接在哪个端口上，通过内部交换矩阵迅速将数据包传送到目的端口，目的 MAC 若不存在，广播到所有的端口，接收端口回应后交换机会“学习”新的地址，并把它添加入内部 MAC 地址表中。

使用交换机也可以把网络“分段”。通过对照 MAC 地址表，交换机只允许必要的网络流量通过交换机。通过交换机的过滤和转发，可以有效地减少冲突域，但它不能划分网络层广播，即广播域。交换机在同一时刻可进行多个端口之间的数据传输，每一端口都可视为独立的网段，连接在其上的网络设备独自享有全部的带宽，无须同其他设备竞争使用。当节点 A 向节点 D 发送数据时，节点 B 可同时向节点 C

发送数据，而且这两个传输都享有网络的全部带宽，都有着自己的虚拟连接。如果这里使用的是10 Mbps的以太网交换机，那么该交换机这时的总流通量就等于2×10 Mbps=20 Mbps，而使用10 Mbps的共享式HUB时，一个HUB的总流通量也不会超出10 Mbps。

总之，交换机是一种基于MAC地址识别，能完成封装转发数据包功能的网络设备。交换机可以“学习”MAC地址，并把其存放在内部地址表中，通过在数据帧的始发者和目标接收者之间建立临时的交换路径，使数据帧直接由源地址到达目的地址。

（2）交换机的功能。交换机的主要功能包括物理编址、网络拓扑结构、错误校验、帧序列以及流控。目前交换机还具备了一些新的功能，如对VLAN（虚拟局域网）的支持、对链路汇聚的支持，甚至有的还具有防火墙的功能。

1）学习。以太网交换机了解每一端口相连设备的MAC地址，并将地址同相应的端口映射起来存放在交换机缓存中的MAC地址表中。

2）转发/过滤。当一个数据帧的目的地址在MAC地址表中有映射时，它被转发到连接目的节点的端口而不是所有端口（如该数据帧为广播/组播帧则转发至所有端口）。

3）消除回路。当交换机包括一个冗余回路时，以太网交换机通过生成树协议避免回路的产生，同时允许存在后备路径。

交换机除了能够连接同种类型的网络之外，还可以在不同类型的网络（如以太网和快速以太网）之间起到互联作用。现今许多交换机都能够提供支持快速以太网或FDDI（光纤分布式数据接口）等的高速连接端口，用于连接网络中的其他交换机或者为带宽占用量大的关键服务器提供附加带宽。

一般来说，交换机的每个端口都用来连接一个独立的网段，但是有时为了提供更快的接入速度，可以把一些重要的网络计算机直接连接到交换机的端口上。这样，网络的关键服务器和重要用户就拥有更快的接入速度，支持更大的信息流量。

5. 路由器

路由器是网络层的中继系统。路由器是一种可以在速度不同的网络、不同介质之间进行数据转换的基于网络层协议上保持信息、管理局域网之间通信、适于在运行多种网络协议的大型网络中使用的互联设备。路由器具有很强的异种网互联能力，互联的两个网络最低两层协议可以不相同，通过驱动软件接口，可以使最低两层的协议在三层（网络层）得到统一。路由器的功能包括过滤、存储转发、路径选择、流量管理、介质转换等，即在不同的多个网络之间存储和转发分组，实现网络层上的协议转换，把网络中被传输的数据传送到正确的下一个子网。一些增强型路由器还有加密、数据压缩、优先、容错管理等功能。但是无论如何，路径选择是路由器最主要的功能。

路由器运行在 OSI 模型第三层，适用网络层协议，它可以使低两层协议不同的两个网络在网络层得到统一。这一特性在异构型网络之间互联时得以发挥。路由器可以用在局域网间的隔离和互联，也可以用在局域网与广域网之间互联。它适合布局于传输速率、传输介质不同，多协议栈的异构型复杂网络，尤其是大型网络。

3.2.3 无线局域网应用

无线局域网是指以无线信道作传输媒介的计算机局域网络（WLAN），是在有线网的基础上发展起来的。无线局域网使网上的计算机具有可移动性，能快速、方便地解决有线方式不易实现的网络信道的连通问题。

无线局域网是一种利用射频技术传输数据的传输系统。作为有线计算机局域网的延伸，由于摆脱了连线的束缚，计算机联网更加自由方便。为了使 WLAN 的发展更长远，美国电气和电子工程师协会（IEEE）在博采众长、兼容并蓄的原则下，经过了 8 年时间才最终制定了有关 WLAN 的 IEEE 802. 11 协议。IEEE 802. 11 协议在制定时放眼于无线技术的未来发展，同时考虑到当时市场上的已有产品，因此它是一个比较成功的标准。IEEE 802. 11 协议支持有中心 WLAN 和无中心 WLAN 两种网络类型。蓝牙技术属于无中心 WLAN 的一种，但它与 IEEE 802. 11 协议不同。

无线局域网的应用是指将无线网技术运用到实际生活中。随着人们生活和工作方式的转变，移动电子设备使用越来越普及。另外，人们对网络的依赖越来越强，现如今局域网越来越普及，不仅各公司、企业、事业单位建立了局域网，在许多办公室、家庭里面，小型局域网也纷纷出现，但其中也存在一些问题，如布线就是其中最麻烦的。如果建筑物中没有预留线路，就要从设计线路的走向开始，开挖布线槽、铺设线路、调试，花费很多人力财力。当传统局域网络已经越来越不能满足人们对移动和网络的需求时，无线局域网应运而生。近年来，无线局域网产品已经逐渐走向成熟，正在以它的高速传输能力和灵活性发挥日益重要的作用。

虽然 IEEE 在定义 802. 11 规范时，对于移动性作了充分的考虑，但是，WLAN 技术在一开始并没有考虑移动性问题，虽然可以解决数据可靠性方面的问题，但基于 TCP/IP 协议的网络本身是松散的，面向非连接的，因此网络管理上对实现移动管理有一定的困难。不像蜂窝移动通信系统，自诞生之日起就必须面对移动管理和切换等问题，多年的技术积累，使网络管理更加稳健成熟，其处理移动性是毫无问题的。

鉴于以上情况，目前基于 IEEE 802.11 协议的 WLAN 产品几乎都不支持移动，或者移动功能不稳定。但是遵守 IEEE 802.11 协议的产品之间的互通性已经越来越好，应用越来越广泛，通过 AP 可以随时接入局域网或广域网，形成一个“临时的”局域网。

大楼之间：大楼之间建构网络的联结，取代专线，简单又便宜。

餐饮及零售：餐饮服务业可使用无线局域网络产品，直接从餐桌即可输入并传送客人点菜内容至厨房、柜台。零售商促销时，可使用无线局域网络产品设置临时收银柜台。

医疗：使用附无线局域网络产品的手提式计算机取得实时信息，医护人员可借此避免对伤患救治的延迟、不必要的纸上作业、单据循环的延迟及误诊等，从而提升对伤患照顾的品质。

企业：当企业内的员工使用无线局域网络产品时，不管他们在办公室的任何一个角落，都能随意地发电子邮件、分享文档及上网浏览。

仓储管理：一般仓储人员进行盘点时，通过无线网络的应用，能立即将最新的资料输入计算机仓储系统。

货柜集散场：一般货柜集散场的桥式起重车在调动货柜时，可将实时信息传回办公室，以利相关作业进行。

监视系统：一般位于远方且需受监控的场所，布线困难，可借由无线网络将远方影像传回主控站。

展示会场：一般的电子展、计算机展，网络需求极高，但布线会让会场显得凌乱，因此使用无线网络是再好不过的选择。

WLAN 典型的产品有：

1. WLAN 中的无线网桥和无线集线器

典型的无线网桥，工作于微波波段；采用定向型天线，如八木天线、对数周期天线、角反射器、抛物面天线等；通信距离可达 5 km 甚至 100 km。典型的无线集线器，工作于 2.4 GHz 的 ISM 波段；采用两个鞭状小天线，发射功率 100 mW；工作距离为室内 60~200 m、室外 1 km 以上，使用高增益天线时可达 10 km 以上。

目前无线局域网使用两个 ISM 射频频段。2.4G UHF ISM 优点是频段室内环境中抗衰减能力强，穿墙能力不错。劣势是许多设备用的都是 2.4 GHz，如蓝牙、zigbee 无线，所以干扰很多，5G SHF ISM 优点是抗干扰能力强，能提供更大的带宽，吞吐率高，扩展性强。缺点是 5G 穿墙能力较差，信号衰减要大于 2.4G。

2. 无线网卡

一般工作于2.4 GHz的ISM波段；速率大部分为1~2 Mbps，少量最大能达到11 Mbps；工作距离室内100 m左右，室外500 m以上。

3. 无线 Modem

Modem通常工作于物理层，但考虑到无线链路的复杂性，一般无线Modem（调制解调器）在噪声信道上往往也采用纠错及自动重发等方式，即嵌入了数据链路层的协议，Micom公司开发的移动网络协议（MNP，Mobile Network Protocol）就是应用于无线Modem的数据链路层协议。典型的无线Modem有：AlphaCom公司开发的InSat因特网/卫星无线Modem，可使用户在旅行途中或任何地方，通过其便携式计算机接入因特网，收发电子邮件。由于采用了压缩技术，下载速度比未压缩时快数倍。

此外，很多公司都是开发了完整的WLAN系统设备及产品。如Digital公司的RA（RoamAbout）产品，朗讯公司的WaveLAN系统，C-Spec公司的OverLAN设备等。

3.2.4　全光网络系统

随着网络通信技术的飞速发展，全光网络已成为城市中信息交互的必要基础设施和通信资源。作为最先进的网络通信技术之一，全光网络将网络通信发展带入一个前所未有高度。全光网络为建筑间的信息高速交互提供了优异的承载能力，也为信息应用发展提供前所未有的驱动力。

1. 无源光网络

无源光网络（PON）是指一种点对点的光接入技术及相应的系统，PON系统由OLT（光线路终端）、ODN（光分配网络）、ONU（光网络单元）三部分组成，如图3—24所示。OLT是PON系统的局端设备，ONU是PON系统的远端/用户端设备。ODN提供OLT与ONU之间的光信号传输通道。ODN以无源光分路器为核心，还可包括光纤/光缆、光连接器以其他光配线设施（如光配线架、光交换箱、光分线盒）等。PON的网络结构非常简单，其技术上的复杂性主要在于信号处理技术。在下行方向，局端设备OLT通过广播方式发送信号给远端用户ONU（单点发送，多点接收），各用户需要从中取出发送给自己的数据。在上行方向，由于各用户ONU共享一根主干光缆（多点发送，单点接收），就必须选用某种多址接入协议，如TDMA（时分多址）协议，来避免发生信号冲突，实现多用户对共享传输通道的访问。

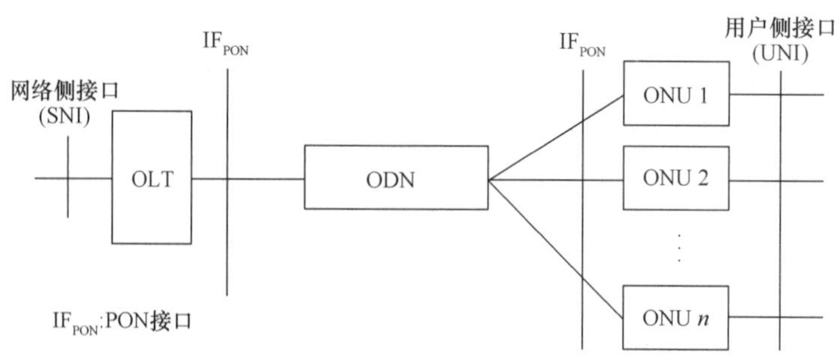

图 3—24　PON 系统参考结构

2. 主流 PON 技术

目前主要有两种 PON 技术，其中一个是由 ITU（国际电信联盟）与全业务接入网（Full Service Access Network，FSAN）制定标准的 GPON，另一个是由 IEEE 802.3EFM 工作组制定标准的 EPON。

EPON 是一种新型的光纤接入网技术，它在物理层采用点到点的拓扑结构，在链路层使用以太网协议，在无源光分配网上实现了以太网的接入。因此，它综合了 PON 技术和以太网技术的优点：成本低、带宽高、扩展性强、与现有以太网兼容、管理方便等。

GPON 技术是基于 ITU-T G984 标准的宽带无源光综合接入标准。GPON 引入了全新的 GPON 封装方法（GPON Encapsulation Method，GEM）封装和 TC 层成帧，并定义了比较完善的 ONU 管理控制接口（OMCI）机制，具有带宽高、承载效率高、管理维护功能完善、业务承载能力丰富等优点，是宽带光纤接入的主流技术之一。

EPON 和 GPON 技术的标准完善、产业链成熟稳健，促进了 PON 技术的成熟和规模应用，引领了 PON 产业发展和市场应用。国内外的主流芯片供应商都规模量产了 EPON/GPON 芯片，全球近 20 家主流 PON 设备厂商也都规模提供 EPON/GPON 上百款设备，PON 芯片和设备已量产和商用。各大运营商也大规模建设基于 PON 技术的光纤接入网，在整个信息网络系统中实现光进铜退的全光网络转型。

3. PON 技术的应用

目前我国已提出了“智慧城市”的建设目标，而“智慧园区”和“智慧社区”将是智慧城市建设的重要环节。对于智能建筑来说，全光网络必将成为今后各类智慧园区的通信方式。其中校园光网通过教育骨干网与各教育机构之间以及教育机构内部的网络互联互通。校园光网重点覆盖教学楼区、宿舍区和校园热点区域。PON 技术校园光网组网示意图如图 3—25 所示。

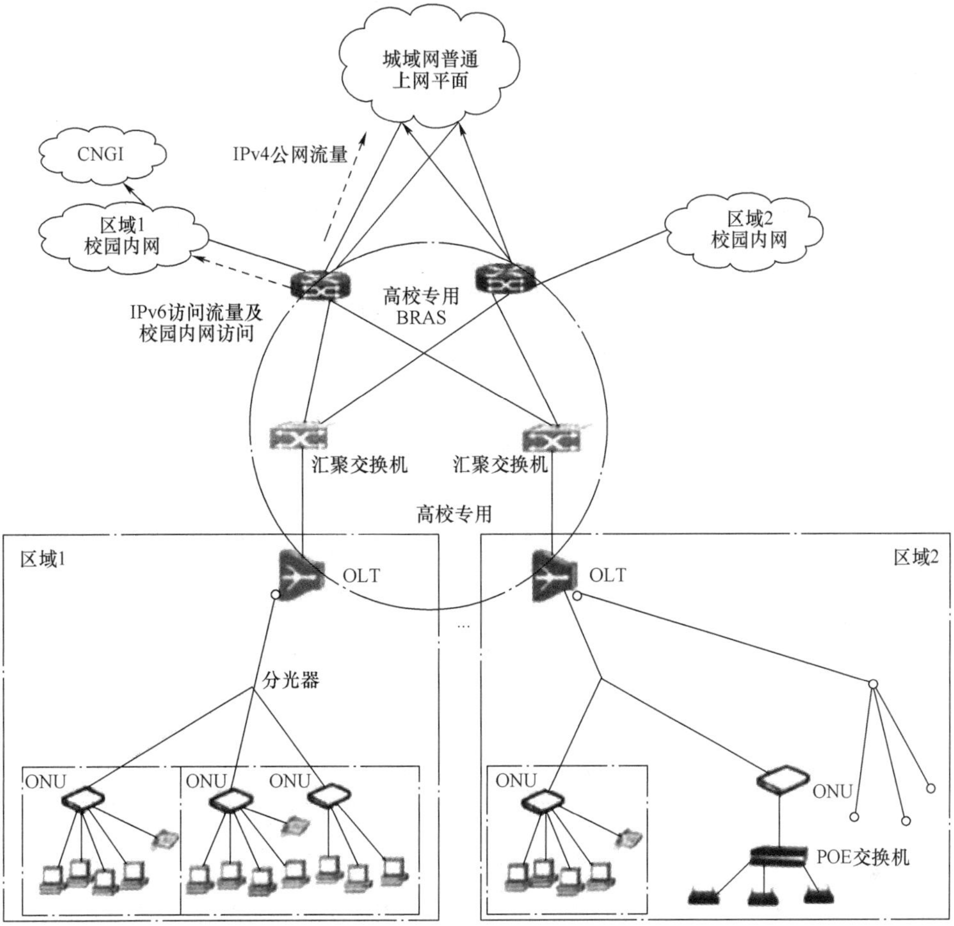

图 3—25　校园光网 PON 技术应用示意图

技能要求

网络跳线的制作与测试

操作准备

(1) 1 m 超五类网线 1 根。

(2) 网络压线钳 1 把。

(3) 超五类 RJ45 水晶头 2 个。

(4) 网线剥线器 1 把。

(5) 网络测线仪 1 套。

操作目的

（1）按照 T568B 标准，完成一根超五类非屏蔽网络线缆跳线的制作。

（2）使用网络测线仪对制作好的网络跳线进行测试。

操作步骤

步骤 1：剥线

用剥线器把网线头剥皮，剥皮 3 cm 左右，如图 3—26 所示。

步骤 2：理线

把缠绕一起的 8 股 4 组网线分开并拉直，如图 3—27 所示。

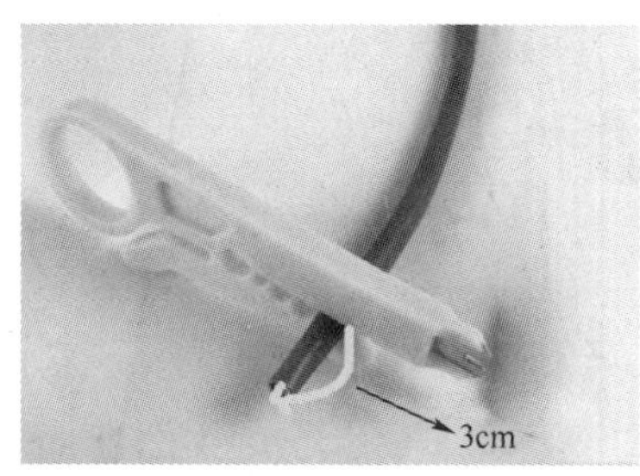

图 3—26　剥线

图 3—27　理线

步骤 3：排线

按照 T568B 的线序要求（白橙、橙、白绿、蓝、白蓝、绿、白棕、棕）的先后顺序排好，如图 3—28 所示。

步骤 4：剪齐

把排好的线并拢，然后用压线钳带有刀口的部分切平网线末端，如图 3—29 所示。

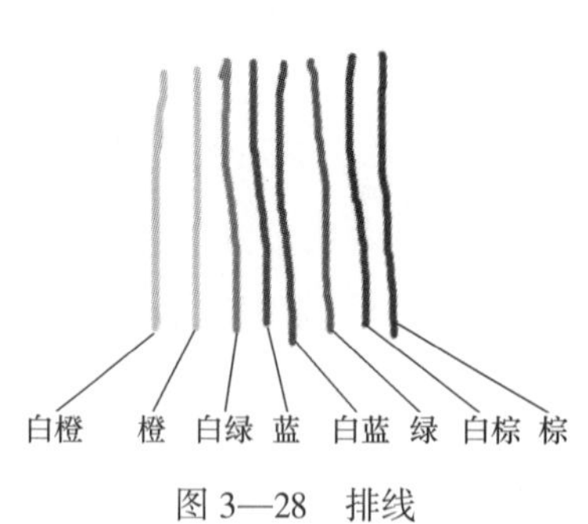

图 3—28　排线

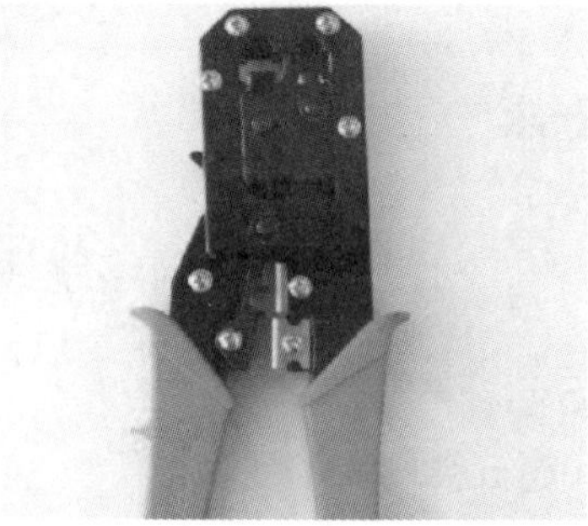

图 3—29　剪齐

步骤 5：放线

将水晶头有塑料弹簧片的一端向下，有金属针脚的一端向上，把整齐的 8 股线插入水晶头，并使其紧紧地顶在顶端，如图 3—30 所示。

步骤 6：压线

把水晶头插入 8P 的槽内，用力握紧压线钳即可，如图 3—31 所示。

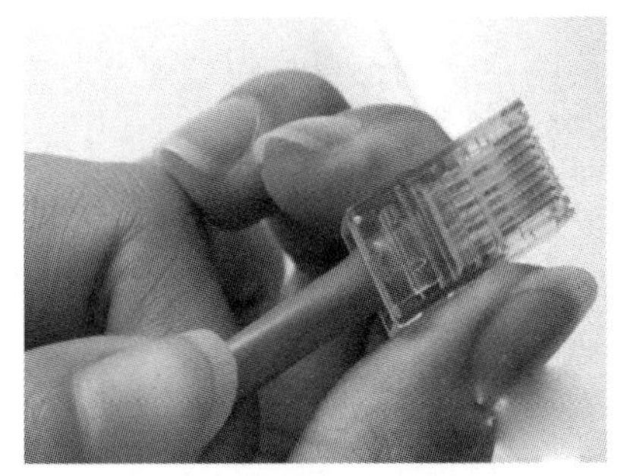

图 3—30　放线

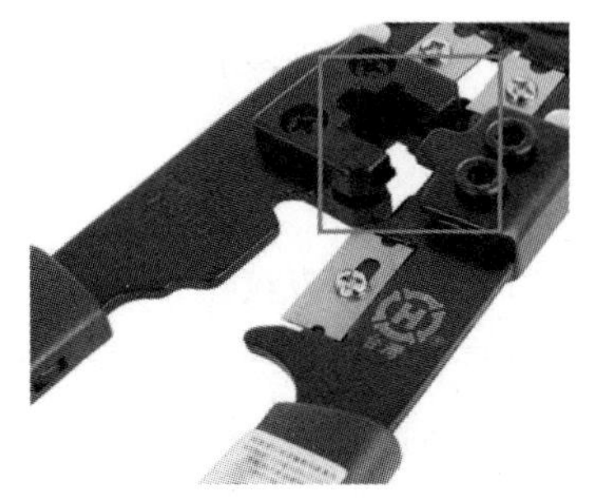

图 3—31　压线

步骤 7：测试

使用网络测线仪对制作的网络跳线进行测试，如图 3—32 所示。

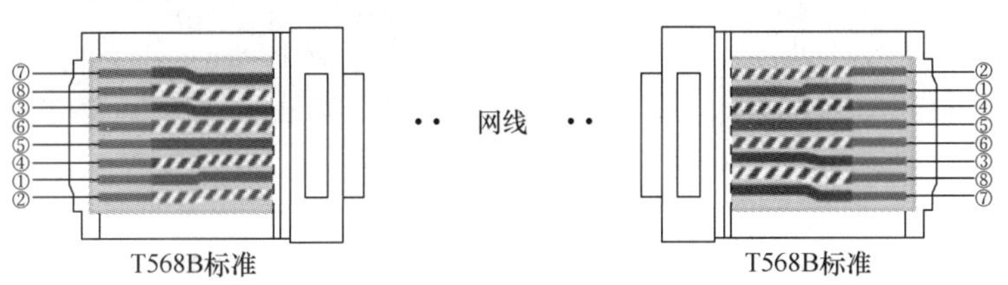

图 3—32　网线测试示意图

网络非屏蔽线缆的端接与测试

操作准备

（1）5 m 超五类非屏蔽网线 1 根。

（2）超五类非屏蔽网络模块 1 个。

（3）超五类非屏蔽网络配线架 1 根。

（4）网线剥线器 1 把。

（5）单线打刀 1 把。

（6）网络测线仪 1 套。

操作目的

（1）按照 T568B 标准完成一根超五类非屏蔽网络线缆的网络模块端的端接。

（2）按照 T568B 标准完成一根超五类非屏蔽网络线缆的网络配线架端的端接。

（3）使用网络测线仪对制作好的网络链路进行测试。

操作步骤

步骤 1：卡线

按照 T568B 的线序将网线的各个线对按照网络模块的颜色标识整理至对应位置，如图 3—33 所示。

步骤 2：打线

从网线的线头处将双绞线打开，用手指卡入网络模块的对应颜色槽位，对模块各线序进行检查，确保卡入网络模块的线序正确。使用单线打刀将网线的 8 根线芯逐一压入，并将多余的线头打断，如图 3—34 所示。

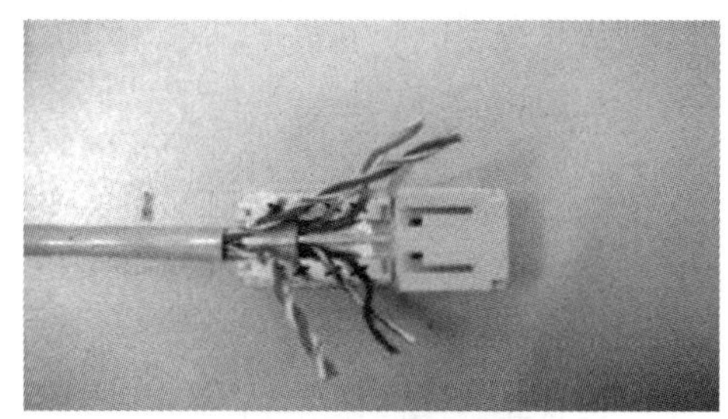

图 3—33　网络模块卡线

图 3—34　打线

步骤 3：上盖

给网络模块安装上保护帽，网线的网络模块端接完成，如图 3—35 所示。

步骤 4：将网线另一端的线对按照网络配线架的色标颜色排列顺序逐一压入网络配线架的对应槽内。使用单线打刀将网线的 8 根线芯逐一压入，并将多余的线头打断，如图 3—36 所示。

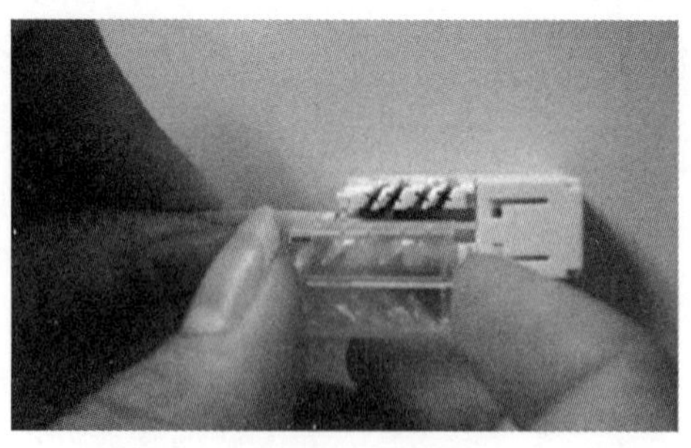

图 3—35　上盖

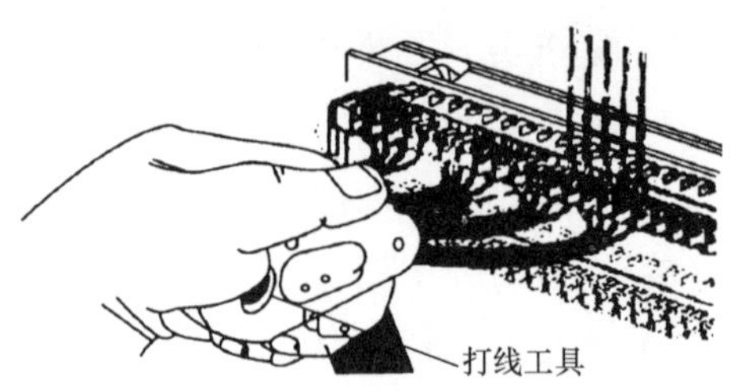

图 3—36　网络配线架打线

步骤 5：使用网络测线仪对上述网络链路进行测试。

无线 AP 配置

操作准备

（1）无线 AP 网络设备（CISCO　WAP12）1 台。

（2）个人计算机或便携式计算机 1 台。

（3）3 m 网络网线 2 根。

（4）网络交换机 1 台。

操作目的

（1）完成无线 AP 的网络配置。

（2）完成个人计算机的无线网卡配置。

（3）完成无线网络联网测试。

操作步骤

步骤 1：登录无线 AP

首先要对无线 AP 做配置，打开计算机的 IE 浏览器，在地址栏中输入 192. 168. 1. 245（CISCO 无线 AP 默认地址，每个无线 AP 设备的默认地址不同，详见 AP 随机手册）。连接成功后，会出现登录窗口，如图 3—37 所示。

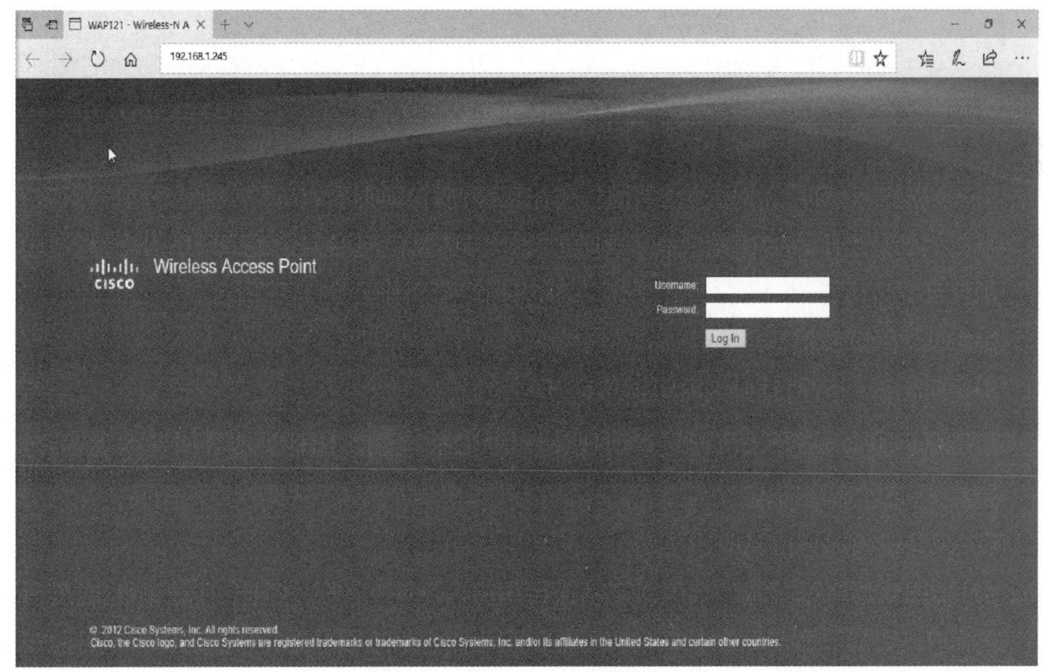

图 3—37　无线 AP 登录窗口

注意：必须保证配置的计算机 IP 地址与无线 AP 的 IP 地址处于同一网段。

步骤 2：配置无线 AP 的网络地址

CISCO 无线 AP 默认的用户名为 cisco，密码为 cisco。输入正确后，会跳出向导界面，取消向导。修改默认密码。重新用新密码登录。如图 3—38 所示，从“LAN→VLAN and IPv4 Address”配置界面可以看到 AP 目前的 IP 地址和默认网关。如果要使 AP 能接入 Internet，IP 地址必须和公司保持一致。由于公司网络正好是 192. 168. 1. 0/24 网段的，默认网关也是 192. 168. 1. 1。所以 AP 的“IPv4 Settings”选项就保持在“Static IP”，IP 地址和默认网关也都保持原来的默认值就可以了。

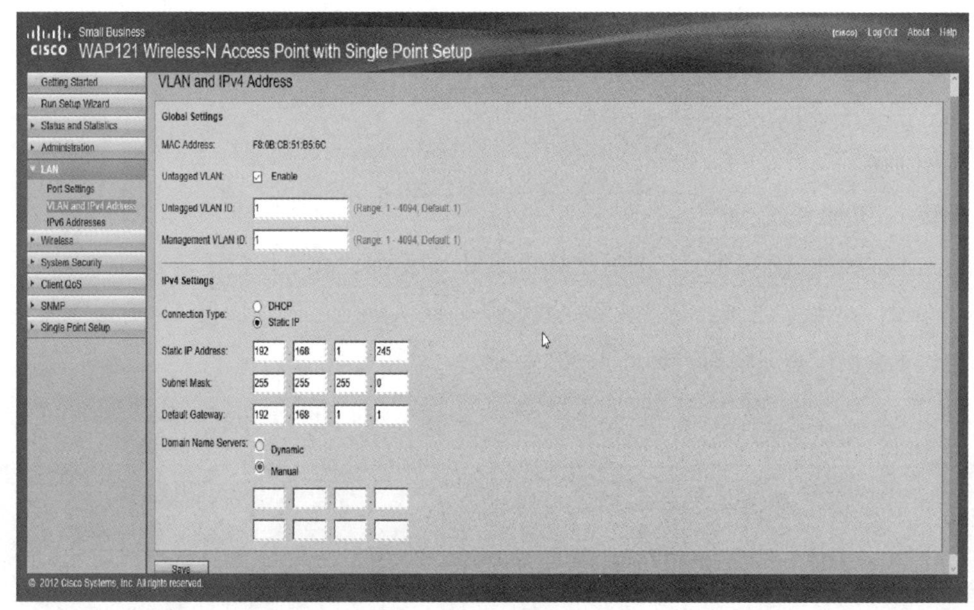

图 3—38　配置无线设备网络信息

步骤 3：配置无线 AP 基本参数

点击“Wireless→Radio”选项，出现的是“Radio”配置界面，在“Basic Settings”中勾选“Radio”为“Enable”，“Channel”选择“Auto”，其他默认设置即可，点击最下面的“Save”按钮保存设置。点击“Wireless→Networks”选项，出现的是“Network”配置界面，如图 3—39 和图 3—40 所示，勾选左边的选项，点击“Edit”按钮，修改无线 AP 的网络名称（SSID Name），默认为 ciscob，可以更改为自己定义的 cisco-ap-lab。勾选“SSID Broadcast”栏目，如果不想让 AP 向网络中所有无线设备广播 SSID 的话，就取消勾选。“Security”选项选择“None”（这样设置就是无密码接入）。最后点击“Save”按钮保存设置。注意：无线网卡的 SSID 必须和无线 AP 的 SSID 相同才能建立连接。

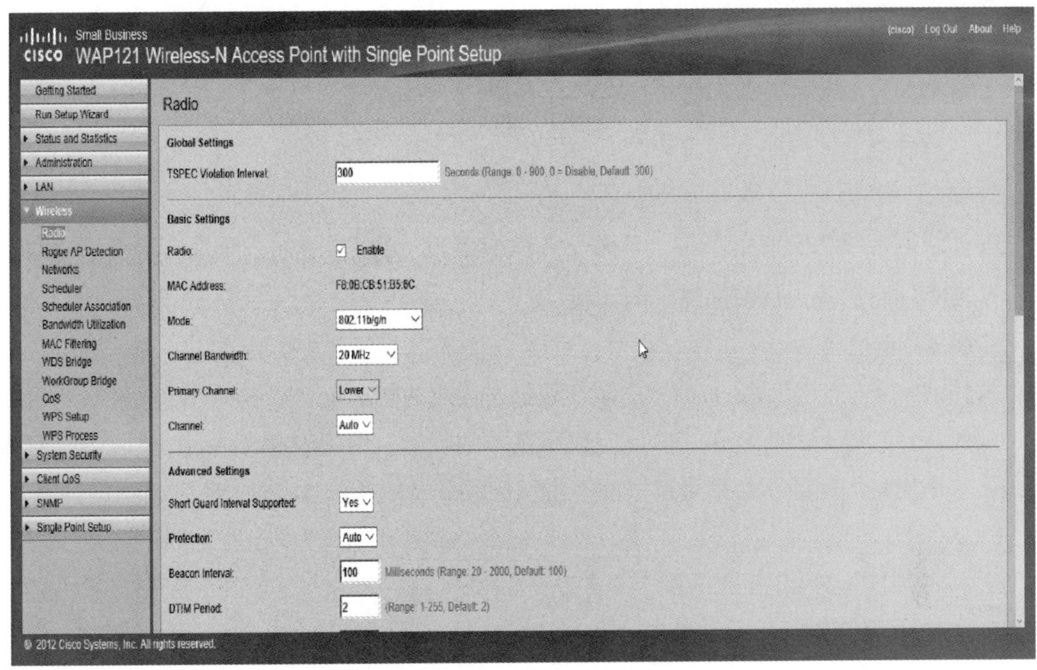

图 3—39　设置无线设备一

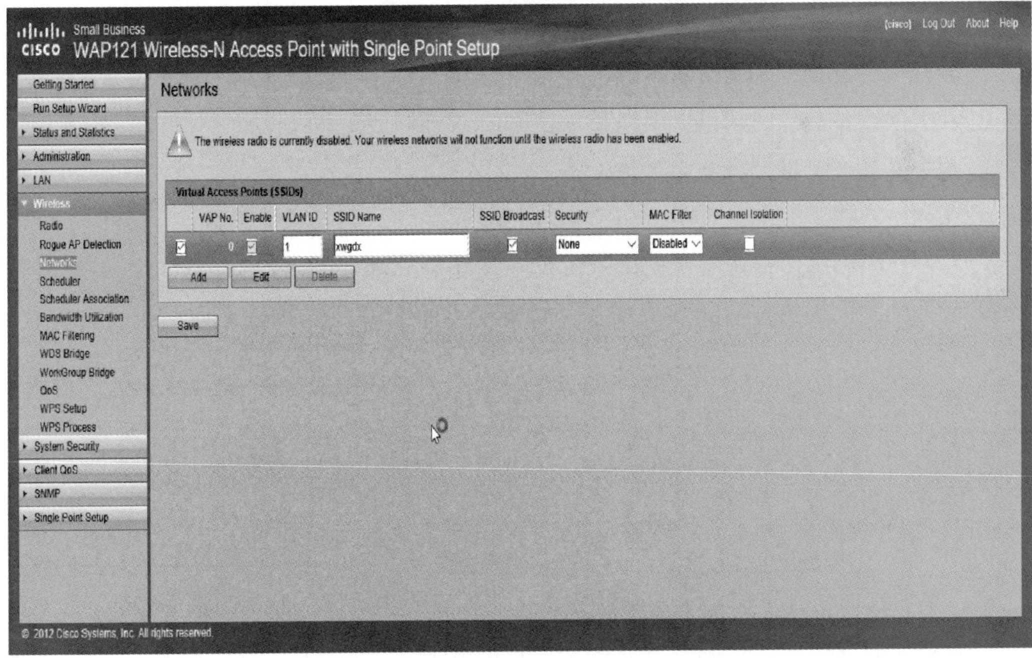

图 3—40　设置无线设备二

步骤4：安装无线网卡管理程序

无线AP配置完成后，接着就开始配置无线网卡。学员选了新办公室里的一台计算机，将网卡自带的光盘放进光驱，点击安装程序包中的“Setup. exe”文件。计算机自带无线网卡并已安装好驱动的可以省略本步骤。

步骤5：自动搜索网络

在无线网卡成功安装完以后，桌面任务栏会出现“ ”图标，而且向导会帮无线网卡自动搜索网络，找到目前网络中的无线AP。

步骤6：连接成功

选择AP后，点击“Connect”连接，如果连接成功则显示“已连接”。

到此，经过以上六个步骤，学员完成了基本的设置，打开计算机的IE浏览器，任意输入了一个网站的网址，如果可以上网，说明已经成功地通过AP连入到了公司的网络。

本章测试题

一、判断题（将判断结果填入括号中，正确的填“√”，错误的填“×”）

1. 语音大对数线缆有五个基本颜色，顺序分别为白、红、黑、黄、紫。（ ）
2. 六类网线是最常用的以太网电缆。（ ）
3. 六类网线支持最大带宽为1 000 M。（ ）
4. 在同一布线工程中，T568A和T568B两种连接方式可以混合使用。（ ）
5. 在OSI模型中，传输层所使用的重要协议是TCP和UDP协议。（ ）
6. 设备间是大楼的电话交换机设备和计算机网络设备，以及建筑物配线设备安装的地点。（ ）
7. 动态路由与静态路由发生冲突时，以动态路由为准。（ ）
8. 在使用ping命令时，获得的信息是由ICMP协议给出的查询报文。（ ）
9. 防火墙能够过滤受到蠕虫病毒感染的数据，不让它们穿过防火墙。（ ）
10. 在同一个信道上的同一时刻，能够进行双向数据传送的通信方式是全双工。（ ）

二、单项选择题（选择一个正确的答案，将相应的字母填入题内的括号中）

1. 衰减是指光沿光纤传输过程中（　　）的减少。

A. 光波长　　B. 光功率　　C. 光折射　　D. 光亮度

2. 室外光纤一般由外层护套、扎纱、松套管、纤芯、纤膏、中心加强件（　　）、芳纶等部件组成。

A. 阻水层和铝箔屏蔽层　　B. 铝箔屏蔽层和撕裂线

C. 十字隔离骨架和撕裂线　　D. 阻水层和阻水油膏

3. 六类布线系统支持的传输带宽为（　　）MHz。

A. 250　　B. 300　　C. 500　　D. 1 000

4. 综合布线区域内存在的电磁干扰场强高于（　　）V/m 时，宜采用屏蔽布线系统进行防护。

A. 1　　B. 2　　C. 3　　D. 4

5. BD 至 FD 之间子系统称为（　　）。

A. 建筑群子系统　　B. 干线子系统

C. 配线子系统　　D. 工作区子系统

6. 如某建筑单层只设置一个电信间，该层信息点位数宜不超过（　　）个。

A. 200　　B. 400　　C. 600　　D. 800

7. WWW、FTP 协议是属于 TCP/IP 参考模型中的（　　）。

A. 网络接口层　　B. 路由层　　C. 应用层　　D. 物理层

8. 超文本传输协议 HTTP 默认所使用的端口为（　　）。

A. 21　　B. 63　　C. 80　　D. 90

9. 路由器中的存储设备不包括（　　）。

A. ROM　　B. RAM　　C. CPU　　D. FLASH

10. 防火墙是指设置在企业内部网络和公共网络的中间，起到保护内部网络安全的一组设备，根据采用技术的不同可以分为多种类型，以下（　　）不属于上述分类。

A. 分组过滤型防火墙　　B. 应用代理型防火墙

C. 链路检测型防火墙　　D. 状态检测型防火墙

三、简答题

1. 简述综合布线的各个子系统。

2. 简述网络线缆的物理结构。

3. 列表描述 50 对大对数电缆的连接线序。

4. OSI/RM 开放系统互联模型包括哪几层？

5. 简述网络交换机的工作原理。

6. 简述 PON 技术的组成结构。

本章测试题答案

一、判断题

1. √　2. √　3. ×　4. ×　5. √　6. √　7. ×　8. √　9. ×　10. √

二、单项选择题

1. B　2. D　3. A　4. C　5. B　6. B　7. C　8. C　9. C　10. C

三、简答题

略

第 4 章

安全防范系统

学习目标

- 了解安全防范系统基础知识
- 熟悉视频安防监控系统组成与功能
- 熟悉入侵报警系统组成与功能
- 熟悉其他安全防范系统工作原理
- 掌握安全防范系统主要设备安装与连接技能

知识要求

4.1 安全防范系统基础

4.1.1 安全防范技术概述

“安全防范”是公安保卫系统的专门术语，安全防范以维护社会公共安全为目的，具体包括入侵防盗报警、防火、防暴、安全检查等措施。安全防范技术以电子技术、传感器技术、通信技术、自动控制技术、计算机技术为基础，已逐步发展成为一项专门的安全技术学科。

智能化楼宇包括党政机关和军事、科研单位的办公场所，也包括银行、金融、商店、办公楼、展览馆、智能化公共居住区等公共设施，涉及社会的方方面面，这些单位与场所是安全防范技术的重点应用区域。

4.1.2 安全防范系统工程规范

1. 安全防范系统组成

楼宇安全防范系统涉及范围很广，一般由6个子系统组成。视频安防监控系统和入侵报警系统是其中两个最重要的组成部分。

（1）视频安防监控系统。视频安防监控系统主要任务是对建筑物内重要部位的事态，人流等动态状况进行宏观监视、控制，以便对各种异常情况进行实时取证、复核，达到及时处理的目的。

（2）入侵报警系统。入侵报警系统是在重要区域的出入口、财务及贵重物品库的周界等特殊区域及重要部位建立的入侵防范警戒措施。

(3) 访客（可视）对讲系统。访客（可视）对讲系统也称为楼宇保安（可视）对讲系统，适用于高层及多层公寓（包括公寓式办公楼）、别墅住宅的访客管理，是保障住户安全的必备设施。

(4) 电子巡更系统。安保工作人员在建筑物相关区域建立巡更点，按所规定的路线进行巡逻检查，以防止异常事态的发生，便于及时了解情况，加以处理。

(5) 门禁管理系统。门禁管理系统对建筑物内通道、财务室等重要部位和区域的人流进行控制，还可以随时掌握建筑物内各种人员出入活动情况。

(6) 停车场管理系统。停车场管理系统可对停车库（场）的车辆进行出入控制、停车管理与计时收费等。

2. 楼宇安全防范工程实施程序

安全防范工程是指以维护社会公共安全和预防灾害事故为目的的视频安防、报警、通信、出入口控制、防暴、安全检查等工程。楼宇中的安全防范工程主要涉及上述6个组成部分，工程实施按照我国公安行业标准执行。工程由建设单位提出委托，由持省市级以上公安安全技术防范管理部门审批、发放的设计、施工资质证书的专业设计、施工单位进行设计与施工。工程的立项、设计、委托、施工、验收必须按照公安主管部门要求的程序进行。

4.2 视频安防监控系统

4.2.1 视频安防监控系统功能与组成

1. 系统功能

视频安防监控系统（VSCS，Video Surveillance & Control System），是利用视频技术探测、监视设防区域并实时显示、记录现场图像的电子系统或网络。早期称作闭路电视监控（CCTV，Closed Circuit Television）系统，是安全防范系统中的一个重要组成部分。它可以通过遥控摄像机及其辅助设备（云台、镜头）直接观看被监视场所的一切情况，把被监视场所的图像、声音内容同时传到监控中心，使被监视的情况一目了然。视频安防监控系统还可以与入侵报警系统等安全防范系统联动运行，使防范能力更加强大。

随着计算机网络技术的普及和应用，形成了一种新型的视频安防监控系统——数字视频监控系统。数字视频监控是通过把摄像头摄取的模拟图像信号转换成数字图像信号，再通过计算机硬盘存储数字图像信号，使网络内的计算机根据权限成为监控终端，不受地域环境的限制，采用硬盘压缩方式储存图像资料，并提供数字报警功能，对监视范围实行区域报警控制，便于进行监控、防盗管理和远程控制。

本节先介绍传统视频安防监控系统。

2. 系统组成

视频安防监控系统（模拟视频）主要由前端（摄像）、传输、终端（显示与记录与控制）3个主要部分组成（见图4—1），并具有对图像信号的分配、切换、存储、处理、还原等功能。

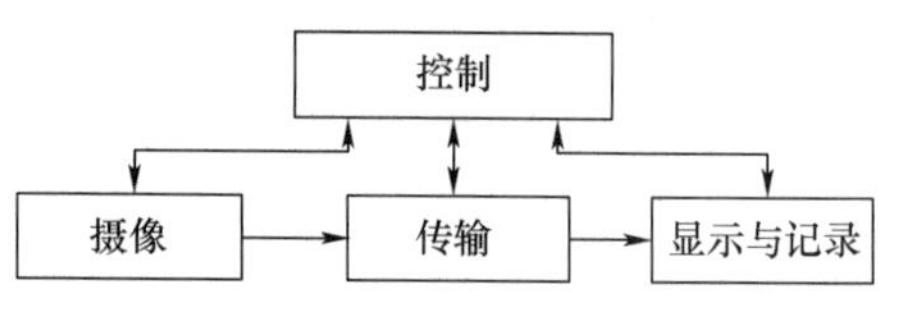

图4—1　视频安防监控系统的组成部分

（1）前端设备。前端设备的主要任务是为了获取监控区域的图像和声音信息，包括各种摄像机及其配套设备。由于摄像机需公开或隐蔽地安装在防范区内，除需长时间不间断地工作外，其环境变化无常，有时还需要在相当恶劣的条件下工作，如风、沙、雨、雷、高温、低温等，所以前端设备应有较高的性能和可靠性。

对于视频安防摄像机，除要有较高的清晰度和可靠性外，通常还需配有自动光圈变焦镜头、多功能防护罩、电动云台、接口控制设备（解码器）等。安防摄像机有黑白和彩色之分。黑白安防摄像机的灵敏度、清晰度较高，价格便宜，安装调试方便。彩色安防摄像机除传送亮度信号外，还能传送彩色信息。因此，彩色安防摄像机能全面地反映现场景物的图像和色彩，但灵敏度、清晰度相对比较低，而且技术条件要求高，价格较贵。随着技术的提高，在照明条件好的时候传输彩色图像，当照明条件差（如晚上）时传输黑白图像的价格适中的彩转黑白摄像机被研发出来，并得到广泛认可。对于一般的安全保卫工作来说，白天人员活动频繁时传输彩色图像，但晚上并不需要去追求五彩缤纷的图像，而主要是要求有较高的灵敏度和清晰度。因此，除特殊使用的重要场合和照明条件充分满足要求的情况之外，目前国内大多数视频安防监控系统都采用彩转黑白安防摄像机。

（2）传输系统。传输系统的主要任务是将前端图像信息不失真地传送到终端设备，并将控制中心的各种指令传送到前端设备。根据监控系统的传输距离、信息容量和功能要求的不同，主要有无线传输和有线传输两种方式。目前大多采用有线传输方式。有线传输通常利用电话线、同轴电缆和光纤来传送图像信号。由于光纤具有体积小、重量轻、抗腐蚀、容量大、频带宽、抗干扰性能好等优点，目前在较大型的视频安防监控系统中大多采用光纤来作为传输线。

（3）终端设备。终端设备是视频安防监控系统的中枢。它的主要任务是将前端设备送来的各种信息进行处理和显示，并根据需要向前端设备发出各种指令，由中心控制室进行集中控制。终端设备主要包括显示、记录设备和控制切换设备等，如监视器、录像机、录音机、视频分配器、时序切换装置、时间信号发生器、同步信号发生器以及其他一些配套控制设备等。

4.2.2 前端设备

在视频安防监控系统中，摄像机用来进行定点或流动监视和图像取证，这就要求摄像机具备体积小、重量轻、易于安装、隐蔽性和伪装性强、系统操作简便、调整机构少等特点，必要时还要有遥控装置用来遥控其某些功能。另外，系统的可靠性要高，性能要稳定，能够在-10~ +40℃的环境温度下连续工作。摄像机的灵敏度要高，光动态范围要大。为了使取证图像清晰，要求摄像系统的信噪比尽可能高（一般要大于 30 dB），分辨率要尽可能高，图像的灰度等级应大于 7 级，全电视信号幅度的峰值应大于 1 V。

前端设备由摄像机、镜头、云台控制器、解码器构成。

1. 摄像机

前端设备的主体是摄像机（见图 4—2），其功能是观察、收集信息。摄像机的性能及其安装方式是决定系统质量的重要因素。光导摄像机目前已被淘汰，由电荷耦合器件（简称 CCD）摄像机所取代。CCD 摄像机主要性能及技术参数要求如下：

图 4—2 摄像机

（1）色彩。摄像机有黑白和彩色两种，通常黑白摄像机的水平清晰度比彩色摄像机高，且黑白摄像机比彩色摄像机灵敏，更适用于光线不足的地方和夜间灯光较暗的场所。黑白摄像机的价格也更便宜。但彩色的图像容易分辨衣物与场景的颜色，便于及时获取、区分现场的实时信息。

（2）清晰度。有水平清晰度和垂直清晰度两种。垂直方向的清晰度受到电视制式的限制，有一个最高的限度，由于我国电视信号均为PAL制式，PAL制式垂直清晰度为400行。所以摄像机的清晰度一般是用水平清晰度表示。水平清晰度表示人眼对电视图像水平细节清晰度的量度，用电视线TVL表示。

目前选用黑白摄像机的水平清晰度一般要求应大于500线，彩色摄像机的水平清晰度一般应要求大于400线。

（3）照度。单位被照面积上接受到的光通量称为照度。1 lx（勒克斯）是1 lm（流明）的光束均匀射在1 m^2面积上时的照度。摄像机的灵敏度以最低照度来表示，这是摄像机以特定的测试卡为摄取目标，在镜头光圈为F/1.4时，调节光源照度，用示波器测其输出端的视频信号幅度为额定值的10%，此时测得的测试卡照度为该摄像机的最低照度。所以实际上被摄体的照度大约是最低照度的10倍以上才能获得较清晰的图像。

目前一般选用黑白摄像机时，当镜头光圈为F/1.4时，最低照度要求选用小于0.1 lx；选用彩色摄像机时，当镜头光圈为F/1.4时，最低照度要求选用小于2 lx。

（4）同步。要求摄像机具有电源同步、外同步信号接口。

电源同步就是使所有的摄像机由监控中心的交流同相电源供电，使摄像机场同步信号与市电的相位锁定，以达到摄像机同步信号相位一致的同步方式。

外同步是配置一台同步信号发生器来实现强迫同步，电视系统扫描用的行频、场频、帧频信号、复合消隐信号与外设信号发生器提供的同步信号同步的工作方式。

系统只有在同步的情况下，图像进行时序切换时就不会出现滚动现象，录、放像质量才能提高。

（5）电源。摄像机电源一般有交流220 V、交流24 V、直流12 V，可根据现场情况选择摄像机电源，但推荐采用安全低电压。选用12 V直流电压供电时，往往达不到摄像机电源同步的要求，必须采用外同步方式，才能达到系统同步切换的目标。

（6）自动彩转黑白控制。在光照度感应装置感应到低亮度的情况下，自动转换彩色输出为黑白图像输出功能，可以提高图像信号的对比度以获得更清晰的黑白图像。

（7）自动增益控制（AGC）。在低亮度的情况下，自动增益功能可以提高图像信号的强度以获得清晰的图像。目前市场上CCD摄像机的最低照度都是在这种条件下的参数。

（8）自动白平衡。当彩色摄像机的白平衡正常时，才能真实地还原被摄物体的色彩。彩色摄像机的自动白平衡就是能实现白平衡自动调整。

（9）电子亮度控制。有些CCD摄像机可以根据射入光线的亮度，利用电子快门来调节CCD图像传感器的曝光时间，从而在光线变化较大时可以不用自动光圈镜头。使用电子亮度控制时，被摄景物的景深要比使用自动光圈镜头时小。

（10）逆光补偿。在只能逆光安装的情况下，采用普通摄像机时，被摄物体的图像会发黑，应选用具有逆光补偿的摄像机才能获得较为清晰的图像。

2. 镜头

镜头按功能和操作方式可以分成普通镜头、固定光圈定焦镜头、手动光圈定焦镜头、自动光圈定焦镜头、手动光圈变焦镜头、自动光圈电动变焦镜头等类型。

图 4—3 是其中几种不同类型的镜头。

a)

b)

c)

图 4—3　不同类型的镜头

a）普通镜头　b）自动光圈镜头　c）变焦镜头

摄像机镜头选择方法如下：

（1）摄取静态目标的摄像机，可选用固定光圈定焦镜头，当有视角变化要求的动态目标摄像场合，可选用变焦镜头。镜头焦距的选择要根据视场大小和镜头到监视目标的距离而定，如图 4—4 所示。

图 4—4　摄像机视场角和视场

焦距的计算公式为：　$F=\frac{AC}{B}$

式中　F——焦距，mm；

A——像场宽，mm；

C——镜头到监视目标的距离；

B——视场高（计算时，C、B 必须采用相同的长度单位）。

选择镜头焦距时，必须考虑摄像机图像敏感器画面的尺寸，有 4 种形式：$\frac{2}{3}$ in、$\frac{1}{2}$ in、$\frac{1}{3}$ in、$\frac{1}{4}$ in（1 in = 2.54 cm）。这 4 种形式都具有垂直×水平尺寸为 3×4 的方位比，而 4 种形式的摄像机与某型号镜头的匹配效果，与它下一个形式摄像机和上一个型号镜头焦距的匹配效果相同。如$\frac{1}{2}$ in 摄像机使用 16 mm 镜头的视角范围正好与$\frac{1}{3}$ in 摄像机使用 12 mm 焦距的镜头相同，依此类推。

（2）对景深大、视场范围广的监视区域及需要监视变化的动态场景，一般采用带全景云台的摄像机，并配置 6 倍以上的自动光圈电动变焦镜头。

（3）使用电荷耦合器件（CCD）时，一般均应选择自动光圈镜头；对于室内照度恒定或变化很小时，可选择手动光圈镜头；电梯轿箱内的摄像机镜头应根据轿箱体积的大小选用水平视场大于 70° 的广角镜头。

（4）随着小型化需要，镜头尺寸需缩小，除通常摄像机镜头的标准 C 接口外，引入了 C_S 接口。由于 C_S 接口比 C 接口短 5 mm，减小了镜头与敏感件的间距，故 C_S 接口系统体积小、轻，且 C_S 接口镜头价格较便宜。

（5）焦距。镜头的焦距和摄像机靶面的大小决定了视角，焦距越小，视野越大；焦距越大，视野越小。若要考虑清晰度，可采用电动变焦镜头，根据需要随时调整。

摄像机镜头应从光源方向对准监视目标，避免逆光。

（6）通光量。镜头的通光量是用镜头的焦距和通光孔径的比值（光圈）来衡量的。在光线变化不大的场合，光调到合适的大小后不必改动，用手动光圈镜头即可。在光线变化大的场合，如在室外，一般均需要自动光圈镜头。

摄像机在安装使用时，需配备相应的防护罩和支架，如图 4—5 和图 4—6 所示。

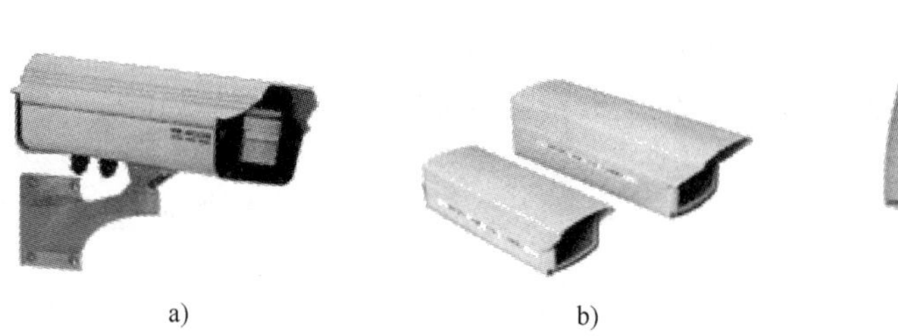

a)　　b)　　c)

图 4—5　摄像机防护罩

a）室外防护罩　b）室内防护罩　c）球形罩

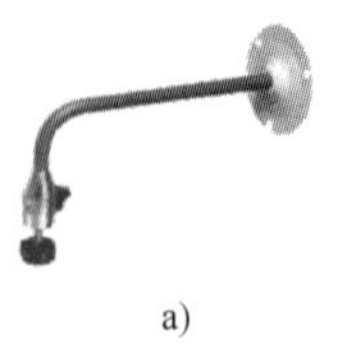

a)

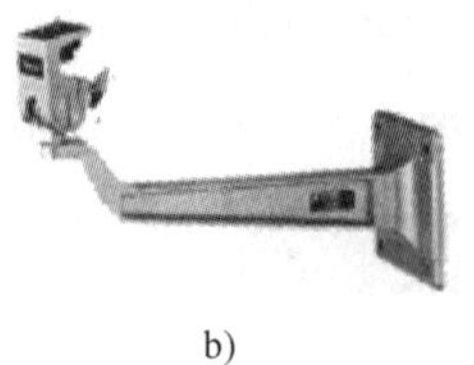

b)

c)

图 4—6　摄像机安装支架

a）壁式安装支架　b）壁/顶面安装支架　c）吸顶安装支架

3. 云台控制器

为了扩大监视摄像范围，有时要求摄像机能够以支撑点为中心，在垂直和水平两个方向的一定角度之内自由活动。这个在支撑点上能够固定摄像机并带动它做自由转动的机械结构就称为云台，如图 4—7 所示。根据构成原理的不同，云台可以分为手动式及电动式两类。

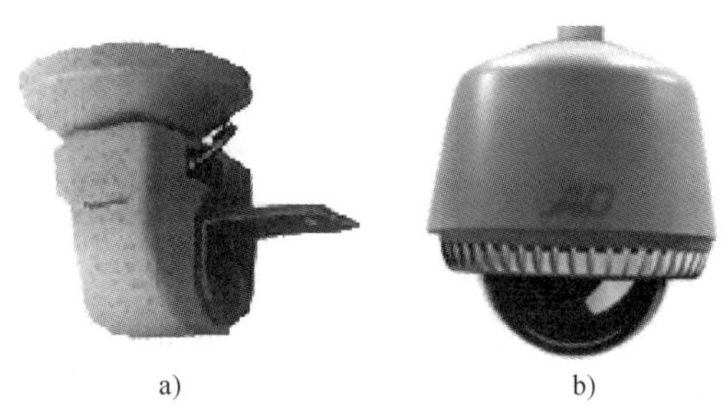

a)　　b)

图 4—7　摄像机云台

a）室内云台　b）带云台的摄像机

随着遥控设备的发展，电动式云台得到了广泛的应用。电动式云台的机械转动部分受到两个伺服电动机及传动机械的推动。当伺服电动机转动时，传动机械驱动云台在一定角度范围内转动，安装在云台上的摄像机也随之作上下左右的转动。云台的转动速度取决于伺服电动机的转速及传动机械的传动比。而云台的转动方向及转动角度可由不同控制信号加以控制。

电动式云台的遥控可以采用电缆传输的有线控制方式，也可以用无线控制方式。必要时也可以使用自动跟踪云台。当摄像机捕捉到被搜索的目标信息之后，遥控云台便按照自动跟踪指令带动摄像机自动追踪目标运动的方向进行摄像，从而延长了监视摄像的持续时间，取得更多的目标信息。

4. 解码器

在以视频矩阵切换与控制为核心的系统中，每台摄像机图像需经过单独的同轴电缆传送到切换与控制主机中，以达到对镜头和云台的控制。除近距离和小系统采用多芯电缆作直接控制外，一般由主机通过总线方式（通常是双绞线）先送到解码器（见图 4—8），由解码器先对总线信号进行译码，即确定对哪台摄像单元执行何种控制动作，再经电子电路功率放大，驱动指定云台和镜头作相应动作。解码器一般可以完成下述动作：

图 4—8　解码器

（1）前端摄像机的电源开关控制。

（2）云台左右、上下旋转运动控制。

（3）云台快速定位。

（4）镜头光圈变焦变倍、焦距调准。

（5）摄像机防护装置（雨刷、除霜、加热）控制。

4.2.3 传输系统

传输系统将视频安防监控系统的前端设备和终端设备联系起来。使前端设备产生的图像视频信号、音频监听信号和各种报警信号送至中心控制室的终端设备，并把控制中心的控制指令送到前端设备。为保证监控系统的工作质量，传输系统传送各种信息应尽量减小失真，并具有较好的抗干扰性。传输系统在视频安防监控系统中将组成一个四通八达的传输网，工程量大而设计方案往往又不如前端和终端设备那样现成，因此传输系统的设计和选用将是视频安防监控系统设计中的一大难题。即便有良好的前端和终端设备，有时也会由于传输系统设计不良而影响整个监控系统的质量。

根据视频安防监控系统的规模大小、覆盖面积、信号传输距离、信息容量以及对系统的功能及质量指标和造价的要求，可采取不同的传输方式。主要分为有线传输和无线传输两种方式，而每种方式中又可包括有几种不同的传输方法，本书主要讨论有线传输的几种方式。

在视频安防监控系统中，主要根据传输距离的远近、摄像机的多少以及其他方面的有关要求来确定传输方式。一般来说，当摄像机安装位置离控制中心较近时（几百米以内），多采用视频基带传送方式；当各摄像机的位置距离监控中心较远时，往往采用射频有线传输或光缆传输方式；当距离更远且不需要传送标准动态实时图像时，也可采用窄带电视电话线路传输。用双绞线传输差分图像信号的视频平衡传输方式，也经常在远距离传输中应用。

1. 视频基带传输方式

视频基带传输是指从摄像机至控制台间直接传送图像信号，这种传输方式的优点是传输系统简单，在一定距离范围内失真小、信噪比高，不必增加调制器、解调器等附加装置。缺点是传输距离不能太远，一根电缆（视频同轴电缆）只能传送一路视频信号。但由于视频安防监控系统中一般摄像机与控制台间距离都不是太远，所以采用视频基带传输是最常见的方式。

视频基带传输方式的原理框图如图4—9所示。

2. 视频平衡传输方式

视频平衡传输是解决远距离传输的一种比较好的方式。这种传输的原理框图如图4—10所示。图中，摄像机输出的全视频信号经发送机转换成一正一负的差分信号，该信号经普通双绞线（如电话线，实际工程中以超五类网络线一起传输多路视频的也不少见）传至监控中心接收机，由接收机重新合成为标准的全电视信号再送入控制台中的视频切换设备或其他设备。图4—10中的中继器是为了远距离传输而使用的一种传输设备。当这种方式不加中继器时，黑白信号可传输2 000 m，彩色信号可传输1 500 m；加中继器最远可传输20 km以上（传送黑白信号时）。

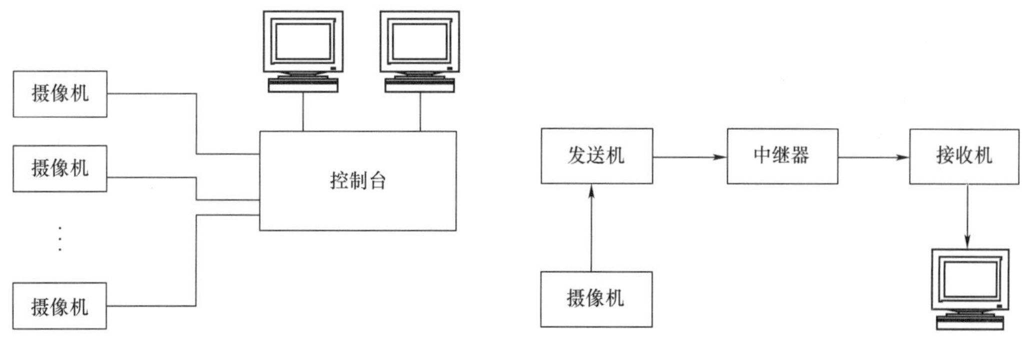

图 4—9　视频基带传输方式的原理框图　　图 4—10　视频平衡传输原理框图

这种信号传输的方式的原理是：由于把摄像机输出的全电视信号由发送机变为一正一反的差分信号，因而在传输过程中产生的幅频和相频失真，经远距离传输后再合成就会把失真抵消掉，在传输中产生的其他噪声和干扰也因一正一反的原因，在合成时被抵消掉。也正因如此，传输线采用普通双绞线即可满足要求，减少了传输系统造价。

3. 射频传输方式

在视频安防监控系统中，当传输距离很远又同时传送多路图像信号时，也有采用射频传输方式，将视频图像信号经调制器调制到某一频道上传送，如图 4—11 所示。射频传输的优点是：传输距离远，失真小，适合远距离传送彩色图像信号；一条传输线（特性阻抗 75 Ω 的同轴电缆）可以传送多路射频图像信号。但射频传输也有明显的缺点，如需增加调制器、混合器、线路宽带放大器、解调器等传输部件，而这些传输部件会带来不同程度的信号失真，并且会产生交扰调制、相互调制等干扰信号。同时，当远端摄像机不在同一方向时（即相对分散时），也需多条传输线路将各路射频信号传到某一相对集中地点，再经混合器混合后用一条电缆传到控制中心，因而使传输系统造价升高。另外，在某些广播电视信号较强的地区还可能会与广播电视信号或有线电视信号产生相互干扰等。

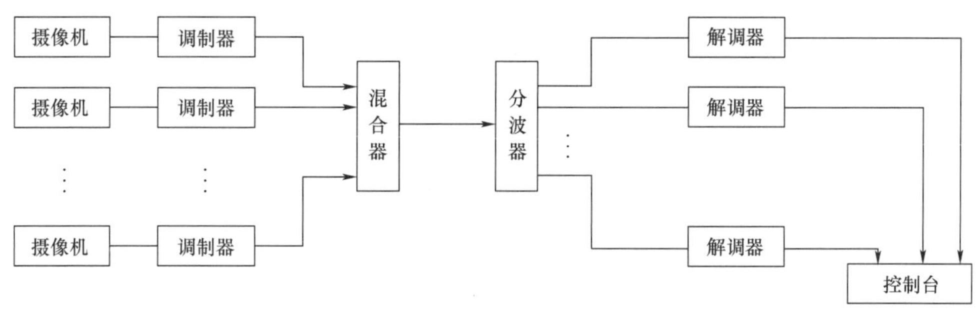

图 4—11　射频传输方式组成框图

4. 光缆传输方式

用光缆代替同轴电缆进行电视信号传输，给视频安防监控系统增加了高质量、远距离传输的有利条件，其传输特性优越和多功能特性是同轴电缆无法比拟的。稳定的性能、可靠和多功能的信息交换网络为信息高速传输奠定良好的基础。光缆传输的主要优点有：传输距离长、容量大、质量高、保密性能好、敷设方便。但光缆传输也存在一些特有的问题，如光缆、光端机成本高，施工连接技术复杂等。总之，用光缆作干线的传输系统容量大，能双向传输，系统指标好，安全可靠性高，建网造价高，施工技术难度大，但能适应长距离大系统的干线使用。光缆模拟射频多路电视系统框图如图 4—12 所示。

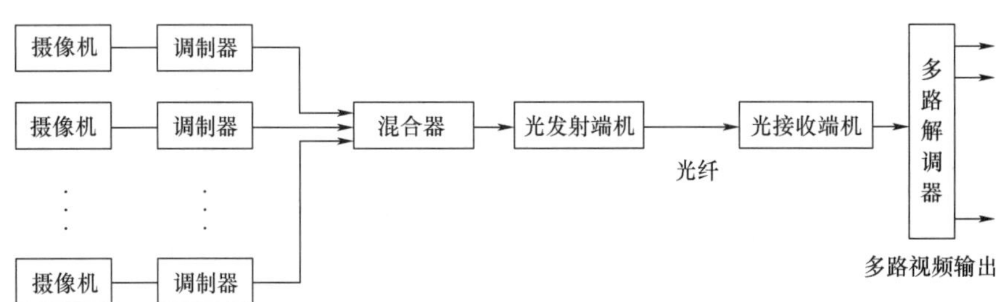

图 4—12　光缆模拟射频多路电视系统框图

4. 2. 4　终端设备

视频安防监控系统的终端完成整个系统的控制与操作功能，可分成控制、显示与记录 3 部分。视频安防监控系统组成如图 4—13 所示。

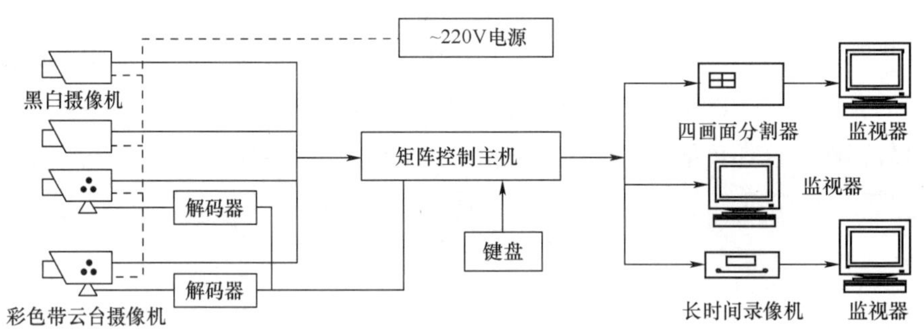

图 4—13　视频安防监控系统组成

1. 控制

控制部分是整个系统的指挥中心。控制部分主要设备是总控制台（有些系统还设有副控制台）。总控制台主要的功能有：视频信号放大与分配，图像信号的处理与补偿，图像信号的切换，图像信号（或包括声音信号）的记录，摄像机及其辅助部件（如镜头、云台、防护罩等）的控制（遥控）等。

总控制台可按控制功能和控制摄像机的台数做成积木式的，根据要求进行组合。另外，在总控制台上还设有时间及地址的字符发生器，通过这个装置可以把年、月、日、时、分、秒都实时显示出来，并把被监视场所的地址、名称显示出来。在录像机上可以记录，这样对以后的备查提供了方便。

视频安防监控系统常用控制设备及控制功能如下：

（1）视频矩阵切换器。视频矩阵切换器可以对多路视频输入信号和多路视频输出信号进行切换和控制。通过电子开关，组成切换矩阵，使任一路输入可切换至任一路输出。设计时应满足必要的视频输入/输出容量，并易扩展。除主控键盘外，还可根据需要设置分控键盘。

1）小型矩阵控制器。小型矩阵控制器（见图 4—14）通常是视频安防和入侵报警输入综合控制器，集视频矩阵、音频矩阵、报警控制与操作面板为一体。具有视音频选路切换、时序切换、云台和镜头动作控制、布防和撤防等基本功能，此外还具备音频同步切换、报警联动、多级网络控制接口等特殊功能。

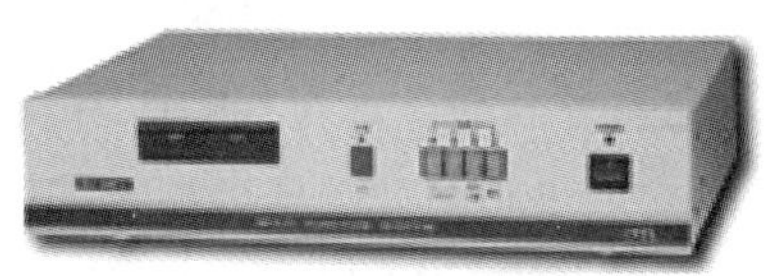

图 4—14　小型矩阵控制器

2）中型矩阵控制器。中型矩阵控制器（见图 4—15）是以大规模专用芯片矩阵电路组成的多通道、多用途中型切换器，通常配置专用操作键盘，视音频可顺序、编程、分组切换。输出端可带字符叠加和时钟显示，通常采用标准机箱结构，输出容量在 16 路至 48 路，带有中英文菜单窗口，可实现定时布防撤防、报警联动输入、状态显示等功能，有些系统还可以与多媒体计算机相连，组成一个完整的微机控制图像监控系统。

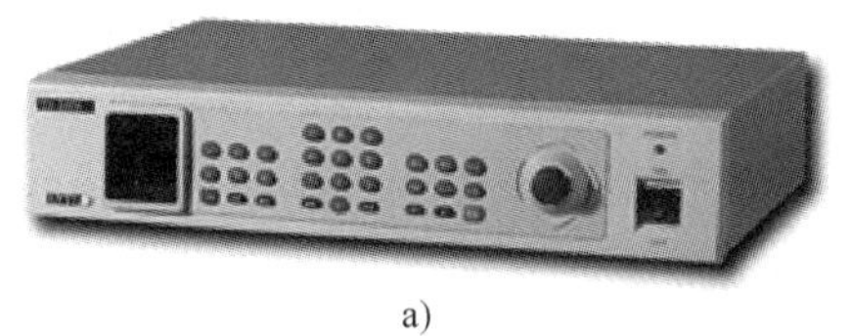

a)

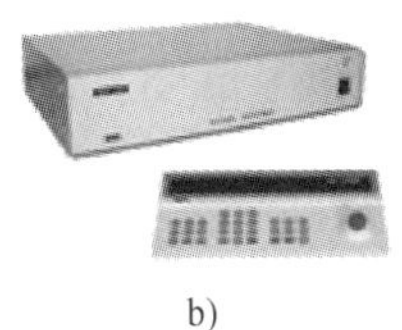

b)

图 4—15　中型矩阵控制器

a）一体化　b）分体式

3）大型矩阵控制器。大型矩阵控制器（见图 4—16）通常采用可扩充插板式总线结构，每块输入板为 8 路输入，每块输出板为 4 路输出。单机最大容量约为 256 路输入和 128 路输出，用户可按实际需求调整配置，若干台主机可级联成更大的系统。系统配置专用操作键盘，采用中英文菜单方式，具有时序切换、分组切换、报警联动、状态查询、报警记录查询等功能，也可与多媒体计算机相连，组成一个完整的微机控制图像监控系统。

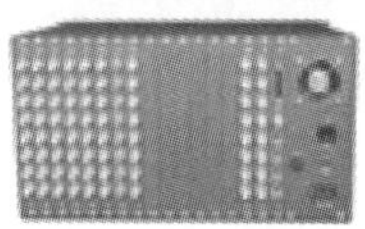

图 4—16 大型矩阵控制器

4）控制键盘。控制键盘（见图 4—17）是整个视频安防监控系统的控制界面，有主控键盘和分控键盘之分，可根据操作人员键入的不同命令向相关控制器发出动作指令，以达到控制前端摄像机、云台等的作用。控制键盘可放置在桌面上，也可镶嵌在控制台面上。

（2）多画面视频处理器。多画面视频处理器（见图 4—18）也称为多画面分割器，它能把多路视频信号合成一幅图像，可以在一台监视器上同时观看多路摄像机信号。

图 4—17 控制键盘

图 4—18 多画面视频处理器

多画面分割器目前常见的有 4 画面分割器、9 画面分割器、16 画面分割器，在一台监视器或一台录像机上能同时监看、记录 4、9 或 16 个画面。多画面分割器通常分为三类，见表 4—1。单工画面处理器：单纯监看一个画面或记录分割画面。双工画面处理器：在监视单画面、分割画面的同时，可以进行记录。全双工画面处理器：在监视、记录的同时，可以进行记录信号回放。

表 4—1　　多画面分割器分类

类型	单工	双工	全双工
录像时显示	单画面	单画面、分割画面	单画面、分割画面
记录	分割画面	分割画面	分割画面
放像时	单画面、分割画面不可以录	单画面、分割画面不可以录	单画面、分割画面可录放同时进行

(3) 视频分配器。视频分配器的作用是把一路视频信号分成多路视频输出，同时保证线路特性阻抗匹配。图 4—19 为四路一分二视频分配器。

(4) 长距离视频补偿器。视频图像信号经过长距离电缆传输时，由于电缆的损耗和影响，到达终端的视频图像会发生严重畸变而无法辨认。长距离视频补偿器（见图 4—20）的作用是尽可能纠正线缆造成的这些畸变，复原图像本来的显示效果。

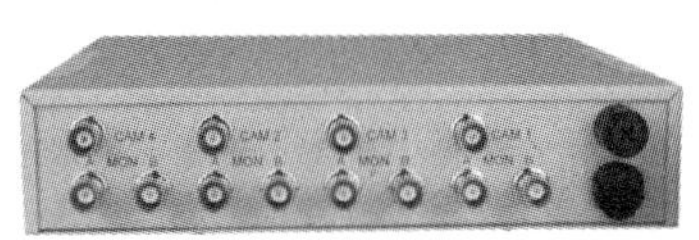
图 4—19　四路一分二视频分配器

图 4—20　长距离视频补偿器

(5) 系统控制功能

1) 电源控制。摄像机应由安保控制室引专线统一供电，并由安保控制室操作通、断。对离安保控制室较远的摄像机统一供电确有困难时也可就近解决。如果系统采用电源同步方式的，则必须使用与安保控制室为同相的可靠电源。

2) 输出各种遥控信号。包括：云台控制（上、下、左、右），镜头控制（变焦、聚焦、光圈），录像控制（定点录像、时序录像），防护罩控制（雨刷、除霜、风扇、加热）。

3) 对视频信号进行时序、定点切换、编程。

4) 察看和记录图像，应有字符区分并作时间年、月、日的显示。

5) 接收电梯层楼叠加信号。

6) 实现同步切换（电源同步或外同步）。

7) 接收安全防范系统中各子系统信号，根据需要实现控制联动或系统集成。

8) 内外通信联系。

9) 视频安防监控系统与入侵报警系统联动时，应能自动切换、显示、记录报警部位的图像信号及报警时间。

2. 显示

显示部分一般由多台监视器（见图 4—21）或带视频输入的普通电视机组成。它的功能是将传输过来的图像显示出来。通常使用的是黑白或彩色专用监视器，一般要求黑白监视器的水平清晰度应大于 600 线，彩色监视器的清晰度应大于 350 线。

在视频安防监控系统中，特别是在由多台摄像机组成的视频安防监控系统中，一般都不是一台监视器对应一台摄像机进行显示，而是几台摄像机的图像信号用一台监视器轮流切换显示。这样做一是可以节省设备，减少空间的占用，二是也没必要一一对应显示。因为被监视场所的情况不可能同时都发生意外情况，所以平时只要隔一定的时间（如几秒、十几秒或几十秒）显示一下即可。当某个被监视场所发生意外情况时，可以通过切换器将这一路信号切换到某一台监视器上固定显示，并通过控制台对其遥控跟踪并记录。目前，常用的摄像机对监视器的比例数为 4∶1 方式，即 4 台摄像机对应 1 台监视器进行轮流显示。另外，在有些摄像机台数很多的系统中，用画面分割器把多台摄像机送来的图像信号同时显示在一台监视器上，也就是在一台较大屏幕的监视器上，把屏幕分成几个面积相等的小画面，每个画面显示一台摄像机送来的画面。这样可以大大节省监视器，并且操作人员观看起来也比较方便。但是，不宜在一台监视器上同时显示太多的分割画面，如果画面太多，则有时某些细节难以看清楚，影响监控效果。

放置监视器的位置应适合操作者的观看距离、角度和高度，一般是在总控制台的后方设置专用的监视器柜，把监视器嵌入柜中。

3. 记录

总控制台上设有录像机，可以随时把发生情况的被监视场所的图像记录下来，以便备查或作为取证的重要依据。在监控系统的记录和重放过程中，大多采用嵌入式数字录像机（也称硬盘录像机，见图 4—22）。根据硬盘的大小，一般可录一周到一个月的录像，并具有用控制信号自动操作录像机的遥控功能。对于与入侵报警系统联动的摄录像系统，数字录像机还同时具有报警信号输入的功能。

图 4—21　监视器

图 4—22　数字录像机

4.2.5　系统配置、基本要求与实例

1. 系统基本配置

常见的视频安防监控系统如图 4—23 所示，其配置要求如下：

（1）对智能楼宇主要出入口、主要公共场所、通道、电梯及重点部位和场所安装摄像机，通过摄像、传输、显示监视、图像记录、控制，对重要部位和重点区域的图像进行长时间录像。

（2）确定摄像机布局和数量，选定敷线路由和安保控制室地点、面积，完成系统图设计，提出拟选用的主要设备和器材型号、性能、数量与产地。

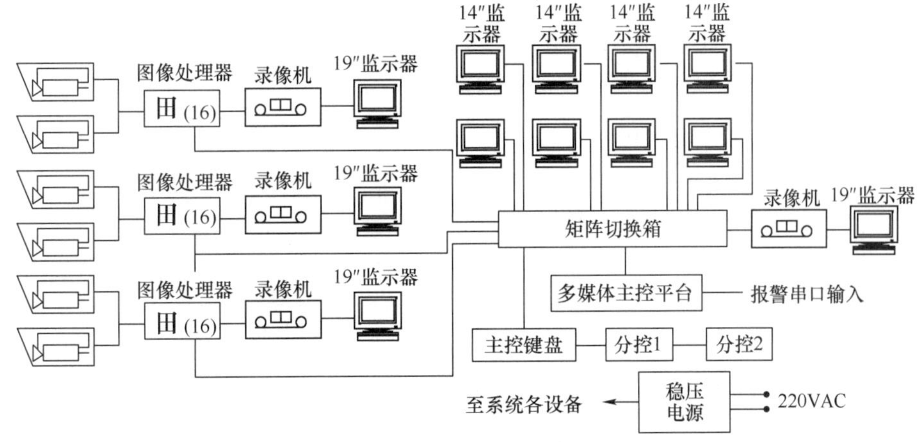

图 4—23　视频安防监控系统示意图

（3）使用系统主机——视频矩阵切换器，确保其输入、输出容量应有扩展余地。根据需要可设置安保分控中心键盘，系统主机可对输入的图像进行任意编程、自动或手动切换，在画面上应有摄像机编号、部位/地址和时间、日期显示。

（4）系统组成独立运行网络，并与入侵报警系统、门禁管理系统联动。

（5）实现中央监控室对系统的集中管理和集中监控，不同用途、等级的智能楼宇具有不同要求。

（6）系统应具有实时控制、同步切换、电梯层楼叠加显示、双工多画面视频处理及图像长时间录像等功能。

2. 视频安防监控系统的技术指标要求

摄像机在标准照度下，系统技术指标应满足表 4—2 要求。

表 4—2　　视频安防监控系统的技术指标

指标项目	指标值
复合视频信号幅度	1 $V_{P\text{-}P}$ ±3 dB
黑白电视水平清晰度	600 线
彩色电视水平清晰度	350 线
灰度	8 级
信噪比	37 dB

注：此系统在测试过程中，可允许调整监视器的对比度和亮度达到最佳状态。

在摄像机正常使用条件下，评定视频安防监控系统图像质量的主观评价可参照《彩色图像质量主观评价方法》（GB 7401—1987）进行。评分等级采用 5 级损伤制。图像质量应不低于表 4—3 中第 4 级的要求。

表4—3　　5级损伤评分

图像等级	图像质量损伤主观评价
5	不觉察
4	可觉察，但并不令人讨厌
3	有较明显觉察，令人感到讨厌
2	较严重，令人相当讨厌
1	极严重，不能观看

4.2.6 数字视频安防监控系统应用

1. 视频安防监控技术的发展

安防技术的发展，实际上主要是看其核心的视频监控技术的发展。而视频安防监控技术的发展，已经历了开始的模拟式，到数字化、网络化的发展，即从第一代的全模拟系统，到第二代的部分数字化与全数字化系统，再到第三代的网络化、集成化系统的发展演变。而现在，视频安防监控技术正在向高清化、智能化的方向发展，即向第四代智能化的网络视频监控系统的方向发展。在我国，模拟式系统已经历了数十年的时间，数字化过程只有10多年的时间，而网络化过程只有5年多的时间。但在这5年多的时间里，图像压缩标准、用于图像压缩的DSP（数字信号处理器）性能、视频处理的产品均得到快速的发展。尤其是IT企业不断进入到安防行业后，视频安防监控技术及其产品日新月异，并伴同IT相关技术迅猛发展。

上述的第一代视频安防监控系统，指的是以VCR（Video Cassette Recorder，盒式磁带录像机）为代表的传统视频安防监控系统。该系统主要由模拟摄像机、专用的标准同轴电缆、视频切换矩阵、分割器、模拟监视器、模拟录像设备、盒式录像带等构成。这样的一种模拟式系统虽然技术成熟，实时性好，但存在很多缺点，如系统管理维护麻烦、无法进行远程访问、无法与其他安防系统（如门禁和周界防护等）有效集成、录像质量随着时间的推移下降等。

20世纪90年代中后期，出现了数模结合的视频安防监控系统，以DVR（Digital Video Recorder，数字视频录像机）为代表的第二代视频安防监控系统。DVR使用户可以将模拟的视频信号进行数字化，并存储在计算机硬盘而不是盒式录像带上。这种数字化的存储大大提高了用户对录像信息的处理能力，使用户可以通过DVR来控制摄像机的启/闭，从而实现移动侦测功能。此外，对于报警事件及事前/事后报警信息的搜索也变得非常简单。这种混合模式的视频安防监控系统方案，虽然已可以实现远程传输，但前端视频到监控中心采用模拟传输，因而其距离和布点都有所限制，优质图像质量难以保证。

21 世纪初，第三代全数字化的网络视频安防监控系统（又称为 IP 监控系统）开始得到应用。它克服了 DVR 无法通过网络获取视频信息的缺点，用户可以通过网络中的任何一台计算机来观看、录制和管理实时的视频信息，并通过设在网上的网络虚拟（数字）矩阵控制主机（IPM）来实现对整个监控系统的指挥、调度、存储、授权控制等功能。它基于标准的 TCP/IP 协议，能够通过局域网、无线网、互联网传输视频信息，布控区域大大超过了前两代系统；它采用开放式架构，可与门禁、报警、巡更、语音、MIS（Management Information System）等系统无缝集成；它基于嵌入式技术，性能稳定，无须专人管理，灵活性大大提高，监控场景可以实现任意组合、任意调用。

实际上，数字化网络视频安防监控系统的产品，在我国的发展过程可划分为下列 3 个阶段。

（1）第一阶段（20 世纪 90 年代前期）。我国这时的视频安防监控系统一般采用国外进口的矩阵控制主机，各安防视频安防监控公司纷纷开发利用计算机对矩阵主机进行系统控制的软件，以实现微型计算机对视频安防监控系统的图像抓拍、视频切换、音频切换、报警处理等多媒体控制。并且，它主要作为视频安防监控系统的辅助控制键盘使用，形成我国数字化网络视频安防监控系统的雏形。同时，众多的视频安防监控公司开始仿制生产与境外公司兼容的矩阵主机、解码器、多媒体控制系统、云台等监控产品。

（2）第二阶段（20 世纪 90 年代中后期）。这一时期的特点是图像处理技术、计算机技术、网络技术飞速发展，因此国内视频安防监控公司在这一时期完成了矩阵主机、解码器、多媒体控制系统、云台等外部设备产业化生产。并且，中国台湾地区和国外监控公司继续将他们传统的监控产品（如摄像机、监视器、图像处理器、磁带录像机、报警探测器、报警主机等）转移到中国大陆生产。而国外监控产品制造商大量进入我国，短期内限制了国内监控设备企业由小规模电子产品企业向大规模生产企业发展的进程，并迫使他们面临更大的竞争压力。这时，国内企业开始利用图像压缩技术和网络技术开发新的监控产品。这种新产品的特点是，利用成熟的计算机技术、图像压缩存储技术和网络技术，同时利用计算机产业标准化生产的便利条件，无须投入大量开发、研制和模具生产资金，便可快速制造出新产品，并投放市场。但在这一阶段，国外已经开始数字化的监控进程，最先被引进国内的数字监控产品是美国和以色列生产的电话线传输和网络传输产品，其图像压缩标准采用 MJPEG，使系统具有简单的数字化监控、网络监控、数字录像等许多功能。由于数字监控设备刚刚引入监控行业，其极高的科技附加值，吸引了众多监控公司纷纷开发出基于计算机结构的数字化监控主机。该监控主机系统将矩阵切换器、图像分割器、硬盘录像机集成到一台计算机平台上，从而形成了具有中国特色的监控主机产品，并逐渐发展成产业趋势。但由于受到价格的影响及硬盘容量的限制，这一时期发展的数字监控系统和数字录像系统，还不能够在与模拟设备的竞争中取得明显优势。

（3）第三阶段（2000 年以后）。这一时期的特点是国内的数字化网络视频安防监控产品与国外产品在技术上处于同一个水平，而且在制造上更加具有产业优势。随着图像压缩技术的进步，特别是 MPEG-1、MPEG-2 及 MPEG-4 图像压缩芯片的大量推广应用，数字监控产品进入了一个快速发展的时期，产品也由原来的数字监控录像主机发展到网络摄像机、网络传输设备、电话传输设备、专业数字硬盘录像机等多种产品。在这期间，由于国内监控市场的特殊性，国外的数字监控产品虽然在国内市场中频繁亮相，却没能像它们的模拟产品一样大举进入国内市场，但这些外国的产品为中国市场带来了数字化监控、网络化监控的理念和技术发展方向。随着中国计算机市场的迅猛发展，国产化的数字监控产品开始引领中国的数字监控市场的潮流，在产品的技术上与国外几乎相同（使用几乎相同的计算机和芯片），功能上更能体现中国安防的特殊需求，价格上比国外品牌更具竞争优势。这时，数字硬盘录像设备开始取代传统模拟录像设备。随着数字监控产品市场份额的不断增大，使许多传统的 IT 企业、网络企业、家电企业纷纷看好这一市场，投入资金、人力开发数字监控产品，从而使数字化、网络化的监控市场呈现出空前繁荣的景象。

2. 视频安防监控技术的发展趋势

为了更好地向智能化方向发展，视频安防监控技术目前还必须在数字化、网络化的基础上先向集成化、高清化方向发展，因为有了集成化、高清化，才能真正实现智能化。所以，目前的全数字化网络视频安防监控系统的发展方向是集成化、高清化、智能化。

（1）集成化。视频安防监控数字化的进步推动了网络化的飞速发展，让视频安防监控系统的结构由集中式向集散式、多层分级的结构发展，使整个网络系统软硬件资源、任务、负载都得以共享，同时为系统集成与整合奠定了基础。但是网络化的纵深发展完全依赖于网络传输建设，3G、4G 时代可以推动一个时期的安防发展，但是目前国内安防技术水平依然不高。普通的 480 线网络摄像机一路每天传输的图像为 7~20 GB（取决于画面的动态状况与压缩格式），而目前的无线技术要不间断地传输这样的大容量数据，还是存在较大的技术难度。因此，集成化和智能化正成为目前企业战略的必争高地。

简单地说，集成化基本是以适用性为导向，是横向发展的形式；智能化则主要以技术为导向，是纵向发展的形式。实际上，集成化有两方面含义，一是芯片集成，二是系统集成。

芯片集成从开始的“IC”（Integrated Circuit）功能级芯片，到“ASIC”（Application Specific Integrated Circuit）专业级芯片，发展到“SOC”（System-on-a-chip）系统级芯片，再到现在的“SIP”（System In Package）产品级芯片。也就是说，它从单一功能级发展到

一个系统的产品级芯片了。显然，系统的产品体积大大减小，促进了产品的小型化；同时，由于元器件大大减少，也提高了产品的可靠性与稳定性。

所谓系统集成化，主要包括前端硬件一体化和软件系统集成化两方面。

视频安防监控系统前端一体化意味着多种技术的整合、嵌入式构架、适用性和适应性更强及不同探测设备的整合输出。硬件之间的接入模式直接决定了其是否具有可扩充性和信息传输能否快速反应。网络摄像机由于其本身集成了音/视频压缩处理器、网卡、解码器的功能，使其前端可扩充性加强。同时，目前市面上有部分产品内置报警线，可直接外接报警适配器，适配器连接红外对射、烟感或者门磁，可通过预置位旋转至报警触发点，从而第一时间把报警现场的图像传输到控制中心。

前端一体化是一个庞大的系统工程，需要整合现有的很多技术。虽然目前已经有很多比较成熟的技术，但是要在一个操作系统中进行控制、管理，也是一个重要的课题，只有解决好这个课题才能够提升并完善其应用范围。但完善这一技术远远比单独开发全新技术容易。

视频安防监控软件系统集成化，可使视频安防监控系统与弱电系统中其他各子系统间实现无缝连接，从而实现在统一的操作平台上进行管理和控制，使用户操作起来更加方便。

按照现代建筑的要求，把视频安防监控系统、入侵报警系统、消防系统、门禁管理系统、广播系统完全建成独立的 5 个系统，不仅会使整个建筑的外观受到巨大的影响，也必然导致资源重复建设和人员增加，即导致人力、财力的浪费。因为从这 5 种系统可以看出，音频设备、报警设备、综合布线、人力资源都存在着重复建设。所以，需要将这些系统集成化。

（2）高清化。在安防行业，传统监控系统可达到标准清晰度，进行数字编码后，一般可以达到 4CIF（Common Intermediate Format）或 D1 的分辨率，约为 44 万像素，其清晰度在 300~500TVL（TV Line，电视线）；采用高清网络摄像机的 IP 监控，如果要达到 800TVL 的清晰度，其分辨率至少要达到 1 280×720 的标准，约 90 万像素；清晰度更高的是宽高比为 16∶9 的网络摄像机，对应分辨率为 1 920×1 080，宽高比为 4∶3 的网络摄像机，对应分辨率为 1 600×1 200。安防行业通常借用电视领域的高清划分标准，俗称为“高清”和“标清”。

实际上，所谓的“高清”即高分辨率。高清视频安防监控就是为了解决人们在正常监控过程中“细节”看不清的问题。实质上，“高清”是现代视频安防监控系统因网络化向智能化发展的需要，为了提高智能视频分析的准确性才从高清电视中引用而来。

高清的定义最早来源于数字电视领域，高清电视又称为“HDTV”（High Definition Television），是由美国电影电视工程师协会确定的高清晰度电视标准格式。电视的清晰度是以水平扫描线数计量的。高清的划分方式如下：

1 080 i 格式：是标准数字电视显示模式，1 125 条垂直扫描线，1 080 条可见垂直扫描线，显示模式为 16：9，分辨率为 1 920×1 080，隔行 60 Hz，行频为 33.75 kHz。

720 p 格式：是标准数字电视显示模式，750 条垂直扫描线，720 条可见垂直扫描线，显示模式为 16：9，分辨率为 1 280×720，逐行 60 Hz，行频为 45 kHz。

1 080 p 格式：是标准数字电视显示模式，1 125 条垂直扫描线，1 080 条可见垂直扫描线，显示模式为 16：9，分辨率为 1 920×1 080，逐行扫描，专业格式。

高清电视，就是指支持 1 080 i、720 p 和 1 080 p 的电视标准。这一原本用于广电行业的高清视频标准目前已被视频安防监控行业作为公认的技术标准而普遍沿用。例如，上海市于 2010 年 9 月颁布了国内第一个针对安防监控用数字摄像机的地方性技术规范，规范中将数字摄像机按清晰度由低到高分为 A、B、C 三级。其中，B 级要求分辨率大于或等于 1 280×720，C 级要求分辨率大于或等于 1 920×1 080。可见，720 p 和 1 080 p 已经成为业界高清网络摄像机的一种标准。所以，这里借用一下广电行业标准，凡能达到百万像素的摄像机，配套以 1 080 p 分辨率的显示设备及相应传输通道，就可以形成一套可称之为高清的视频安防监控系统。

（3）智能化。无论是传统的第一代纯模拟视频安防监控系统，还是第二代、第三代经过部分或完全数字化之后网络视频安防监控系统，都具有一些固有的局限性，即是用人来观察图像。例如，目前广泛应用在银行、仓库等部门的视频安防监控，通常只是用于事后的取证，它未充分利用图像的基本价值（一个动态、实时的媒质），就如同把直播变成录像一样。而安防迫切需要的是能够连续地监控，并及时告警事件（盗窃、破坏、入侵）可能发生或正在进行，预测趋势，提醒管理人员事态的发展到了限定的界线，以便及时阻止事件的发生或避免产生更严重的后果。视频安防监控具有早期探测/预警功能的特征是在事发前能够识别和判断出可疑的行为，这就是视频安防监控的智能化。

智能化视频安防监控的真正含义是，系统能够自动理解/机器分析图像并进行处理。系统从目视解释/视读走向机器解释/机读，而这正是安防系统需要实现的目标。显然，系统由目视解释转变为自动解释是视频安防监控技术的飞跃，是安防技术发展的必然。智能化视频安防监控系统能够识别不同的物体，发现监控画面中的异常情况，并能够以最快和最佳的方式发出警报和提供有用信息，从而能够更加有效地协助安全人员处理危机，并最大限度地降低误报和漏报现象。

智能视频（Intelligent Video，IV）源自计算机视觉（Computer Vision，CV）技术。计算机视觉技术是人工智能（Artificial Intelligent，AI）研究的分支之一，它能够在图像及图像描述之间建立映射关系，从而使计算机能够通过数字图像处理和分析来理解视频画面中的内容。智能视频技术借助计算机强大的数据处理功能，对视频画面中的海量数据进行高速分析，过滤冗余和无关的信息，仅仅为监控者提供有用的关键信息。如果把摄像机当作人的眼睛，而智能视频系统或设备则可以看成人的大脑。因此，智能视频监控技术将根本上改变视频安防监控技术的面貌，安防技术也将由此发展到一个全新的阶段。

3. 数字视频安防监控系统与传统（模拟）视频安防监控系统的比较

数字视频安防监控是涉及计算机技术、网络技术、系统集成等的综合系统工程，优点是监控方式灵活，系统施工、维护费用低廉，信息存储量大，存储方式多，监控信息应用范围广，系统集成度高。另外，以网络为基础的视频安防监控突破了时间、地域的限制，只要有网络的地方均可建立网络监控系统，省去了布线和线路维护费用，降低了监控成本；用户在授权的情况下，可以不受地域限制随时按需监控，实现即插、即用、即看，使用方式相当便捷，真正发挥了网络的优势。通过网络，把监控中心和监控目标组合成一个系统，适应了市场对视频监控系统远程、实时、集中的需求，在城市治安监控、城市交通监控等大型安全防范项目中应用前景广阔。在控制方面，网络视频安防监控接入互联网平台，产品集成性比传统模拟设备好，各种通信协议的互通互融使得接收终端多样化。

表 4—4 对数字视频安防监控系统与传统（模拟）视频安防监控系统进行了对比。

表 4—4　　数字视频安防监控系统与传统（模拟）视频安防监控系统比较表

对比内容	数字视频安防监控系统	传统（模拟）视频安防监控系统
系统配置	由计算机完成所有的监控功能，设备简洁，可靠性较高	由监视器、录像机、画面分割器、矩阵控制器等组成，设备烦琐，可靠性较低
布线	只需连至最近的监控站，监控站扩充容易，施工简单，成本较低	每路视频信号需单独连至中控室，系统扩充不易，施工困难且成本较高
管理	可与智能楼宇中其他子系统集成在同一平台，方便管理	不易进行系统集成，管理、操作相对独立
信息存储	数字信号	模拟信号
存储介质	大容量硬盘自动循环存储，并刻入光盘永久保存	需定期更换录像带，录像带耗费大且容易损坏
画面质量	画面清晰，分辨率高，具有自动纠错功能，并可采用各种方式随机检索图像	画面质量较低，并且只能无目标顺序查找录像带
传输	可在 LAN、PSTN、ISDN、Internet 等各种网络上传输，信号失真小	每路视频线只可传输一路视频信号，需单独架设视频网络，且存在信号衰减、噪声引入、幅频相频偏移等问题
工程费用	由于对硬件要求较低，故节省大量费用，工程费用较低	对硬件要求较高，工程费用较高

从表4—4的比较可以看出，数字视频安防监控系统无论在画面质量、传输存储方式，还是在工程费用等各方面都具有明显的优势。一个产品能否被普遍接受，是否能占据市场是受许多因素影响的。产品的性价比是一个主要因素，要让顾客接受一个好的监控系统还必须具备3个要素：第一是系统具有良好的稳定性；第二是拥有较高的效能；第三是要求操作简单、使用方便并具亲和力。数字视频安防监控系统的飞速发展正是由于它具备以上3个要素，数字视频安防监控系统具有传统（模拟）视频安防监控系统无法比拟的优势，因此数字视频安防监控系统业已取代传统系统，成为市场的主流。

4. 数字视频安防监控系统组成

数字视频安防监控系统包括前端设备，传输网络，控制、存储、显示设备等。其中，前端设备包括模拟摄像机、防护罩、云台、解码器、网络摄像机和数字视频服务器（DVS）；传输网络由交换机、路由器等组成，将现场图像和报警信号转换成IP数据包，利用网络传输；控制、存储、显示设备包括数字视频显示控制系统（如多媒体工作站、解码器、管理服务器、监视墙、投影机等），数字视频存储管理系统（如数字视频录像机DVR、网络视频录像机NVR、管理服务器等）。此外，还有数字视频管理软件、数据库等。比较典型的数字视频安防监控系统组成如图4—24所示。下面就其主要组成部分进行介绍。

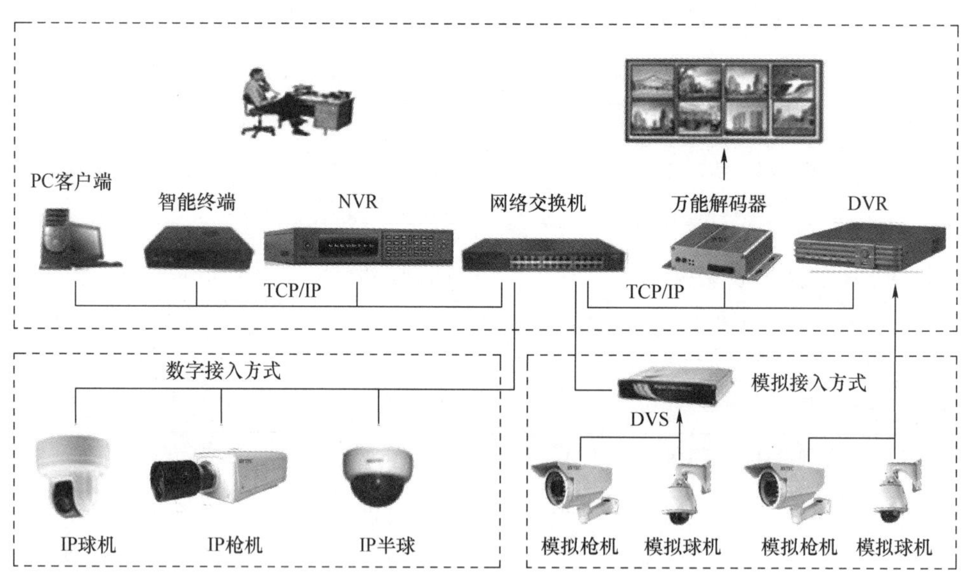

图4—24　数字视频安防监控系统组成

（1）网络摄像机。网络摄像机（IPC，Internet Protocol Camera），如图4—25所示。数字视频安防监控的前端解决方案有网络摄像机和“模拟摄像机+数字视频服务器”两种。其中，网络摄像机的本质是“模拟摄像机+网络模块”。它结合传统摄像机和网络视频的技术，能直接接入网络，除具备一般摄像机的图像捕捉功能外，还能让用户通过网络实现视频的远程观看、存储，分析采集的图像信息并采取相应措施。网络摄像机由镜头、图像传感器（CCD 或 CMOS）、声音传感器、A/D 转换器、控制器、网络服务器、外部报警/控制接口等组成。其工作原理是：在嵌入式实时操作系统基础上构建 Web 服务器，通过内置芯片对采集的模拟视频进行数字化压缩，打包成帧并通过内部总线传输到 Web 服务器。服务器给网络摄像机提供了网络功能，允许用户通过网络访问网络摄像机。

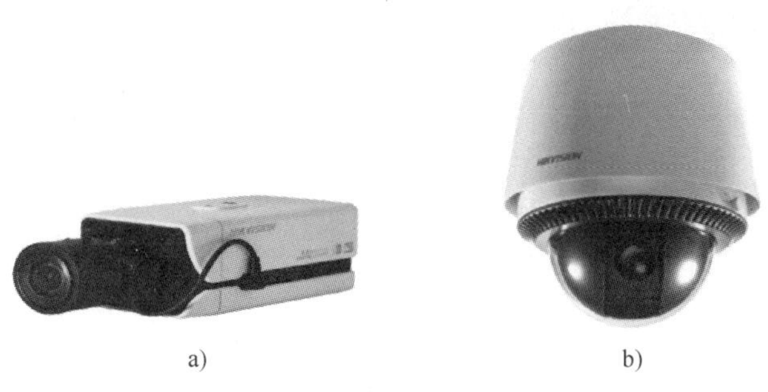

a)　　　　b)

图 4—25　网络摄像机

a）枪式　b）快球

硬件方面，网络摄像机兼具模拟摄像机和视频服务器的技术特点，但不是两者简单组合，独特的结构设计和实现方式决定了网络摄像机的技术特点，主要体现为以下 5 个方面。

1）视频压缩。视频压缩是网络摄像机最基本的技术要求。目前，网络摄像机的视频处理芯片以专用集成电路（ASIC）为主，视频压缩可采用多种标准，以 H. 264 为主。

2）高度集成。网络摄像机不仅具备模拟摄像机图像采集功能，还是一个前端处理系统，其具备丰富的异构总线接入功能，如网络电话（VOIP）、报警器、RS232/RS485 串行设备的接入等。此外，还可以将移动侦测、视频丢失、镜头遮盖、存储异常等报警信号通过网络发送给后端。内嵌的 SD（安全数码）卡可作为网络故障时的图像暂存设备，网络正常时再上传视频，以保证监控视频的连续性、完整性。

3）以太网供电（POE，Power Over Ethernet）。POE 是近年来发展较快、应用较广的网络供电技术，它在不改动现有以太网 Cat. 5 布线基础架构情况下，除了为基于 IP 的终端传输信号，还能为终端提供交流电。这样，网络摄像机无须其他电源供电。目前，多数网络交换机支持 POE 功能。普通交换机只需增加中跨（Midspan）即可实现 POE 的功能。其中，中跨的主要作用是给网线加载电源。

4）无线接入。无线接入网络解决方案有利于降低工程复杂度，降低成本。例如，移动视频安防监控设备时，无线接入方案能轻松解决信息传输问题。网络摄像机使用的无线接入标准主要有 IEEE 802. 11B 和 IEEE 802. 11G，后者是前者的改进，数据传输率高达 54 Mbps。

5）安全性。网络摄像机可提供用户安全管理（如用户注册、权限管理等），IP/MAC 地址绑定（只允许绑定 IP/MAC 地址的计算机访问）等网络安全技术。

图 4—26 为某枪式网络摄像机接口示意图。

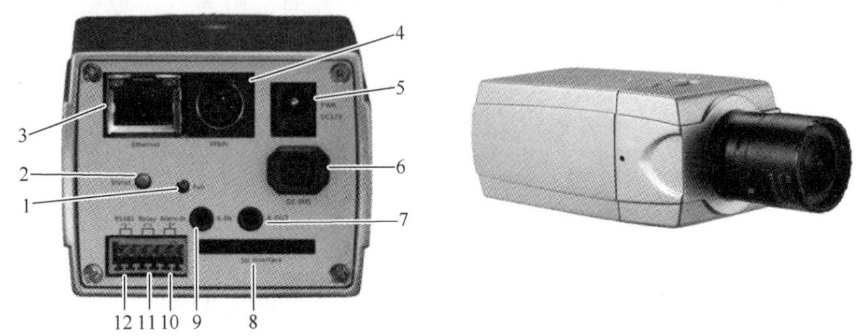

图 4—26　枪式网络摄像机接口

1—多功能按键　2—状态指示灯　3—网络接口　4—色差输出 YPbPr　5—电源输入　6—自动光圈镜头　7—音频输入　8—SD Interface　9—音频输出　10—RS485　11—继电器输出　12—报警输入

（2）数字视频服务器。数字视频服务器（DVS，Digital Video Server），也有称网络视频服务器（NVS，Network Video Server），是实现视频/音频编码、网络传输的专用设备，由视频/音频编码器、网络接口、视频/音频接口等组成。它本身没有图像采集设备，要与传统摄像机一起工作，以实现与网络摄像机相同的功能。目前，DVS 多为基于个人计算机的访问，分为浏览器/服务器结构（B/S）和客户机/服务器结构（C/S）两种：前者通过浏览器访问视频服务器，侧重于视频观看，操作简单、使用方便；后者通过客户端程序访问，侧重于设备管理、录像等，操作复杂但功能强大，适合多个视频服务器的管理。通过 DVS，用户可直接用浏览器观看、控制、管理相关视频。

可以说，DVS 是不带镜头的网络摄像机，其结构与网络摄像机相似，将输入的模拟视频数字化处理后传输至网络，实现远程实时监控。除了可让模拟摄像机“成功入网”外，DVS 与前端摄像设备的配置比网络摄像机灵活。

选择 DVS 时应考虑以下方面。

1）产品是否具备资质和品牌。资质虽然不完全代表产品的质量与性能，却是很多系统集成项目验收的基础条件，也是产品是否合格的基本条件。应尽量选择有品牌的产品，这样产品不但质量有保障，且企业为维护其品牌，售前技术支持和售后服务也做得较好。

2）传输标准实时活动图像的实际带宽需求。这是衡量 DVS 性能的重要指标。由于不同的图像状态、图像分辨率、传输图像帧数所占用网络带宽差异很大，有些厂商会模糊该指标。对此，可设置统一的图像状态，测试所占用的网络带宽。

3）图像压缩标准。DVS 压缩标准有多种。其中，H. 264 是目前最先进的压缩技术，它利用较窄的带宽，通过帧重建技术压缩、传输图像，以最少的数据获得最佳的图像质量。

4）多路。DVS 图像传输帧数。图像路数越多，对产品技术及处理性能要求越高，目前多为 1 路、2 路、4 路。良好的多路 DVS 支持每路 25 帧/s 数字视频，实现真正的“实时”。

5）报警预触发录像功能。良好的 DVS 应具备报警预触发录像功能，能存储报警触发前数秒钟至数十秒钟的图像信号，这对用户事后的报警事件跟踪判断具有特别的意义。DVS 录像功能较完善，有实时录像、定时录像、报警录像等。

6）是否具备地理信息系统（GIS）功能。大型视频监控系统由于监控网点多、分布广、各监控点状态信息复杂，监控中心安防人员在选择监控、录像、功能设置时面临操作烦琐复杂的问题。GIS 能提供整个系统监控网点分布示意图，直观显示监控点分布状况及监控点预警、报警联动等状态信息，用户可根据需要自主配置各监控点的功能，并快捷提取某监控点图像。

7）能否支持多用户同时访问某一监控前端。基于 DVS 的大型网络视频集中监控系统，监控中心通常设置多个监控客户端，可能出现多个客户同时访问某个监控点并发出实时监控或调用视频情况，导致通信堵塞以致影响监控效果。

8）监控中心同时监控、录像的视频路数。由于 DVS 主要用于对多个分散网点的远程、实时、集中监控。因此，监控中心可以同时监控、录像的视频路数是衡量远程集中监控效果的重要指标。

数字视频服务器外观及接口如图 4—27 所示。

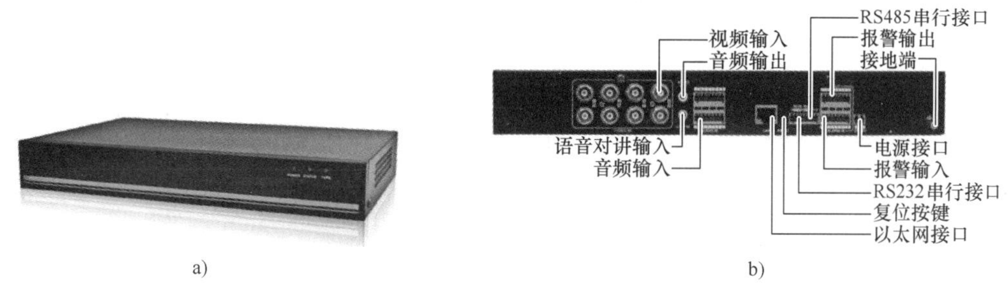

图 4—27　数字视频服务器外观及接口

a）正面　b）背面接口

（3）数字视频录像机。数字视频录像机（Digital Video Recorder，DVR）是一套进行图像存储处理的计算机系统，具有对图像/语音进行长时间录像、录音、远程监视和控制的功能，DVR 集录像机、画面分割器、云台镜头控制、报警控制、网络传输 5 种功能于一身，用一台设备就能取代模拟监控系统一大堆设备，而且在价格上也逐渐占有优势。此外DVR影像录制效果好，画面清晰，并可重复多次录制，能对存放影像进行回放检索。

DVR系统的硬件主要由CPU、内存、主板、显卡、视频采集卡、机箱、电源、硬盘、连接线缆等构成。

数字视频录像机的设计从根本上取代了原来质量低下、维修率高的传统视频录像机，如视频安防监控模拟录像机。DVR不仅仅革命性地扩展了视频安防监控系统的功能，并且所增加的功能使其远远优于以前使用的模拟录像机。

因此，DVR不仅仅在普遍意义上增加了监控系统的部件和功能，而且DVR软件已经极大地扩展了视频安防监控系统的设计、功能和效益。通过把数字报警信号输入和输出到视频录像机，几乎所有类型的安全系统组合都允许DVR作为主要的监测和控制设备嵌入。

目前市面上主流的DVR采用的压缩技术有MPEG-2、MPEG-4、H.264、M-JPEG，而MPEG-4、H.264是国内最常见的压缩方式。DVR分为软压缩和硬压缩两种，软压缩受到CPU的影响较大，多半做不到全实时显示和录像，故逐渐被硬压缩淘汰。摄像机输入路数分为1路、2路、4路、6路、9路、12路、16路、32路，甚至更多路数。总的来说，DVR按系统结构可以分为两大类：基于个人计算机架构的PC式DVR和脱离个人计算机架构的嵌入式DVR，如图4—28所示。

a)　　b)

图4—28　数字视频录像机DVR

a）PC式DVR　b）嵌入式DVR

1）PC式DVR。PC式主要由CPU、内存、主板、显卡、视频采集卡、机箱、电源、硬盘、连接线缆等构成。这种架构的DVR以传统的个人计算机为基本硬件，以Windows、Linux操作系统为基本软件，配备图像采集或图像采集压缩卡、编制软件成为一套完整的系统。个人计算机是一种通用的平台，个人计算机的硬件更新换代速度快，因而PC式DVR的产品性能提升较容易，同时软件修正、升级也比较方便。PC式DVR各种功能的实现都依靠各种板卡来完成，如视音频压缩卡、网卡、声卡、显卡等，这种插卡式的系统在系统装配、维修、运输中很容易出现不可靠的问题，不适用于工业控制领域，只适用于对可靠性要求不高的商用办公环境。

2）嵌入式DVR。嵌入式DVR基于嵌入式处理器和嵌入式实时操作系统，它采用专用芯片对图像进行压缩及解压回放，嵌入式操作系统主要是完成整机的控制及管理。此类产品没有 PC 式 DVR 那么多的模块和多余的软件功能，在设计制造时对软、硬件的稳定性进行了针对性的规划，因此此类产品品质稳定，不会有死机的问题产生，而且在视音频压缩码流的储存速度、分辨率及画质上都有较大的改善，就功能来说丝毫不比 PC 式 DVR 逊色。嵌入式 DVR 系统建立在一体化的硬件结构上，整个视音频的压缩、显示、网络等功能全部可以通过一块单板来实现，大大提高了整个系统硬件的可靠性和稳定性。

图 4—29 为某型号嵌入式 DVR 外观及接口。

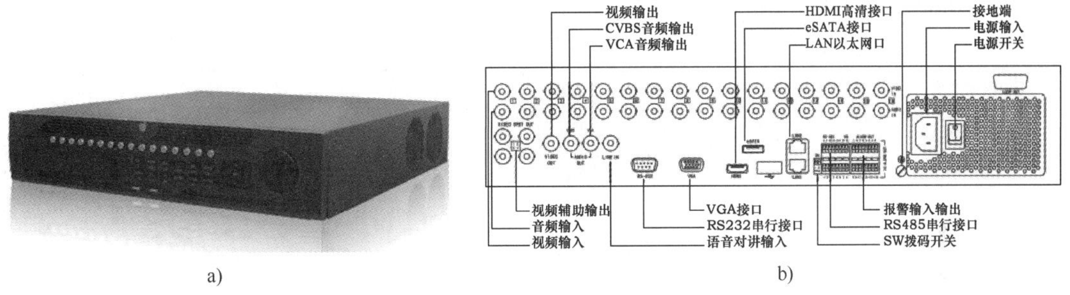

a)　　b)

图 4—29　嵌入式 DVR 外观及接口

a) 正面　b) 背面接口

(4) 网络视频录像机。网络视频录像机 (Network Video Recorder，NVR) 是近几年市场上逐渐兴起的一种产品形态。其主要功能是记录网络视频流，并提供录像点播等功能。如果追溯 NVR 概念的起源，会发现它的出现时间并不比 DVR 晚多少。但 NVR 直到最近才频繁进入人们的视野，究其原因，是由于 NVR 作为网络摄像机的后端配套产品，随着近年网络摄像机的兴起，其价值才逐渐为人们所关注。

从逻辑上讲，NVR 与网络摄像机位于网络的两端，网络摄像机负责图像的采集与编码，经过压缩后的视频流通过 IP 网络以分组的形式进行传输。在后端，NVR 负责接入网络视频流，并通过自身内置硬盘或外接存储设备进行记录。网络摄像机与 NVR 属于一个不可分割的功能体。前者是信息采集模块，采集的对象包括图片、视频、声音、报警事件等；后者在系统架构中的主要功能则是一种信息记录设备。在具体应用中，NVR 除负责记录网络摄像机采集的各种信息外，还要提供网络摄像机管理、网络访问、录像点播和本地解码输出 (图像预览) 等功能。

NVR 从产品形态上可划分为 PC 式 NVR 和嵌入式 NVR 两大类。前者基于通用 x86 架构，采用 Windows 或 Linux 操作系统，配合应用软件即可实现 NVR 的功能。后者则基于嵌入式架构，采用 Linux 或其他嵌入式操作系统来实现。嵌入式 NVR (见图 4—30) 的核心技术直接继承于嵌入式 DVR/DVS，它们都是经过时间验证的成熟技术，对于加速 NVR 的实用化进程具有重要意义。

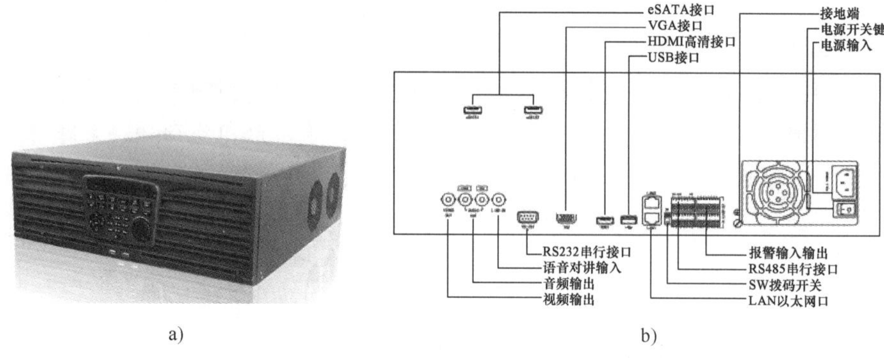

a)　　b)

图 4—30　嵌入式 NVR 外观及接口

a）正面　b）背面接口

从功能实现和处理性能上来看，PC 式 NVR 因其硬件资源相对较为丰富、开发周期较短，以及功能实现灵活而占有优势。如果从稳定和可靠性来看，嵌入式架构的优势更加明显。

如果从应用规模上来划分，NVR 又可分为单机应用级和服务器级两大类。前者属于单机应用，规模较小但功能齐全，拥有完善友好的用户界面。存储方式主要采用内置，辅以外扩存储，可自成一套体系。后者则属于平台级应用，准确的称谓是 NVR Server。其功能相对单一，主要是存储及点播，通常不提供单独的用户界面，在承载性能、可靠性上有着更高的要求。其存储方式多采用 NAS/SAN 的架构进行扩展，与平台中的其他功能模块配合使用，实现完整的联网监控功能。

由于单台 NVR 的处理性能、存储容量有限，其单机应用规模不会很大。因此 NVR 在应用中主要定位于中小规模的网络监控解决方案。在一些使用网络摄像机的小规模联网监控应用中，NVR 可以最大限度地简化系统架构，实现快速部署。

4.3　入侵报警系统

4.3.1　入侵报警系统概述及基本要求

入侵报警系统（Intruder Alarm System，IAS）是应用传感技术和电子信息技术探测并指示非法进入或试图非法进入设防区域的行为、处理报警信息、发出报警信息的电子系统。

入侵报警系统自动探测发生在布防监测区域内的侵入行为，产生报警信号，并辅助提示值班人员发生报警的区域部位，显示可能采取的对策。入侵报警系统是预防抢劫、盗窃等意外事件的重要设施。一旦发生突发事件，就能通过声光报警信号在安保控制中心准确显示出事地点，便于迅速采取应急措施。

入侵报警系统包括智能楼宇内部入侵报警系统和周界入侵报警系统。

智能楼宇内部入侵报警系统负责建筑内外各个点、线、面和区域的巡查报警任务，一般由入侵报警探测器、报警控制器、报警中继器（又称为区域控制器）和报警控制中心几个部分组成。

周界入侵报警系统负责建筑周边区域的巡查报警任务，一般由入侵报警探测器、报警控制器和报警控制中心几个部分组成。

入侵报警的基本要求：

1. 实现对设防区域的非法入侵进行实时监控，可靠和正确无误地报警和复核。漏报警是绝对不允许的，误报警应降低到可以接受的极低限度。

2. 为预防抢劫或人员受到威胁，系统应设置紧急报警装置并留有与 110 公安报警中心联网的接口。

3. 系统应能按时间、按部位或区域任意编程、设防或撤防。

4. 系统能显示报警部位、区域、时间，能打印记录、存档备查，并能提供与报警联动的监控电视、灯光照明等控制接口信号，最好能通过多媒体实时显示报警现场及有关联动报警的位置图形。

5. 入侵报警系统主要用于对重要出入口的入侵警戒、周界防护、建筑物内区域或空间防护，及对贵重实物目标的防护。

4.3.2 入侵报警系统主要设备

1. 入侵报警探测器

入侵报警系统最底层是探测器和执行设备，负责探测非法人员入侵，有异常情况时发出声光报警，同时向报警控制器发送信息。

需要防范入侵的地方有很多，它可以是某些特定的点，如门、窗、柜台、展览厅的展柜；或是某条线，如边防线、警戒线、边界线；有时要求防范的是某个空间，如智能楼宇中的档案室、资料室、商场等。因此，设计、安装人员就应该根据防范场所的不同地理特征、外部环境以及警戒要求，选用适当的探测器，达到安全防范的目的。

（1）入侵报警探测器基本要求

1）入侵报警探测器应具有防拆保护和防破坏保护功能。入侵报警探测器受到破坏，被拆开外壳或信号传输线短路、断路以及并接其他负载时，探测器应能发出报警信号。

2）入侵报警探测器应具有抗小动物干扰的能力。在探测范围内，如有类似小动物的红外辐射特性物体，探测器不应产生报警。

3）入侵报警探测器应具有抗外界干扰能力。干扰包括外界光源、电火花、常温气流、发动机噪声等。

4）入侵报警探测器应具有步行试验功能，以便调试。对射探测器应有对准指示，便于安装调准。

5）入侵报警探测器的适宜工作条件。室内：−10～55℃，相对湿度≤95%。室外：−20～75℃，相对湿度≤95%。

（2）入侵报警探测器种类。随着科学技术的飞速发展，世界各国已研制和生产出各种不同用途及类型的报警探测器。在一些国家中，已基本达到了产品系列化、销售商品化、使用社会化。各种用途的安全探测器种类繁多，分类方式也有多种，可按探测器的用途、探测器的警戒范围、传感器的种类、传感器与报警控制器之间信号的传输方式等来进行分类。

目前，防盗、防入侵探测器主要有以下几种：开关式探测器、主动与被动红外探测器、电子围栏探测器、微波探测器、超声波探测器、声控探测器、玻璃破碎探测器、周界探测器、双技术探测器、视频探测器、激光探测器、无线探测器、振动及感应式探测器等，它们的警戒范围各不相同，有点控制型、线控制型、面控制型、空间控制型之分，见表4—5。

表4—5　按报警探测器的警戒范围分类

警戒范围	探测器种类
点控制型	开关式探测器
线控制型	主动红外探测器、激光探测器、电子围栏探测器
面控制型	玻璃破碎探测器、振动式探测器
空间控制型	微波探测器、超声波探测器、被动红外探测器、声控探测器、视频探测器

实际上，入侵探测器的种类并不仅只局限于上面几种。诸如各种类型的汽车入侵报警器、防抢防盗安全包、安全箱、防盗保险柜、防盗安全保险门等，它们都在各种不同的场合，起到入侵探测、打击犯罪的作用，已被广泛应用在机关、企业乃至家庭的安全防范方面。防盗、防入侵探测器的种类很多，在实际使用中应根据探测器的性能、使用的环境要

求，合理地进行选择应用。

下面介绍一些常用的入侵报警探测器和基本工作原理。

1）门磁开关。门磁开关是最基本、最简单有效的探测器，它是一个开关，常用的有微动开关、磁簧开关等，一般装在门窗上。开关可分为常开和常闭两种。门磁开关主要是由永久磁铁和磁簧开关组成的，磁簧开关还可用于家电、办公室自动化设备、产业机械等方面，不仅种类繁多而且质量可靠。

使用时把门磁开关固定在希望警戒的门、窗上，根据偏重于美观的要求还是警戒性能的要求可分别选择露出型或是埋入型，如图 4—31 所示。

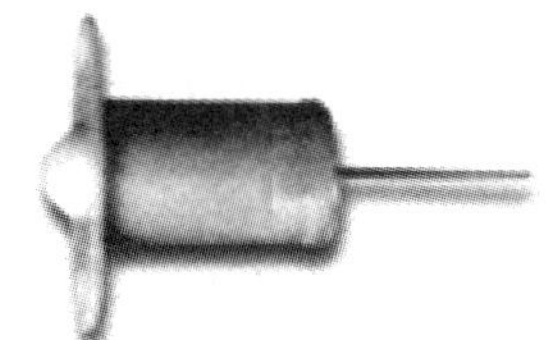

图 4—31　门磁开关

2）光束遮断式探测器（见图 4—32）。光束遮断式探测器（又称为主动红外探测器）原理是用肉眼看不到红外线光束张成的一道保护开关，探测光束是否被遮断。目前用得最多的是红外线对射式。由一个红外线发射器和一个接收器，以相对方式布置组成。当非法入侵者横跨门窗或其他防护区域时，挡住了不可见的红外线光束，从而引发报警。

图 4—32　光束遮断式探测器

在屋外使用的探测器有其非常严格的环境适应要求，光束遮断式探测器克服了种种困难条件，揉进了各种光、机、电技术。其中最有价值之处是探测器的检知感度的余量。设置了检知感度的余量，在各种恶劣的环境变化中可以得到稳定的警戒、监视效果。有些产品还根据不同的使用要求设置了 2 束、4 束等复数量束，目的是不至于因飘落的树叶等的遮挡而使探测器产生误报，这种功能对在屋外使用的探测器来说是至关重要的。

3）被动红外探测器（见图4—33）。被动红外探测器（Passive Infared Detector，PIR）又称热感式红外探测器，其特点是不需要附加红外辐射光源，本身不向外界发射任何能量，而是探测器直接探测来自移动目标的红外辐射，因此才有被动之称。任何物体（包括生物和矿物体）因表面温度不同都会发出强弱不同的红外线，各种不同物体辐射的红外线波长也不同，人体辐射的红外线波长是10 μm左右，而被动红外探测器的探测波范围为8~14 μm，因此能较好地探测到活动的人体跨入禁区段，从而发出警戒报警信号。

被动红外探测器按结构、警戒范围及探测距离的不同，可分为单波束型和多波束型两种。单波束型采用反射聚焦式光学系统，其警戒视角较窄，一般小于5°，但作用距离较远（可达百米）。多波束型采用透镜聚集式光学系统，用于大视角警戒，可达90°，作用距离一般只有几米到十几米。一般用于对重要出入口入侵警戒及区域防护。

图4—33　被动红外探测器

被动红外探测器是全世界广泛使用的区域探测器中的代表，目前正向使用安装简单化、信号处理智能化方向发展。

4）微波探测器。在探测技术中，光电型控制区域小，红外型受外界温度、气候条件影响较大。微波型能克服上述几种类型的入侵报警探测器的缺点，它能实现立体探测范围探测，可以覆盖60°~ 70°的敷设角范围，甚至可以更大，且受气候条件、环境变化的影响较小。同时，由于微波有着穿透非金属物质的特点，所以微波探测器能安装在隐蔽之处，或外加修饰物，不容易被人察觉，能起到良好的防范作用。

微波探测器的工作原理是利用目标的多普勒效应。多普勒效应是指当发射源和被测目标之间有相对径向运动时，接收到的信号频率将发生变化。人体在不同的运动速度下产生的多普勒频率是音频段的低频。所以，只要检出这个多普勒频率就能获得人体运动的信息，达到检测运动目标的目的，完成报警传感功能。

5）玻璃破碎探测器（见图4—34）。玻璃破碎探测器通常利用压电式拾音器，装在面对玻璃的位置。它只对高频的玻璃破碎声音进行有效的检测，不受玻璃本身振动的影响。目前普遍应用于玻璃门、窗的防护。其原理是，把不同类型、不同尺寸、不同厚度的玻璃（钢化、平板、嵌制、层压等）打碎，将它们的声音音频采集并以数字形式记录下来，编成文件，采用特殊的计算机和软件进行分析，并精确研究确定了不同房间、环境的反响和改变等对音频信号的影响。然后将检测到的信号进行模数转换进行微处理器分析处理，就可以确认某一个事件是一次有效的玻璃破碎，还是一次误报警。

6）振动式探测器（见图 4—35）。振动式探测器通常用于铁门、窗户等通道和防止重要物品被人移动的场合，以机械惯性式和压电效应式两种为主。机械惯性式利用软簧片终端的重锤受到振动产生惯性摆动，当振幅足够大时，碰到旁边的另一金属片会引起报警；压电效应式是利用压电材料，当振动导致机械变形而产生电气特性变化时，检测电路根据其特性的变化来判断振动大小并报警。由于机械惯性式容易锈蚀，且体积较大，故已逐渐由压电效应式替代。

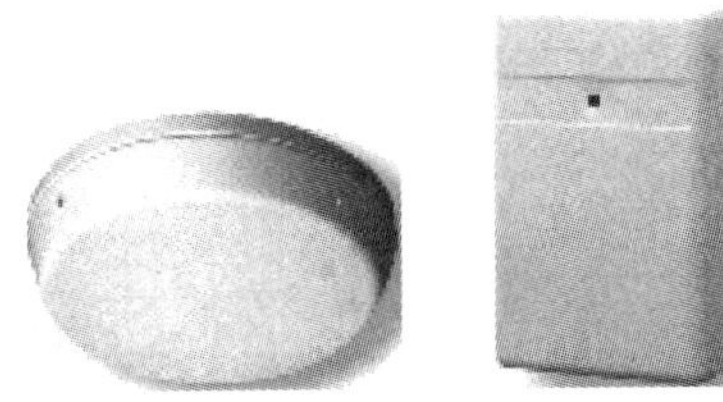

图 4—34　玻璃破碎探测器

图 4—35　振动式探测器

7）视频探测器。视频探测器又称为景象探测器，多采用电荷耦合器件 CCD 作为遥测传感器，是通过检测被检测区域的图像变化来报警的一种装置。由于是通过检测移动目标闯入摄像机的监视视野而引起电视图像的变化，所以又称为视频运动探测器或运动目标探测报警器。视频探测器利用数字转换器，把图像的像素转换成数字信号存在存储器中，然后与以后每一幅图像相比较，如果有很大的差异，说明有物体的移动。

8）超声波探测器。超声波探测器是利用人耳听不到的超声波段（频率高于 20 000 Hz）的机械振动波来作为探测源的报警器，又称为超声波报警器，是用来探测移动物体的空间型探测器。

9）双技术探测器（见图 4—36）。双技术探测器又称为双鉴探测器，是将两种探测技术结合在一起，由复合探测来触发报警，即只有当两种探测器同时或者相继在短暂时间内都探测到目标时，才可发出报警信号，从而进一步提高报警可靠性。目前使用较多的有微波-被动红外双鉴探测器和超声波-被动红外双鉴探测器。

图 4—36　双技术探测器

10）泄漏电缆传感器。泄漏电缆传感器一般用来组成周界防护。该传感器由平行埋在地下的两根泄漏电缆组成：一根泄漏同轴电缆与发射机相连，向外发射能量，另一根泄漏同轴电缆与接收机相连，用来接收能量。发射机发射的高频电磁能（频率为30~300 MHz）经发射电缆向外辐射，部分能量耦合到接收电缆。收发电缆之间的空间形成一个椭圆形电磁场的探测区域。当非法入侵者进入探测区域时，改变了电磁场，使接收电缆接收的电磁场信号发生了变化，发出报警信息，起到了周界防护作用。

11）电子围栏探测器。电子围栏探测器一般用来组成周界防护。根据采用的原理不同，可分为拉力式和高压脉冲式探测器。拉力式有直接利用机械开关的断开与否来进行判断的，也有利用称重原理做成的开关，其特点是围栏的检测线上没有电压，根据拉力的大小判断是否达到报警设置值，产生报警信号；高压脉冲式是在围栏的高压线上加载周期性的高压脉冲电压（一般8 000~10 000 V，1秒1次），如果电子技术检测接收端超过规定周期没有接收到高压的脉冲信号，则发出报警信息，起到周界防护作用。

2. 报警控制装置

（1）报警控制器。报警控制器也称为入侵报警主机（见图4—37），负责对下层探测设备进行管理，同时向报警控制中心传送管理区域内的报警情况。一台报警控制器一般含有设撤防控制装置和显示装置，能够方便看出所管辖区域内的探测器状态。

图4—37　入侵报警主机

报警控制器将某区域内的所有入侵报警探测器组合在一起，形成一个防盗管区，一旦发生报警，则在报警控制器上可以一目了然反映出报警区域所在。报警控制器目前以多回路分区防护为主流，自带防区通常以8~16回路居多，也有以总线形式引入可扩展到99路分区的报警控制器，视系统规模可分为小型报警系统和联网型报警系统。

通常一台报警控制器、探测器加上声光报警设备就可以构成一个简单的报警系统，但对于整个智能楼宇来说，必须设置报警控制中心，才能起到对整个入侵报警系统进行管理和系统集成的作用。

（2）报警中继器（又称区域控制器）（见图4—38）。报警中继器负责对下层探测设备进行管理，同时向报警控制中心传送管理区域内的报警情况。一台报警中继器一般可管理多台报警控制器。

一般来说，报警中继器有以下功能：

1）防破坏功能。如果有人对线路和设备进行破坏，报警中继器将发生报警，从而达到防破坏的目的。

2）联网功能。能够把报警控制器上传来的信号转发给报警控制中心，把控制中心下

a)

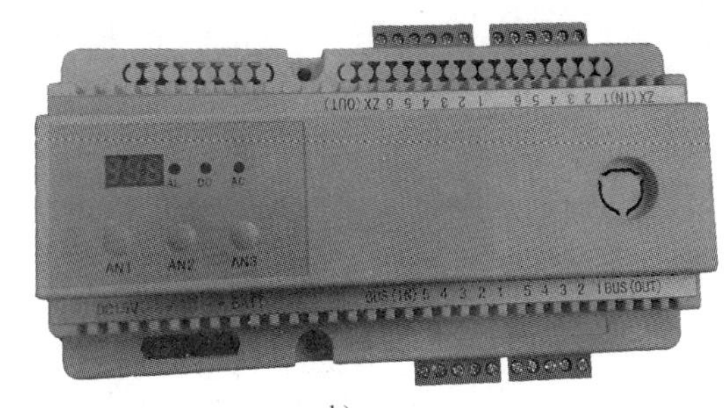

b)

图 4—38　报警中继器

a）周界使用　b）室内使用

发的信号转发给所管理的报警控制器。

3. 报警控制中心

报警控制中心一般由两部分组成，一是负责接收报警信号的接警管理主机（见图 4—39），二是负责对系统内所有报警信号进行记录、管理等的接警管理软件。

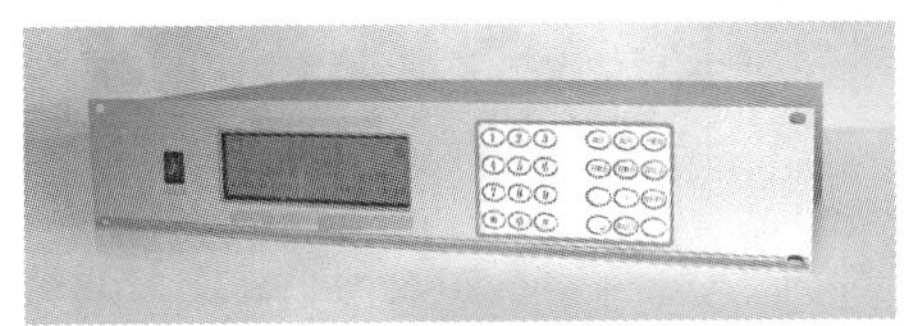

图 4—39　接警管理主机

一般来说，接警管理主机有以下功能：

（1）防破坏功能。如果有人对线路和设备进行破坏，会引起报警中继器或接警管理主机报警，从而达到防破坏的目的。

（2）联网功能。能够把报警系统传上来的信号转发给管理软件，把控制中心下发的信号转发给所管理的报警控制器和报警中继器。

（3）记录功能。能够在接警管理软件关闭或安装管理软件的服务器故障时，记录报警系统的报警和设备信息，并在接警管理软件恢复时，把所记录的信息自动发送到接警管理软件中进行管理。

4.3.3　入侵报警系统组成

1. 小型报警系统

对于一般的小用户，其防护部位很少，从性价比出发，应采用小型报警系统。小型报警系统有如下特点：

（1）防区一般为4~16路，探测器与主机采用点到点直接连接。

（2）能在任何一路信号报警时，发出声光报警信号，并显示报警部位与时间。

（3）对系统有自查能力。

（4）市电正常供电时，能对备用电池充电；断电时自动切换到备用电源上，以保证系统正常工作。系统还有欠电压报警功能。

（5）如果没有就近的24小时报警控制中心，则应能预存2~4个紧急报警电话号码，发生紧急情况时，能依次向紧急报警电话发出报警信号。如果有就近的24小时报警控制中心，则会向报警控制中心报警。

小型报警系统组成框图如图4—40所示，内部组成结构如图4—41所示。

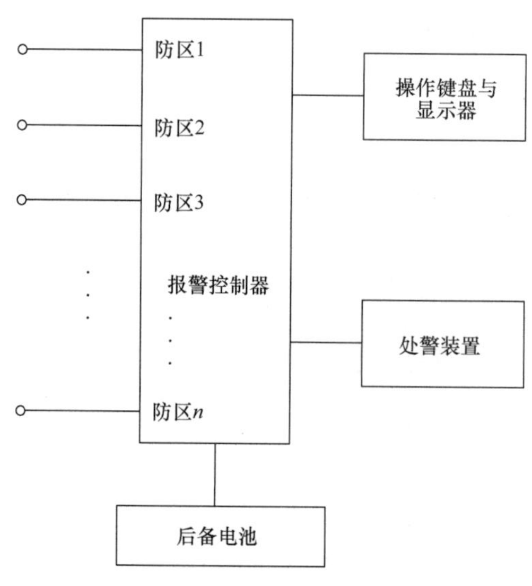

图4—40　小型报警系统组成框图

2. 联网型报警系统

一些相对较大的工程系统，要求防范的区域大，防范的点也多；不仅含有智能楼宇内部入侵报警系统，同时还有周界入侵报警系统，形成了混合型入侵报警系统。这时需要选用联网型报警系统。现在联网型报警系统都采用先进的电子技术、微处理器技术、通信技术，信号实行总线控制。所有报警控制器根据安置的地点，实行统一编码，探测器的地址码、信号以及供电分别由信号输入总线和电源总线完成，大大简化了工程安装。当任何部位发出报警信号时，联网型报警系统及时处理，在报警控制器本机显示板上正确显示报警区域，驱动声光报警装置就地报警。同时，控制器通过内部电路与通信接口，按原先存储

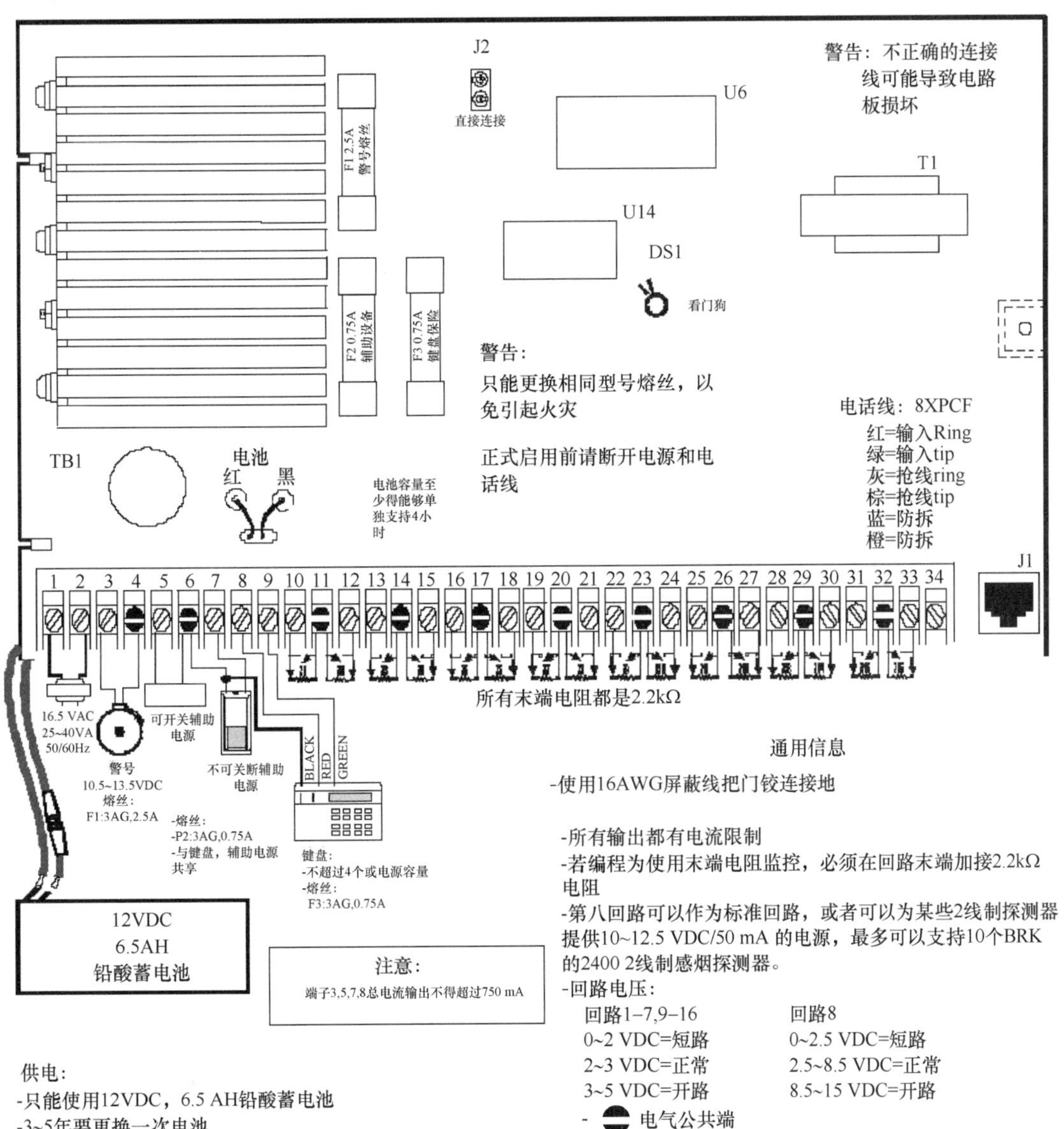

图 4—41　小型报警系统内部组成结构

的报警控制中心地址，向更高一级报警控制中心或有关主管单位报警。联网型入侵报警系统组成如图 4—42 所示。

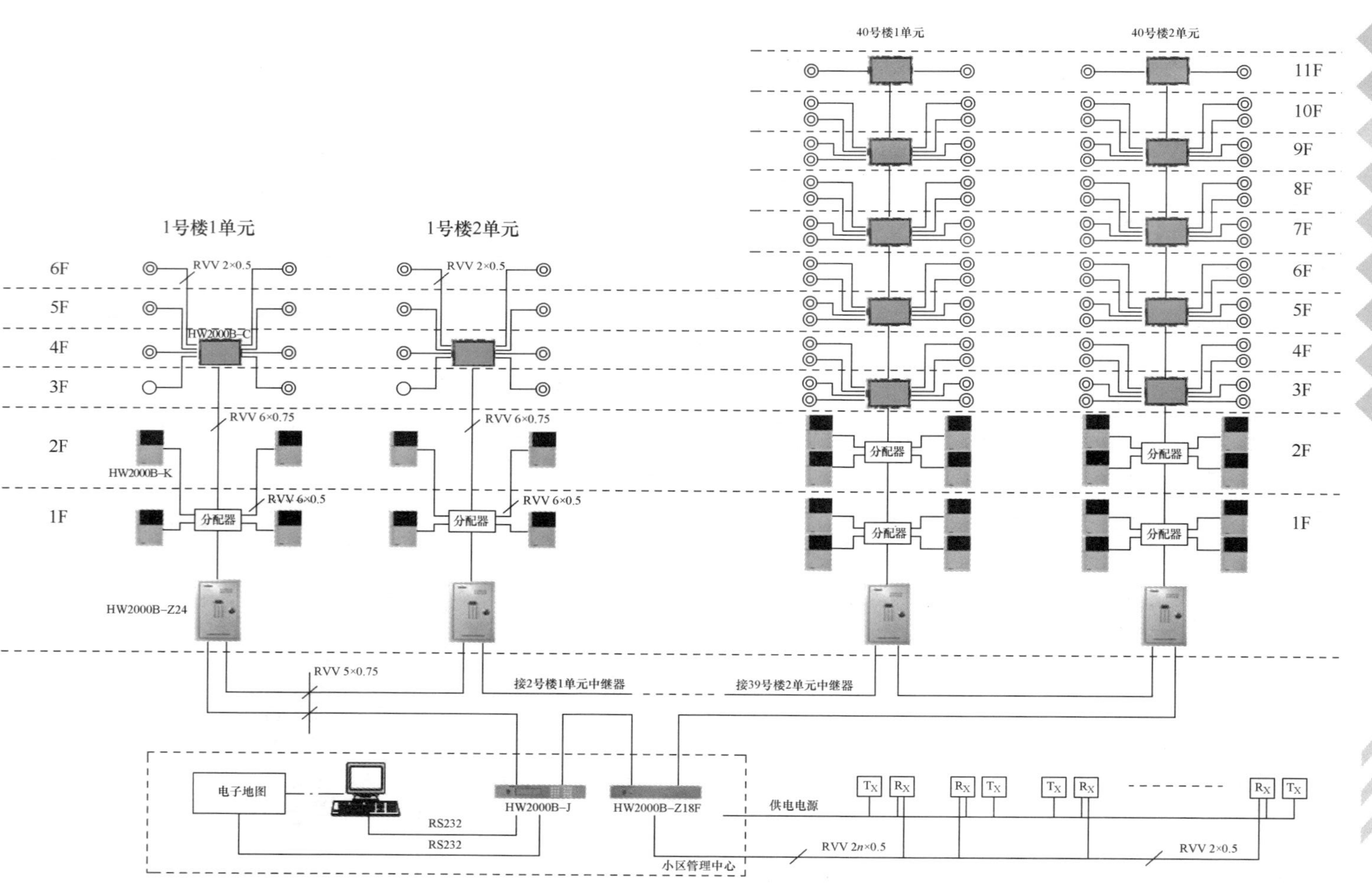

图4—42 联网型入侵报警系统组成

在大型或特大型的报警系统中，中继器把多台联网型报警控制器联系在一起。中继器能接收各台报警控制器送来的信息，同时也向各报警控制器送去控制指令，直接监控各报警控制器监控的防范区域。借由中继器使多台报警控制器联网，系统也具有更大的存储功能和更丰富的表现形式，通常接警管理主机在接收下层发来的报警信号的同时，与多媒体计算机、相应的地理信息系统、处警响应系统等结合使用。

4.3.4　入侵报警系统工程案例

某地块工程总用地面积为 201 589 m^2，总建筑面积为 206 922 m^2。其中，地上总建筑面积为 176 651.9 m^2，地下为 30 270.4 m^2。均为多层住宅，地上四层。

工程靠北设有 3 个出入口，西侧设 1 个出入口。其中，靠北面的中间出入口为专用人行出入口，其余出入口为人/车分道共用的出入口。物业安保监控中心与专用人行出入口的门卫室同设在一座建筑内。

工程由 89 栋 4 层住宅建筑组成，分为 247 个单元，共计住宅 1 976 套（11 种房型），其中一、二层住宅 988 套。

根据建筑设计，本工程周界将建 2.5 m 高的围栏，成为封闭式管理住宅小区安全防范的第一道屏障。为加强其防越入侵的功能，本工程建立了周界入侵报警系统，协助安保监控中心加强对小区围栏的警戒。根据安全技术防范系统建设的经验和本小区的实际情况，建立以高压电子脉冲式探测器为防区探测器的周界入侵报警系统。周界入侵报警的信息管理和室内入侵报警系统共用，接入方式参考联网型报警系统。

根据规范及建设方要求，本住宅小区建立联网型报警系统，以便进一步加强小区安防功能，提升业主安居水准。

本例系统的前端设备按照相关规定配置如下：

1. 一、二层住宅

每套住宅配置报警控制器 1 台，整个小区合计为 988 台，在靠近进户门室内墙面离地 1.3 m 安装。为上述住宅室内所有外窗、外阳台安装被动红外探测器，在厨房、卫生间外窗设置窗磁开关，在起居室、主卧室相应墙面设置求助按钮。上述求助按钮及入侵报警探测器通过线缆汇集于住宅信息配线箱，并将相应防区引接至报警控制器。

2. 三、四层住宅

每套住宅的起居室和主卧室内各设置紧急求助按钮一个，并作为一个永久防区引至楼层设备箱，并在楼层设备箱内预留报警系统总线，一旦业主需要，在室内布置相应设备后随时接入本住宅入侵报警系统。

3. 小区水泵房、配电间等重要公共设备机房

配置入侵报警探测器和报警控制器，接入本住宅入侵报警系统。

由于工程较大，系统比较复杂，图4—43只给出了部分联网型报警系统图。

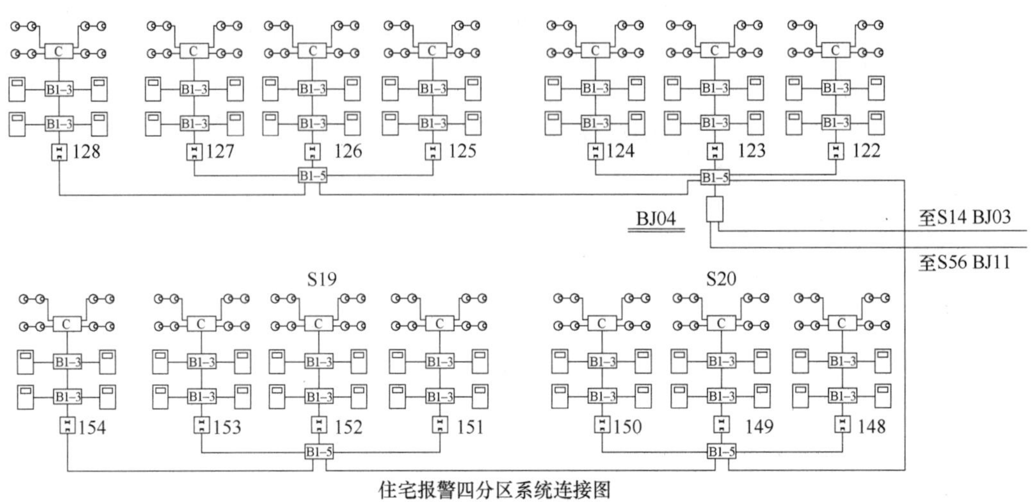

图4—43　联网型报警系统图（部分）

4.4　访客对讲系统

4.4.1　访客对讲系统概述

访客对讲系统又称楼宇对讲系统（见图4—44），在防止外来人员的入侵，确保家居安全方面起到了非常可靠的防范作用。

访客对讲系统按功能可分成单对讲型基本功能和可视对讲型多功能两种。一般住宅小区、高层、小高层、多层公寓住宅、别墅、商住办公楼宇等建筑都应建立访客对讲系统，能实施访客选通对讲、电控启闭电锁功能，可视装置能使各住宅的主人立即看到来访者的图像，决定是否接待访客，能起到安全防范的作用，有效地加强物业管理。

4.4.2　访客对讲系统组成及主要设备

访客对讲系统一般由主机（门口机）、若干分机（又称室内机，数量视客户需要而定）、电控锁、电源箱组成。

1. 主机

主机一般在住宅小区主要出入口、公寓、别墅出入口处安装，并配有各住宅房号数码按键，如图 4—44a 所示。

2. 分机

分机安装在入口管理室及各住户家中。安装在入口处、管理室的分机又称为访客管理控制机，如图 4—44b 所示。

3. 电控锁

电控锁是具有电控磁吸力功能的锁具。

4. 电源箱

电源箱是向访客对讲系统的主机、分机、电控锁等各部分提供电源的装置。当主电源断电时，应能自动转入使用备用电源连续不间断地工作。当主电源恢复正常后，应能自动切换使用主电源工作。

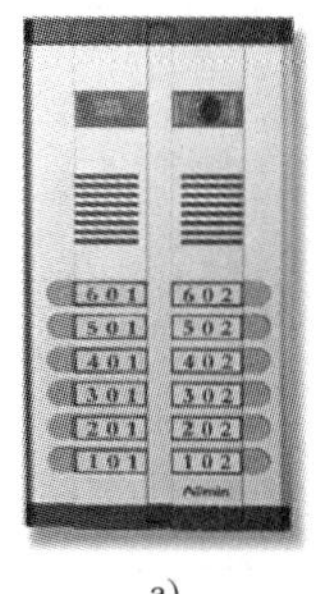

a)

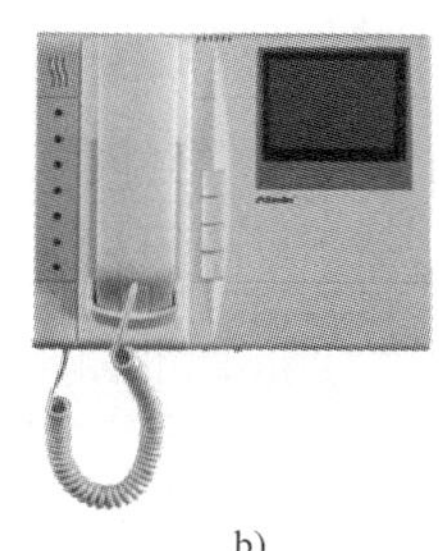

b)

图 4—44 访客对讲系统

a）门口机 b）室内机

系统组成如图 4—45 所示。图 4—45a 为对讲系统图。住户室内机除有手柄外，常设 1~3个功能按键，如图 4—45b 所示。访客对讲盘常有两种形式：在住户数较少场合对应每一个住户编号，在盘上设有带编号或户主姓氏的按键，住户数较多时则在盘上设数字键盘，如图 4—45c 所示。

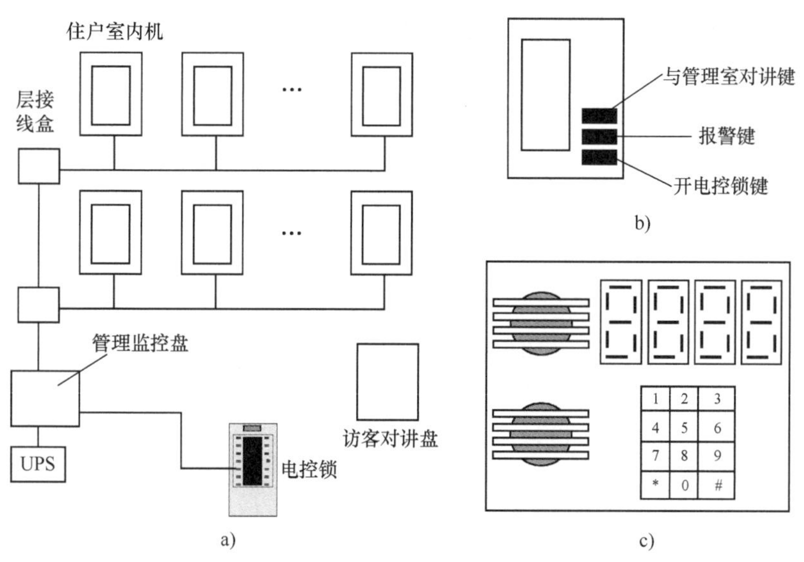

a)　b)　c)

图 4—45 访客对讲系统组成

a）对讲系统图 b）住房室内机 c）访客对讲盘

4.4.3 访客对讲系统结构

访客对讲系统按结构可分成多线制、总线多线制和总线制 3 种结构形式，如图 4—46 所示。

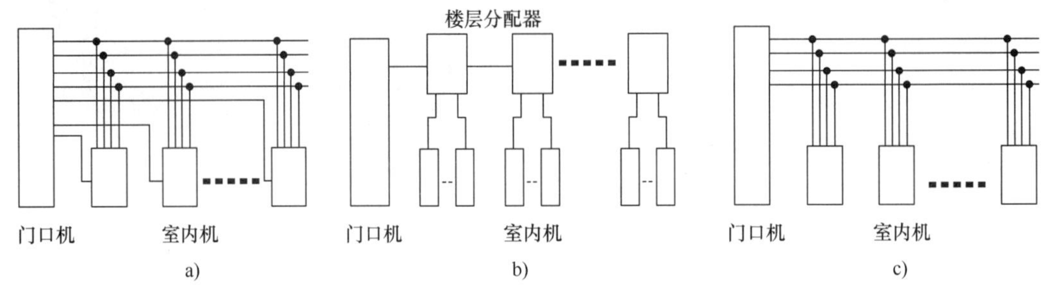

图 4—46 访客对讲系统结构

a）多线制 b）总线多线制 c）总线制

从图 4—46a 中可以看出，多线制系统大多采用单一按键的直通式，对讲线、开锁线、电源线共用。每户增加一条门铃线。系统的总线数将数倍增加。系统的容量受门口机按键面板和总线数量的限制。

总线多线制系统采用数字编码技术，每层有一个解码器（楼层分配器），解码器之间用总线连接，解码器与用户室内机采用星形连接，如图 4—46 所示。

总线制系统将数字技术从编码器移至用户室内机中，省去了楼层分配器，整个系统完全是用总线连接，如图 4—46c 所示。

可视对讲系统仅在单对讲系统功能的基础上增加一个影像传输通道，其门口机上装有广角针孔摄像机，以监视来客。视频信号的传输常有两种方案：第一种方式采用视频信号经调制后送入 CATV（广电有线电视系统）前端，住户打开电视机在专用频道上观察来访客人的面容；第二种方式采用视频信号直接通过专线分配送入住户装有显示器的住户室内机。前者投资低，但有住户个人隐私公开之嫌，而后者则相反，目前已均采用第二种方式。在配线方式上，前者的图像信号借用 CATV 系统传输，仅需在访客对讲门口机至 CATV 前端设一条同轴电缆；后者则需在住户进户线中增加一条视频同轴电缆（或双绞线），室内机至管理监控盘间增设相应线缆。

4.4.4 访客对讲系统应用举例

某工程总用地面积为 201 589 m^2，总建筑面积为 206 922 m^2。其中，地上总建筑面积为 176 651.9 m^2，地下为 30，270.4 m^2。均为多层住宅，地上四层。

小区靠北设有 3 个出入口，西侧设 1 个出入口。其中，靠北面的中间出入口为专用人行出入口，其余出入口为人/车分道共用的出入口。物业安保监控中心与专用人行出入口的门卫室同设在一座建筑内。

工程由 89 栋 4 层住宅建筑组成，分为 247 个单元，共计住宅 1 976 套（11 种房型），其中一、二层住宅 988 套。

本项目配置总线制的非可视楼宇访客对讲系统。

系统主要由分机、主机和系统管理控制机三个部分组成。根据小区住宅建筑分布和所选访客对讲产品的性能特点，具体构成如下：

分机——住宅户内的用户分机。

主机——住宅单元门口主机、小区出入口门卫室内的小区主机及传输系统。

系统管理控制机——中心管理员机、多级交换机。

此外，系统需要配置住宅单元防盗门、电控锁以及相关的供电电源等设施、设备。

系统设备配置：

1. 住户室内用户分机

每套住宅起居室设置非可视用户分机一台，离地 1.3 m 墙面安装，总计 1 976 台。

2. 住宅单元门口主机

访客对讲系统对于住宅单元出入口的控制必须配备合格的单元防盗门和电控锁。本项目中电控锁通过缆线与对讲门口机相联，受对讲系统控制，同时也受锁具开门钮控制。

非可视对讲门口机安装于门外一侧墙面，顶边离地 1.6 m 墙面安装。

上述单元防盗门、电控锁及单元门口机共计 247 套。

3. 小区门口主机（副管理控制机）

在小区 3 个人/车行出入口及 1 个人行出入口门卫室各设置 1 台非可视小区门口主机，共计 4 台。鉴于门卫室建设的具体情况，小区门口主机均配置在门卫室内，由门卫保安操作控制。

4. 系统管理控制机

小区安保管理中心应当设置系统管理控制机。鉴于本小区拥有 1 976 户住宅，为了保证及时响应系统内各个终端的呼叫，按照每 500 户配置一台管理控制机的标准，在中心机房内共配置 4 台管理控制机。

根据系统联网特性以及本小区住宅分布的情况，整个楼宇访客对讲系统通过管理中心配置的 4 台管理控制机、4 台小区门口主机和住宅单元的单元门口主机联网。整个小区的 247 个住宅单元门口主机通过总线连接 1 976 户住宅。

4.5 电子巡更系统

4.5.1 电子巡更系统概述

电子巡更系统也是安全防范系统的一个重要部分，在智能楼宇的主要通道和重要场所设置巡更点，保安人员按规定的巡逻路线在规定时间到达巡更点进行巡查，在规定的巡逻路线、指定的时间和地点向安保控制中心发回信号。当巡更人员未能在规定时间与地点启动巡更信号开关时，认为在相关路段发生了不正常情况或异常突发事件，则巡更系统应及时作出响应，进行报警处理，如产生声光报警动作，自动显示相应区域的布防图、地址等，以便报值班人员分析现场情况，并立即采取应急防范措施。

计算机对每次巡更过程均进行打印记录存档，遇有不正常情况或异常突发事件发生时，打印出事件发生的时间、地点及情况记录。巡更的路线和时间均可根据实际需要随时进行重新设置。目前巡更系统的巡更点有多种形式选择，如带锁钥匙开关、按钮、读卡器、密码键盘，也可以是磁卡、IC卡等，各种方式都有其不同的特点。

4.5.2 电子巡更系统分类

电子巡更系统通常分为在线式电子巡更系统和离线式电子巡更系统两种。

1. 在线式电子巡更系统

在线式电子巡更系统比较适用于在一定范围内巡检要求特别严格或巡检工作有一定危险性的地方，目前应用比较少。如图4—47所示，在线式电子巡更系统由计算机、网络收发器、前端控制器、巡更点等设备组成。巡更点触发设备可以是按钮或开关，也可以是IC卡读卡机。保安值班人员到达巡更点触发巡更点开关或刷卡，巡更点将信号通过前端控制器及网络收发器即刻送到计算机，计算机会自动反映和记录巡更点触发的时间、地点和巡更人员编号（如果使用IC卡或密码键盘的话），安保值班室可以随时了解巡更人员的巡更情况。在巡更路线上合理位置设置巡更点，由巡更计算机软件编排巡更班次、时间间隔、线路走向，可以有效地管理巡更员的巡视活动，增强安全防范措施。

2. 离线式电子巡更系统

离线式电子巡更系统由计算机、传送单元、巡更器（手持读取器）、信息钮（或编码

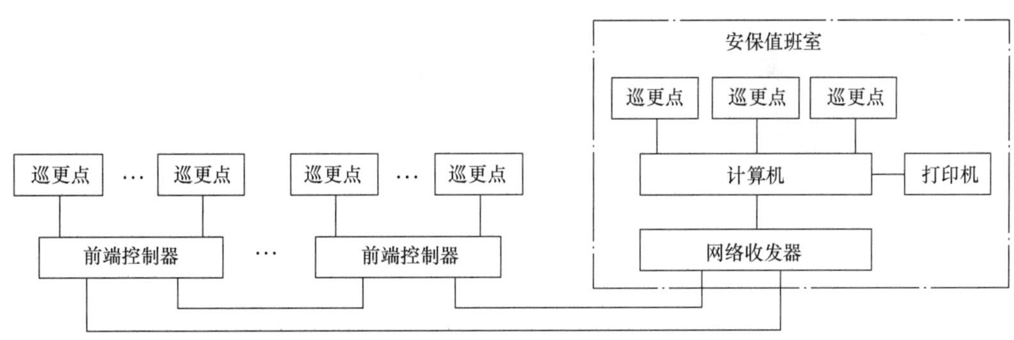

图 4—47　在线式电子巡更系统

片）等设备组成，如图 4—48 所示。信息钮安装在巡逻路线关键点处代替电子巡更点，值班人员巡更时，手持巡更器读取信息钮数据。巡更结束后，将手持读取器插入传送单元，使其将存储的所有信息输入到计算机，计算机记录多种巡更信息并可打印巡更记录。离线式巡更系统的缺点是不能实时管理，但安装比较方便，推广应用比较快，已成为电子巡更系统的主流形式。

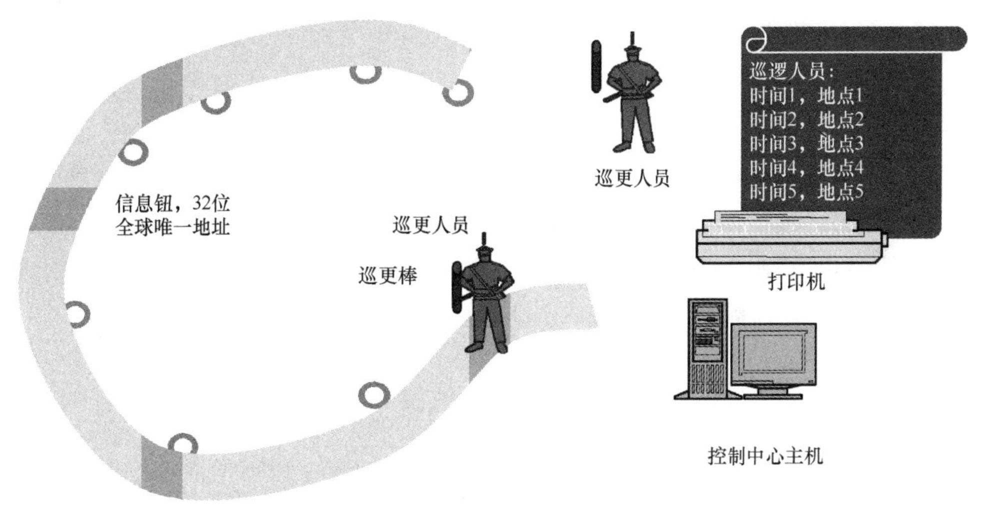

图 4—48　离线式电子巡更系统

4.5.3　离线式电子巡更系统组成与设备

如图 4—49 所示，一套完整的离线式电子巡更系统由系统软件、巡更器、信息钮三大部分组成。

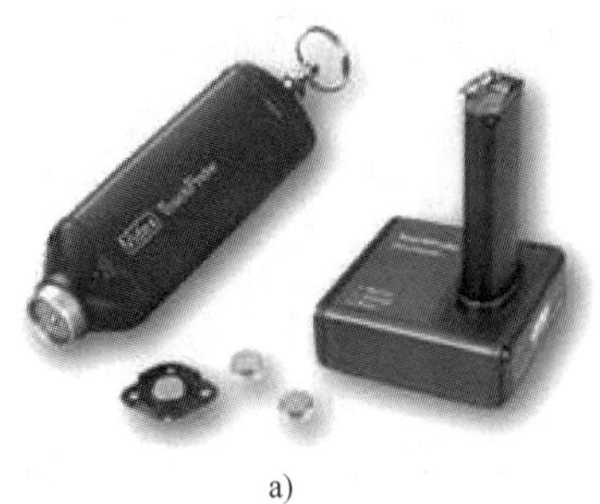
a)

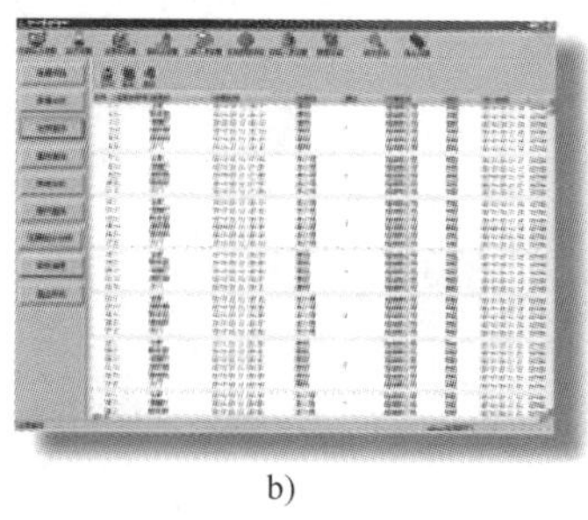
b)

图4—49 巡更系统硬件和软件

a）巡更器与信息钮 b）系统软件

1. 系统软件

它是整个巡更系统的核心，整个巡更过程都可以通过软件来查询记录、操作和检验。一个完善的系统管理软件为用户提供如下功能：

（1）人员设置，即为用户提供操作人员身份识别。

（2）地点设置，即为不同巡逻地点提供巡逻计划。计划设置包括为整个巡逻范围提供人员、地点和方案的设置，它通过计算机查询近期记录，组合和优化巡更地点、巡更人、时间、事件等不同选项结果，提出在巡更过程中根据具体情况添加和减少巡更员人数建议等。

（3）密码设置。管理人员可以设置操作员密码，以避免无关人员修改系统数据。

针对不同的产品，有不同的软件配置。软件配置一般属于“傻瓜型”，易安装、易操作，有统计分析、打印、备份等功能，便于管理人员管理。随着巡更系统应用领域的扩大，巡更软件功能也在扩展，以便适应不同的客户群。

2. 巡更器

巡更器有时又称巡更棒，巡更人员带着巡更棒按规定时间及线路要求巡视，逐个读入巡更信息钮信息，便可记录巡更员的到达日期、时间、地点及相关信息。若不按正常程序巡视，则记录无效，经查对核实后，即可视为失职。在控制中心可通过计算机下载所有数据，并整理存档。

3. 信息钮

信息钮一般是无源、纽扣大小、安全封装的存储设备，信息钮中存储了巡更点的地理信息，可以镶嵌在墙上、树上或其他支撑物上，安装与维护都非常方便。现在也有用非接触IC卡代替信息钮的应用，相应的巡更棒就是手持式IC卡读卡器。

4.6 门禁管理系统

门禁管理系统是智能楼宇弱电安防系统的一个子系统。它作为一种新型现代化安全管理系统，集自动识别技术和现代安全管理措施为一体，涉及电子、机械、光学、计算机技术、通信技术、生物技术等诸多新技术。门禁系统通过在建筑物内的主要出入口、电梯厅、设备控制中心机房、贵重物品库房等重要部门的通道口安装门磁、电控锁或控制器、读卡器等控制装置，由计算机或管理人员在中心控制室监控，能够对各通道口的位置、通行对象及通行时间、方向等进行实时控制或设定程序控制，从而实现对出入口的控制。

4.6.1 门禁系统组成与主要设备

门禁系统通常由门禁控制器、读卡器、卡片、电控锁、门禁软件、电源和其他相关门禁设备组成。

1. 门禁控制器

门禁控制器是门禁系统的核心部分，其功能相当于计算机的 CPU（中央处理器），它负责整个系统的输入、输出信息的处理、储存、控制等。它验证门禁读卡器输入信息的可靠性，并根据出入规则判断其有效性，若有效则对执行部件发出动作信号。门禁控制器性能的好坏直接影响着系统的稳定，而系统的稳定性直接影响着客户的生命和财产安全。

2. 读卡器

读卡器（见图 4—50）能读取卡片中的数据与生物特征信息，并将这些信息传送到门禁控制器。

图 4—50 读卡器

3. 卡片

它是门禁系统的开门电子钥匙，这把“钥匙”可以是磁卡、IC 卡、ID（身份识别）卡或和其他相关功能的卡片（卡片上能打印持卡人的个人照片，使开门卡、胸卡合二为一）。

4. 电控锁

它是门禁系统的执行部件。电控锁通常在断电时呈开门状态，以符合消防要求，并配备多种安装结构类型供客户选择使用。按单向的木门、玻璃门、金属防火门和双向对开的电动门等不同技术要求可选取不同类别的电控锁。

5. 门禁软件

它负责门禁系统的监控、管理、查询等工作。管理人员可调整扩充巡更、考勤、人员定位等功能。

6. 电源

电源负责为整个门禁系统提供能源。如无电源，整个门禁系统将瘫痪。

7. 其他相关门禁设备

如出门按钮，按一下将打开开门设备，适用于对出门无限制的情况；再如门磁，用于检测门的安全/开关状态等。

4.6.2 门禁系统管理功能

1. 对通道进出权限的管理

对通道进出权限的管理主要有以下几个方面：

（1）进出通道的权限。就是对每个通道设置哪些人可以进出，哪些人不能进出。

（2）进出通道的方式。就是对可以进出该通道的人进行进出方式的授权，进出方式通常有密码、读卡（生物识别）、读卡（生物识别）+ 密码3种方式。

（3）进出通道的时段。设置该通道在什么时间范围内允许进出。

2. 实时监控功能

系统管理人员可以通过计算机实时查看每个门区人员的进出情况（同时有照片显示）、每个门区的状态（包括门的开关、各种非正常状态报警等），也可以在紧急状态打开或关闭所有的门区。

3. 出入记录查询功能

系统可储存所有的进出记录、状态记录，可按不同的条件查询，配备相应考勤软件可实现考勤、门禁一卡通。

4. 异常报警功能

在异常情况下可以实现计算机报警或报警器报警，如非法侵入、门超时未关等。

5. 其他功能

根据系统的不同，门禁系统还可以实现以下一些特殊功能。

（1）反潜回功能。持卡人必须依照预先设定好的路线进出，否则下一通道刷卡无效。本功能是防止持卡人尾随别人进入。

（2）防尾随功能。持卡人必须关上刚进入的门才能打开下一个门。本功能与反潜回实现的功能一样，只是方式不同。

（3）消防报警监控联动功能。出现火警时，门禁系统可以自动打开所有电控锁让里面的人随时逃生。与监控联动通常是指监控系统自动在有人刷卡时（有效／无效）录下当时的情况，同时也将门禁系统出现警报时的情况录下来。

（4）网络设置管理监控功能。大多数门禁系统只能用一台计算机管理，而技术先进的系统则可以在网络上任何一个授权的位置对整个系统进行设置监控查询管理，也可以通过因特网进行异地设置监控查询管理。

（5）逻辑开门功能。简单地说，就是同一个门需要几个人同时刷卡（或其他方式）才能打开电控锁。

（6）电梯控制系统。在电梯内部安装读卡器，用户通过刷卡对电梯进行控制，无须按任何按钮。

4.6.3 门禁系统分类

1. 按进出识别方式分类

（1）密码识别。通过检验输入密码是否正确来识别进出权限。这类产品又分两类：一类是普通型，另一类是乱序键盘型。普通型的优点是操作方便，无须携带卡片，成本低；缺点是密码容易泄露，安全性很差，无进出记录，只能单向控制。乱序键盘型的键盘上的数字不固定，不定期自动变化，可起到保密作用。

（2）卡片识别。通过读卡或读卡加密码方式来识别进出权限。

（3）生物特征识别。生物特征识别是指利用人体生物特征进行身份认证的一种技术。人体有一些生理特征，如指纹、掌形、人脸、虹膜等，还有一些行为特征，如声音、行走步态等，都能帮助智能识别系统对不同的用户个体进行较准确地辨认。随着建筑智能化技术的发展，安防系统中也越来越多地应用了先进的生物特征识别技术。

1）指纹识别。指纹是指人的手指末端皮肤上凸凹起伏形成的纹线，这些纹线有规律地排列形成不同的纹型。指纹识别就是通过比较指纹的细节特征点来进行不同用户的鉴别。每个人的指纹彼此都不相同，同一个人的十指之间的指纹也彼此不同。指纹识别技术是成熟的生物特征识别技术，经济实用，在安防系统中应用广泛。

2）人脸识别技术。人脸识别技术是基于人的脸部特征，对输入的人脸图像或者视频进行识别。采用的识别技术主要有标准视频识别和热成像技术两种。其中，标准视频识别是通过普通摄像头记录人的眼睛、鼻子、嘴的形状及相对位置等脸部特征信息并数字化，再利用计算机进行身份识别。视频人脸识别在安防系统中应用也较为广泛。

3）虹膜识别技术。人的眼睛由巩膜、虹膜、瞳孔晶状体、视网膜等部分组成。虹膜是位于黑色瞳孔和白色巩膜之间的圆环状部分，包含很多相互交错的斑点、细丝、冠状、条纹、隐窝等细节特征。虹膜在红外光下呈现出丰富的纹理信息，对于成年人来讲，虹膜特定的纹理信息一般不会再发生变化。虹膜识别是通过对比虹膜图像特征之间的相似性来确定人们的身份，识别过程中使用了模式识别、图像处理等技术与方法。

2. 按卡片种类分类

（1）磁卡。磁卡的优点是成本较低，一人一卡（+密码），有一定的安全性，可连计算机，有开门记录。缺点是卡片和设备有磨损，使用寿命较短；卡片容易复制，不易双向控制；卡片信息容易因外界磁场丢失，使卡片无效。

（2）射频卡。射频卡的优点是卡片与设备无接触，开门方便安全；使用寿命长，理论使用时间至少十年；安全性高，可连计算机，有开门记录；可以实现双向控制；卡片很难被复制。缺点是成本较高。

3. 按与计算机通信方式分类

（1）单机控制型。这类产品是最常见的，适用于小系统或安装位置集中的单位。通常采用 RS485 通信方式。它的优点是投资小，通信线路专用。缺点是一旦安装好就不能方便地更换管理中心的位置，不易实现网络控制和异地控制。

（2）网络型。它的通信方式采用的是网络常用的 TCP/IP 协议。这类系统的优点是控制器与管理中心是通过局域网传递数据的，管理中心位置可以随时变更，不需重新布线，很容易实现网络控制或异地控制，适用于大系统或安装位置分散的单位使用。这类系统的缺点是系统通信部分的稳定需要依赖局域网的稳定。

4.6.4　门禁系统工程实例

在智能楼宇中，重要部位与主要通道口一般均安装门磁开关、电控锁、读卡器等装置，并由安保控制室对上述区域的出入对象与通行时间进行统一的实时监控。图 4—51 为典型门禁系统，系统的性能取决于计算机的硬件及软件。

现代电子技术的发展使门禁系统功能增强，使用更为方便。从系统构成可见，门禁系统是一个计算机控制系统，它允许在一定时间内让人进入指定的地方，而不许非授权人员进入。也就是说，所有人员的进入都受到监控。系统识别人员的身份后根据系统所存储的数据决定是否允许其进入。每一次出入都被作为一个事件存储起来，这些数据可以根据需要有选择地输出。如果需要更改人员的出入授权，通过键盘和显示器可以很容易实现。编程操作在几秒种内就可以完成，就地智能单元可以在授权更改后，立即收到所需的数据，使新的授权立即生效，以确保安全。

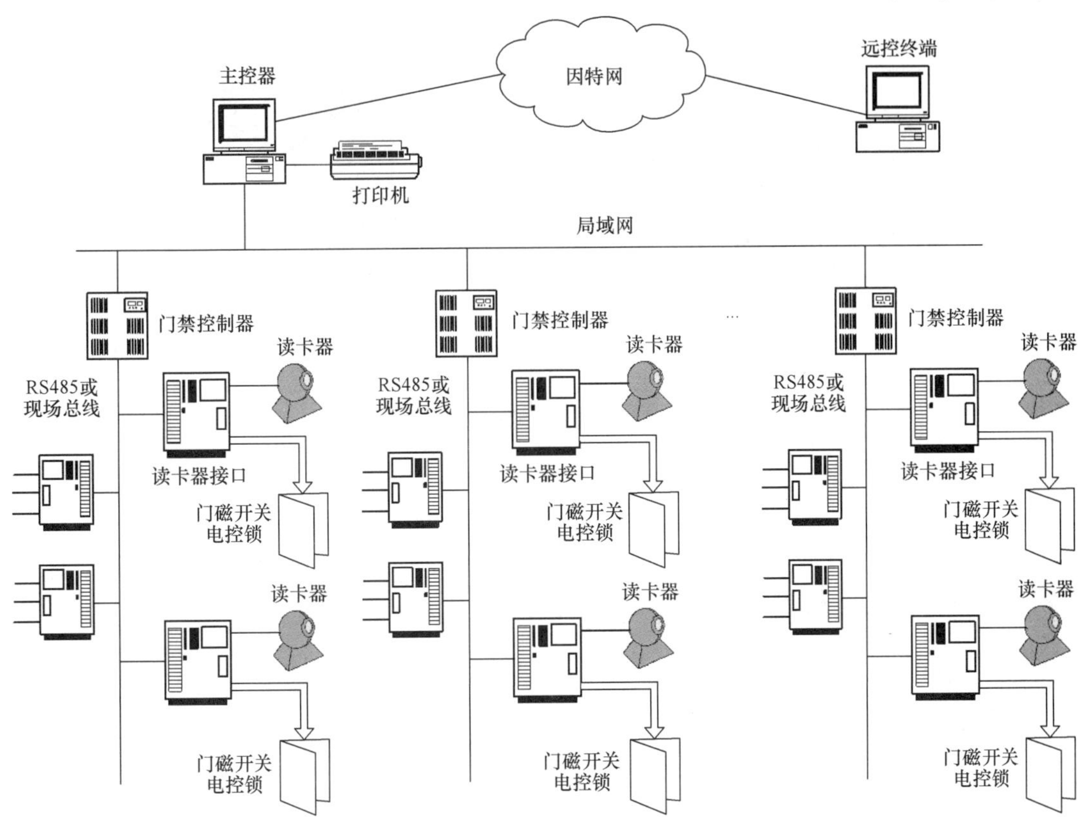

图 4—51　门禁系统原理系统图

4.7　停车场管理系统

4.7.1　停车场管理系统概述

随着我国国民经济的迅速发展，机动车数量增长很快，合理的停车场设施与管理系统不仅能解决城市的市容、交通及管理收费问题，而且是智能楼宇或智能住宅小区正常运营和加强安全的必要设施。

停车场管理系统（见图 4—52）的主要功能分为泊车与管理（即停车与收费）两大部分。

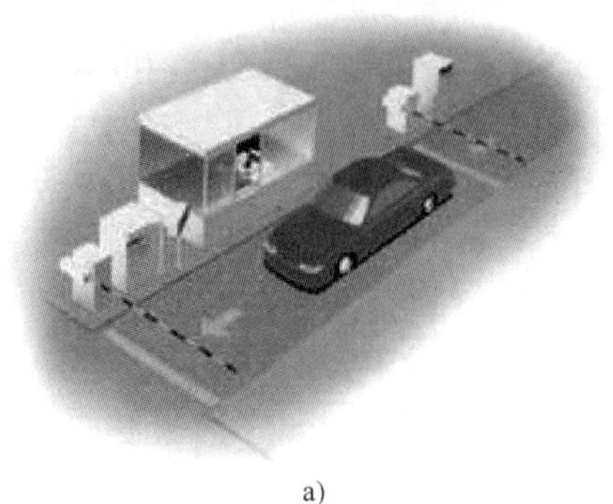

a)

b)

图4—52　停车场管理系统

a）泊车控制　b）车库管理

1. 泊车

要全面达到安全、迅速停车的目的，首先必须解决车辆进出与泊车的控制，并在车场内，有车位引导设施，使入场的车辆尽快找到合适的停泊车位，保证停车全过程的安全。最后，必须解决停车场出口的控制，使被允许驶出的车辆能方便迅速驶离。

2. 管理

为实现停车场的科学管理并获得更好的经济效益，车库管理应同时有利于停车者与管理者。因此必须使停车出入与交费迅速、简便，一方面照顾到停车者使用方便，另一方面让管理者能实时了解车库管理系统整体运转情况，能随时读取、打印各组成部分数据情况并进行整个停车场的经济分析。

4.7.2　停车场管理系统组成及主要设备

停车场管理系统主要由入口控制设备、出口控制设备、管理中心系统与辅助管理系统4大部分组成。

1. 入口控制设备

入口控制设备主要由入口票箱（内含IC卡读写器、出卡机、车辆感应器、车辆检测线圈、停车场智能控制器、LED显示屏、对讲分机、专用电源），自动道闸，满位显示屏，彩色摄像机等组成，如图4—53所示。

临时车进入停车场时，设在车道下的车辆检测线圈检测车到，入口票箱LED显示屏显示文字提示司机按键取卡（票）。司机按下取卡（票）按键，票箱出卡机即发送一张卡（票），并完成读取过程，同时启动入口摄像机，摄录一幅该车辆图像，并依据相应卡（票）号，存入管理中心的服务器硬盘中。司机取卡（票）后，道闸起杆放行车辆，车辆

a)

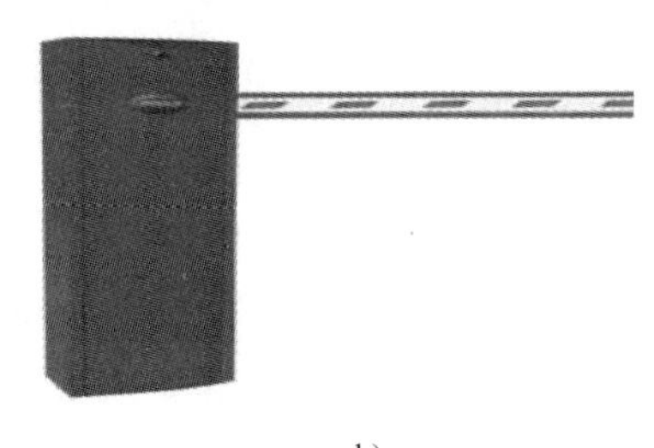

b)

图 4—53　入口控制设备

a）入口票箱　b）自动道闸

通过后闸杆自动落下。如果在闸杆下落的过程中，车辆检测线圈感应到闸杆下有车辆，则闸杆会自动回位不下落，直至车辆离开后，闸杆才重新落下。

长期客户车辆进入停车场时，设在车道下的车辆检测线圈检测车到，入口票箱 LED 显示屏提示司机读卡。司机把身份卡放到入口票箱感应区 6 ~ 12 cm 距离外，入口票箱内 IC 卡读写器读取该卡的特征和有关信息，判断其有效性，同时启动入口摄像机，摄录一幅该车辆图像，并依据相应卡号，存入管理中心的服务器硬盘中。若有效，道闸起杆放行车辆入场，车辆通过后，闸杆自动落下。若该卡无效，则不起闸，不允许入场。

当场内车位满时，入口满位显示屏则显示“满位”，并自动关闭入口处读卡系统，不再发卡或读卡（可通过管理软件设置在车满位的情况下仍允许长期客户车辆读卡进场）。

2. 出口控制设备

出口控制设备主要由出口票箱（内含 IC 卡读写器、远距离读卡器、车辆感应器、车辆检测线圈、停车场智能控制器、LED 显示屏、对讲分机、专用电源），自动道闸，彩色摄像机等组成。

临时车驶出停车场时，在出口处，司机将卡（票）交给收费员，计算机根据卡（票）记录信息从管理中心服务器自动调出入口处所拍摄对应图像及车辆入场数据，进行人工图像对比，并自动计算出停车费，通过 LED 显示屏显示，提示司机交费（也可设定为不收费）。收费员进行图像对比及收费确认无误后，按确认键，道闸起杆放行车辆出场，车辆通过后闸杆自动落下。如果在闸杆下落的过程中，车辆检测线圈感应到闸杆下有车辆，则闸杆会自动回位不下落，直至车辆离开后，闸杆才重新落下。

长期车辆驶出停车场时，设在车道下的车辆检测线圈检测车到，出口处的 LED 显示屏提示司机读卡，司机把身份卡放到出口票箱感应区 6 ~ 12 cm 距离处，出口票箱内 IC 卡读写器读取该卡的特征和有关信息，启动计费系统，判断其有效性，同时启动出口摄像机，摄录一幅该车辆图像，车闸起杆放行车辆出场。

3. 管理中心系统

管理中心系统是停车场管理系统的控制中枢，使用计算机或POS机（销售点情报管理系统），安装收费管理软件，负责整个系统的协调与管理，包括软硬件参数设计、信息交流与分析、命令发布等，系统一般联网管理，集管理、保安、统计及商业报表于一体。

4. 辅助管理系统

辅助管理系统（见图4—54）包括图像对比系统、车位引导系统等。

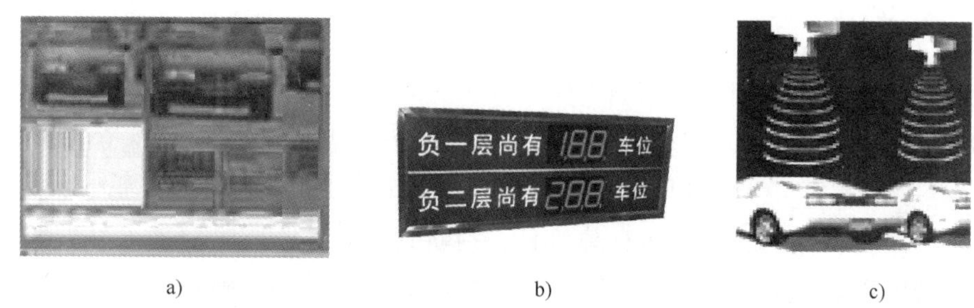

a)　　b)　　c)

图4—54　辅助管理系统

a）图像对比系统　b）车位引导系统的空余车位数量显示　c）车位引导系统的车位探测器

图像对比系统原理是在入场读卡时抓拍车辆的外观、颜色、车牌号等，并送至管理中心服务器作为资料存档，在出场读卡时抓拍车辆的外观、颜色、车牌号，并自动从管理中心服务器中调出该卡入场图像资料作对比，同时资料存入服务器。图像的总存储量根据硬盘容量大小而定，一般可保证留有一周以上的车辆出入图像备查。

车位引导系统有利于入场车辆尽快找到空位。该系统通过车位探测器探测车位有无车辆，检测各个区域停泊情况，精确地实时显示停车场每个分区的空余车位数量，在入口设置动态电子显示屏，进而引导待泊车辆进入指定的区域。

若车库内已无车位使用，则车位显示屏显示“车库满位”字样，入口票箱也显示“车库满位”字样，不再受理车辆进库。

先进的辅助管理系统，不仅可免去待泊车主寻找停泊车位之烦或进库后无泊位可停的尴尬，而且可使停车场车位管理井井有条，使车位的利用率得到提高。车库出入管理系统、防盗系统、监视系统、影像对比系统、收费系统等有机结合，就构成了功能强大的停车场管理系统，可广泛应用于地面停车场、地下停车场、多层停车场和与之相类似的其他停车场的管理。

技能要求

视频监控系统的操作使用

本项目技能要求需在视频监控系统实训台（见图 4—55）上操作完成，实训台系统包括：

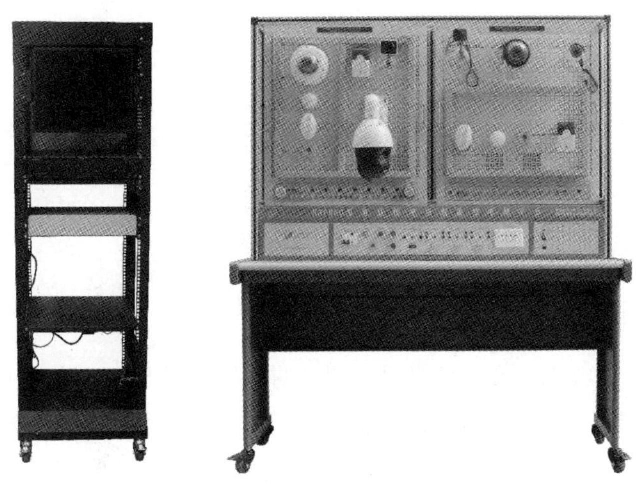

图 4—55　视频监控系统实训台

网络枪型摄像机×1，型号：DS-2CD4024F

网络半球摄像机×1，型号：DS-2CD4525

网络高速球摄像机×1，型号：DS-2DC4220IW-D

硬盘录像机×1，型号：DS-7908N-K4

存储硬盘×1，规格：1TB

液晶监视器×1，型号：KD-MN1900

8 口交换机×1，型号：TL-SF1008+

幕帘探测器×1，型号：LH-912E

紧急按钮×1，型号：HO-01B

声光报警器×1，型号：HC-103

拾音器×1，型号：FIH102

计算机：安装有视频监控 iVMS-4200 软件，供客户远程监控摄像机

智能设置故障系统

电源：12 V DC

操作准备

（1）准备实训导线、万用表等实训材料与工具。

（2）检查设备电源，并开启硬盘录像机。

操作步骤

步骤 1： 按照图 4—56 连接电气线路。

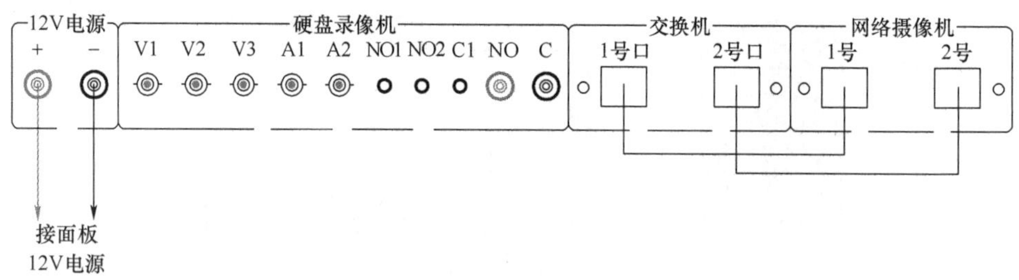

图 4—56　视频监控系统接线图

步骤 2： 打开设备电源，开启硬盘录像机，进入到监控画面，单击鼠标右键进入快捷菜单，如图 4—57 所示，点击“主菜单→通道管理→通道配置”，进入通道配置的“IP 通道”界面，如图 4—58 所示。首次添加的 IP 设备会提示激活设备，点击需要激活的设备，单击将该通道快速添加到硬盘录像机，表示 IP 通道添加成功，用鼠标单击可预览图像。重复以上操作，完成多个 IP 通道添加。

图 4—57　快捷菜单图

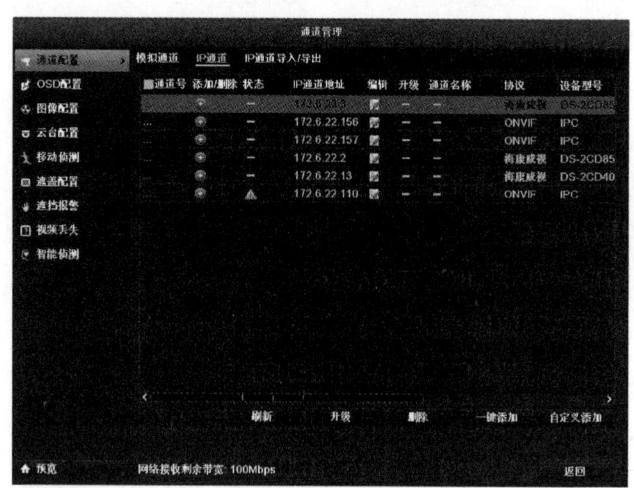

图 4—58　快速添加 IP 设备界面

步骤 3：按照图 4—59 连接电气线路。

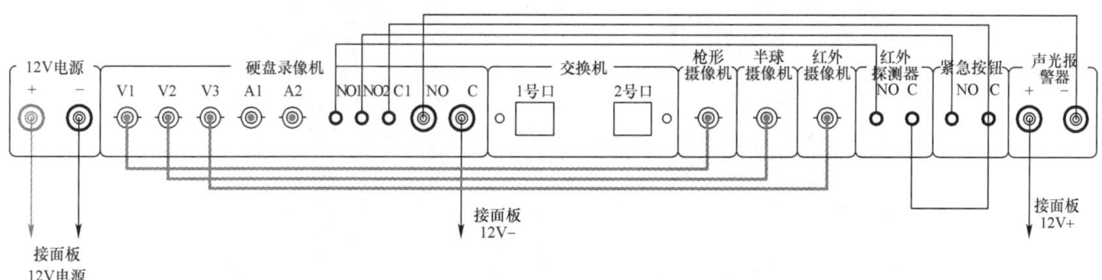

图 4—59　报警系统接线图

步骤 4：按照上述步骤进入快捷菜单，选择“主菜单→系统配置→报警配置”，进入“报警状态”界面，如图 4—60 所示。

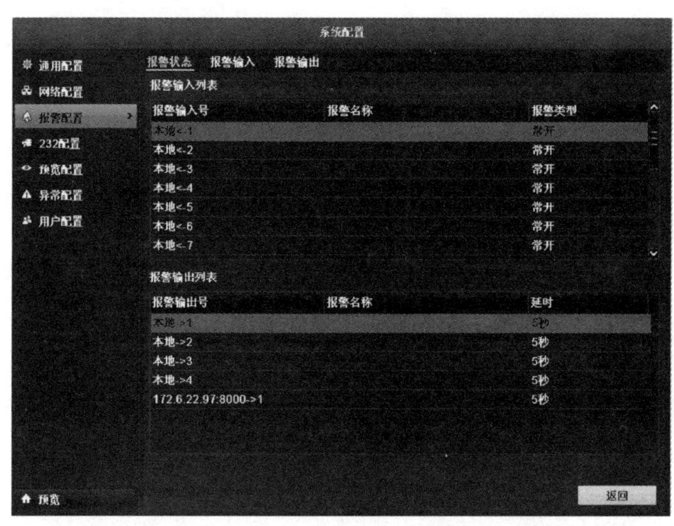

图 4—60　报警配置界面

步骤 5：选择“报警输入”属性页，进入“报警输入”界面，如图 4—61 所示。

步骤 6：设置该报警输入的报警类型，选择“处理报警输入”，单击“处理方式”右侧的命令按钮。进入报警输入“处理方式”界面。对该通道处理方式进行设置，包括触发通道、布防时间、处理方式和 PTZ 联动通道。选择“触发通道”属性页，设置报警产生时，触发录像或报警弹出图像的通道，单击“应用”保存。选择“布防时间”属性页，进入“布防时间”界面，如图 4—62 所示。

步骤 7：当报警发生时，可以通过弹出报警画面、声音警告（蜂鸣声）、上传中心

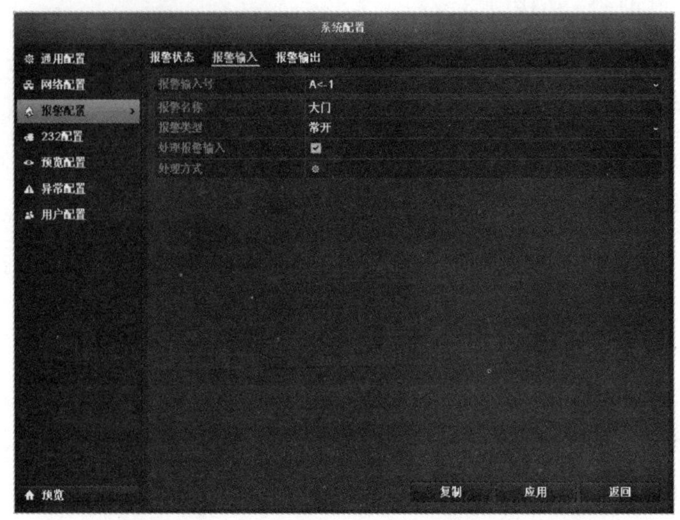

图 4—61　报警输入界面

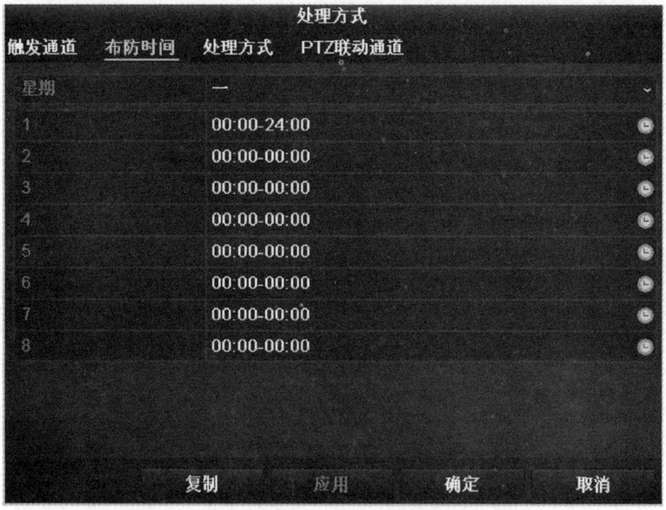

图 4—62　布防时间界面

（主动将报警信号发送给运行在远程的报警主机——安装网络视频监控软件的计算机）、触发报警输出发送邮件的方式进行警示。如图 4—63 所示。选择“弹出报警画面”和“触发报警输出”2 项，触发报警输出项下拉菜单中勾选“本地→>1”。

步骤 8：选择“报警输出”属性页，进入报警配置的“报警输出”界面，如图 4—64 所示，选择待设置的报警输出号，设置报警名称和延时时间。

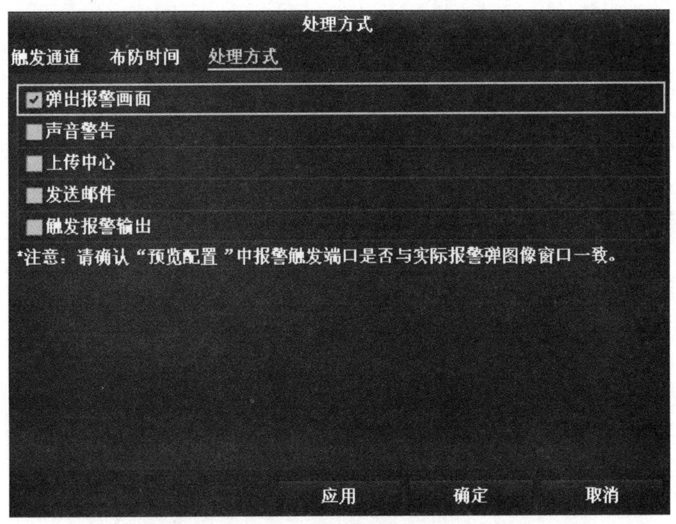

图 4—63　处理方式界面

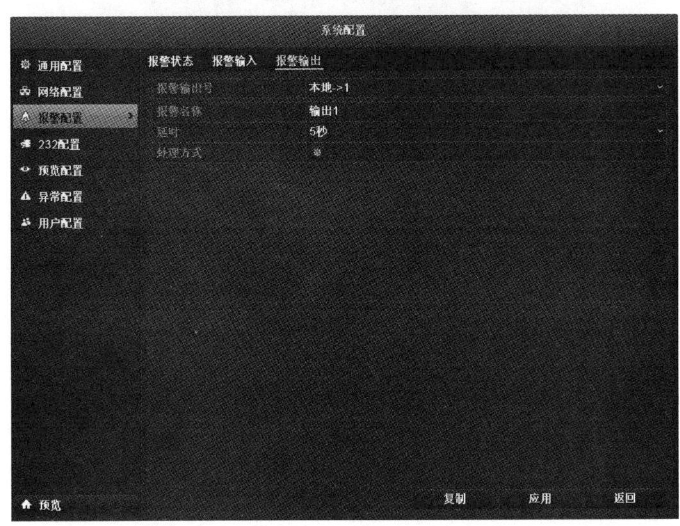

图 4—64　报警输出界面

步骤 9：按下紧急按钮，即在屏幕上提示报警且开始录像通道 1 的画面，观察硬盘录像机的录像指示灯及声光报警器的状态。打开紧急按钮，并观察屏幕显示、硬盘录像机的录像指示灯、声光报警器的状态。

步骤 10：系统设置故障后，通过故障现象，将故障排除。

注意事项

（1）线路连接时应插紧，并确保正负极正确。

（2）排故时，注意观察故障现象，排除故障。

（3）操作完成后，先关闭设备电源，再移除实训导线。

入侵报警系统的操作使用

本项目技能要求需在入侵报警系统实训台（见图4—65）上操作完成，实训台系统包括：

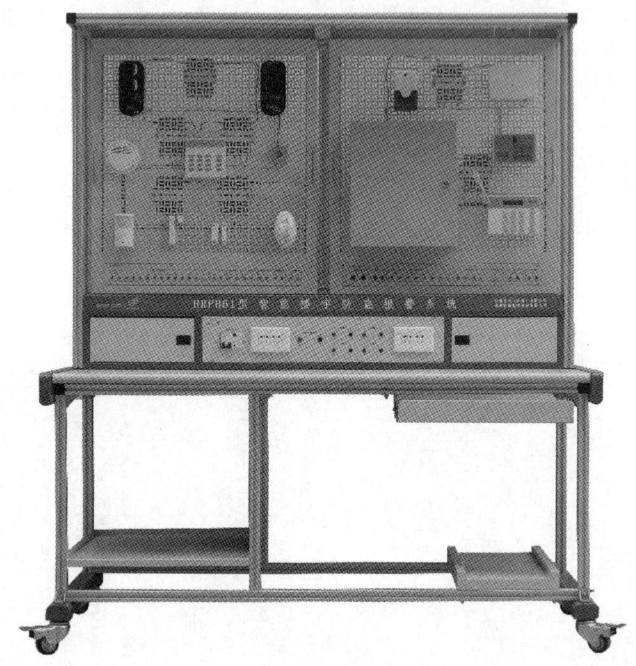

图4—65　入侵报警系统实训台

大型报警主机×1，型号：DS7400xi-CHI

六防区报警键盘×1，型号：DS6MX-CHI

液晶键盘×1，型号：DS7447V3-CHI

总线驱动器×1，型号：DS7430-CHI

串行接口模块×1，型号：DX4010V2

报警中心管理软件×1，型号：CMS7000-500

三技术移动探测器×1，型号：ISC-BDL2-WP6G -CHI

幕帘式探测器×1，型号：ISC-BPR2-WPC12-CHI

双光束光电探测器×1，型号：DS422i-CHI

振动传感器×1，型号：ISC-SK10-CHI

玻璃破碎探测器×1，型号：DS1101I-CHI

警报器×1，型号：FNM-320LED-SRD

无线磁控开关×1，型号：RFDW-SM-CHI

无线紧急按钮×1，型号：RFPB-SB-CHI

无线接收器×1，型号：RF3212E

智能设置故障系统

电源：12 V DC，220 V AC

操作准备

（1）准备实训导线、万用表等实训材料与工具。

（2）检查设备电源，并开启计算机。

操作步骤

步骤 1：按照图 4—66 连接电气线路。

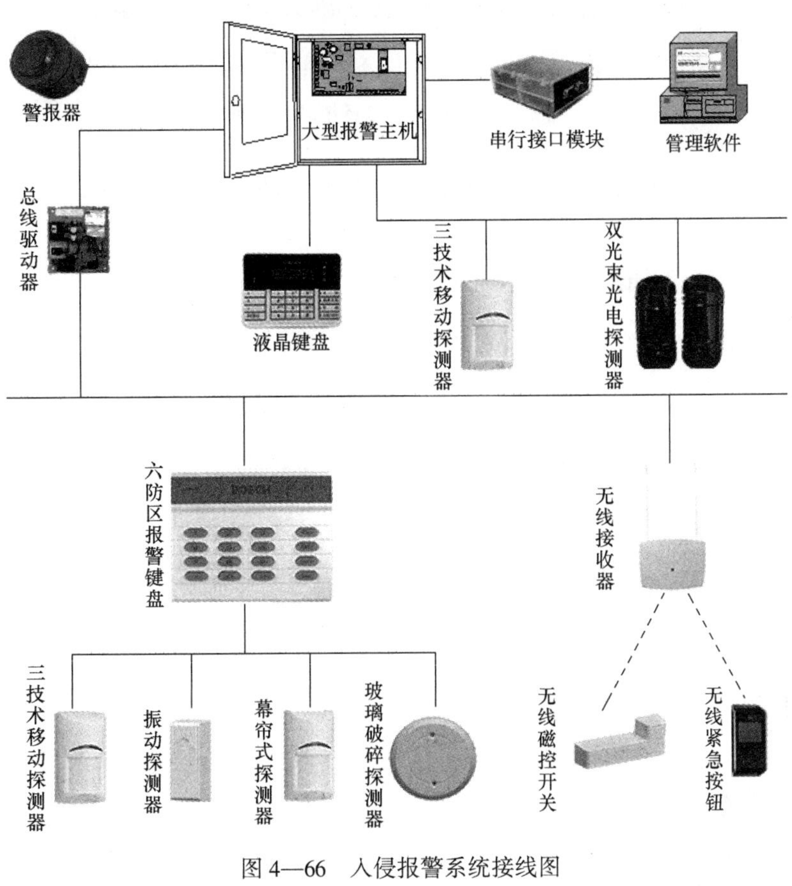

图 4—66　入侵报警系统接线图

步骤 2：打开设备电源，对六防区报警键盘进行布撤防操作。

步骤 3：对大型报警主机进行布撤防操作。

步骤 4：运行 CMS7000 软件，对系统进行相关管理操作，如图 4—67 所示。

图 4—67　入侵报警系统软件界面

步骤 5：系统设置故障后，通过使用万用表测量器件，将故障排除。

注意事项

（1）线路连接时应插紧，并确保正负极正确。

（2）操作完成后，先关闭设备电源，再移除实训导线。

停车场管理系统的操作使用

本项目技能要求需在停车场管理系统实训台（见图 4—68）上操作完成，实训台系统包括：

高速道闸×2，型号：YJ-0009

入口控制机×1，型号：YJ-0101

出口控制机×1，型号：YJ-0101

图像对比视频摄像机×2，型号：YJ-11S01

视频采集卡×1，型号：YJ-13B24

台式管理器×1，型号：YJ-13B22

光电开关×2，型号：SB03-1K

IC 卡×10，型号：M1

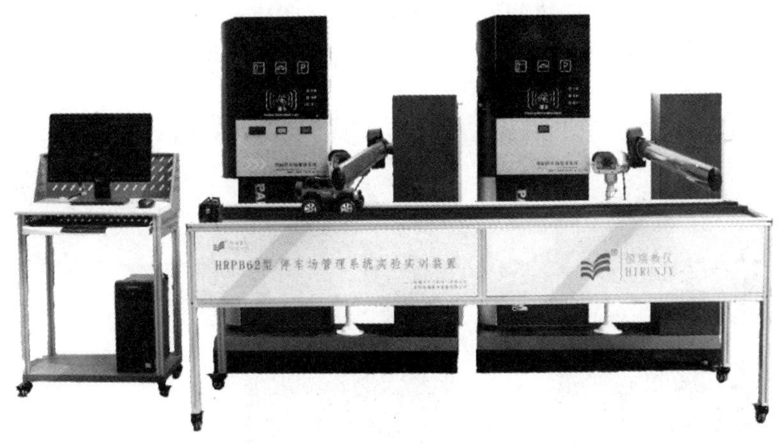

图 4—68　停车场管理系统实训台

仿真车×2

计算机：安装有 YJ-01 停车场管理软件，具有图像抓拍、发放临时卡等管理功能

智能设置故障系统

电源：220 V AC

操作准备

（1）准备实训导线、万用表等实训材料与工具。

（2）检查设备电源。

操作步骤

步骤 1：给设备通电，使用手动开关或者无线遥控器将入口道闸闸杆升到最高位置（竖直位置）。使用手动开关或者无线遥控器控制入口道闸闸杆下落，在闸杆下落过程中把手或其他物体放在闸杆下落路径上（注意实验人员不要站在闸杆正下方，以防闸机失控砸伤人员），当闸杆接触到阻碍物时，观察闸杆动作情况，是否立即停止下落并自动升到最高位（竖直位置）。

步骤 2：操纵一辆仿真小车进行入场流程操作，在入口控制机前停下，按钮取卡或刷卡入场，待闸机闸杆升起后，继续操纵小车前进，并完全通过入口闸机。观察入口闸机闸杆是否自动回落，并计算从小车通过闸机到闸杆完全下落所经过的时间。操纵两辆小车，前车进行正常出场流程操作，后车尝试进行跟车入场的操作，观察道闸自动关闭防跟车功能。

步骤 3：发行若干张卡片，设置控制机相关的所有硬件信息，用户进行刷卡操作，将在 LED 液晶屏上显示卡片信息。

步骤4：操纵一辆仿真小车进行入场和出场流程操作，在计算机上观察抓拍图像对比（见图4—69）。在图像一致的情况下，操作道闸开启，让车辆出场。

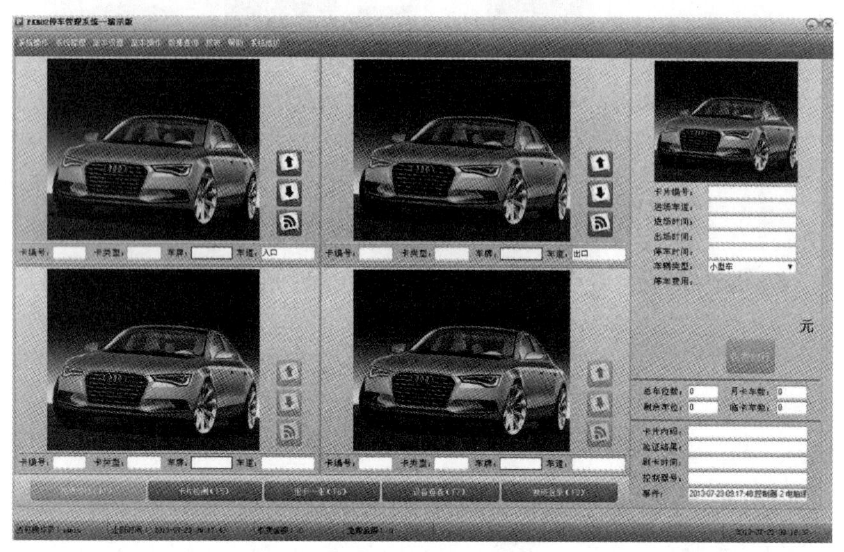

图4—69　图像抓拍界面

步骤5：系统设置故障后，观察故障现象，找出原因，并将故障排除。

注意事项

（1）排故时，注意观察故障现象。

（2）操作完成后，关闭设备电源。

本章测试题

一、判断题（将判断结果填入括号中，正确的填“√”，错误的填“×”）

1. 一般来说，基本的视频安防监控系统依功能结构可分为摄影、传输、控制、显示与记录四部分。（　）
2. 摄像机的清晰度一般用垂直清晰度表示。（　）
3. 主动红外报警器由光学系统、热传感器、报警控制器组成。（　）
4. 目前，在建筑智能化系统设计中，把巡更系统设计到门禁系统中已渐渐变成常规。（　）

5. 探测报警器按物理量的不同可分为微波、红外、激光、外磁场、超声波和振动方式。（　　）

6. 同轴电缆视频传输距离超过 300 m 时，应使用电缆补偿器。（　　）

二、单项选择题（选择一个正确的答案，将相应的字母填入题内的括号中）

1. 门禁系统中的门磁是门禁系统的（　　）。

A. 报警器　　B. 传感器　　C. 执行机构　　D. 读入设备

2. 数字图像 1 080 p 格式是标准数字电视显示模式，显示模式为 16∶9，分辨率为（　　）。

A. 1 027×768　　B. 800×600　　C. 1 920×1 080　　D. 1 080×800

3. IP 监控系统图像存储设备主要是（　　）。

A. DVR　　B. NVR　　C. VCR　　D. AP

4. 微波探测器主要采用（　　）原理进行移动探测。

A. 红外测距　　B. 多普勒　　C. 热感应　　D. 激光测距

5. 在线式巡更管理可以利用（　　）系统实现。

A. 电视监控　　B. 防盗报警　　C. 停车管理　　D. 门禁

6. DVR 是（　　）数字化监控系统核心。

A. 第一代　　B. 第二代　　C. 第三代　　D. 第四代

本章测试题答案

一、判断题

1. √　2. ×　3. ×　4. √　5. √　6. √

二、单项选择题

1. B　2. C　3. B　4. B　5. D　6. B

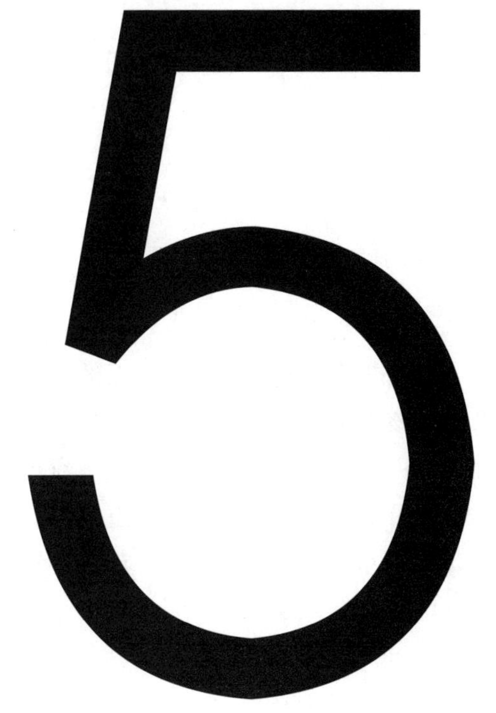

第 5 章

火灾自动报警系统

学习目标

- 了解建筑消防系统概念与主要功能
- 熟悉火灾自动报警和控制基础知识与相关技术
- 熟悉火灾自动报警与消防联动控制系统组成与功能
- 掌握建筑消防系统的组成及各部分的功能
- 能够进行火灾探测器选型、安装与连接

知识要求

建筑消防系统是建筑设备自动化系统的一个组成部分。所谓建筑消防系统，就是在建筑物内建立的自动监控、自动灭火的消防系统。该系统的主要功能和设置目的，就是可以实现自动监测现场火情信号、及时发现和确认火灾、发出声光报警信号、启动相应设备进行自动灭火、排烟、封闭着火区域、引导人员疏散等功能，还能与上级消防控制单位进行通信联络，发出救灾请求。火灾自动报警系统是建筑消防系统的重要组成部分。

5.1 火灾自动报警系统功能与构成

现代建筑的特点是标准高、人员密集、设备分散，对防火要求极为严格，除对建筑物的平面布置、建筑和装修材料的选用、机电设备的选型与配置有许多限制条件外，还要求设置现代化的消防系统。

5.1.1 火灾自动报警系统功能

火灾自动报警系统是建筑消防系统的核心。它不仅能够实时自动监控探测现场，发现火情信号，而且也为建筑内其他消防装置，如水灭火系统、防排烟系统、广播与疏散系统等，提供自动控制信号，从而实现自动灭火、自动排烟等功能。

火灾自动报警系统是一种设置在建、构筑物中，用以实现火灾早期探测和报警，向各类消防设备发出控制信号，进而实现预定消防功能的一种自动消防设施。火灾自动报警系统对早期发现和通报火灾，及时通知人员疏散并进行灭火，以及预防和减少人员伤亡，控制火灾损失等方面起着至关重要的作用。

建筑物中火灾自动报警系统的功能（即设置的根本目的）是：能早期发现和通报火灾，及时采取有效措施控制和扑灭火灾，减少或避免火灾损失，保护人身和财产安全。

5.1.2 火灾自动报警系统构成

火灾自动报警系统由触发装置、报警装置、警报装置、电源四部分组成，如图 5—1 所示。

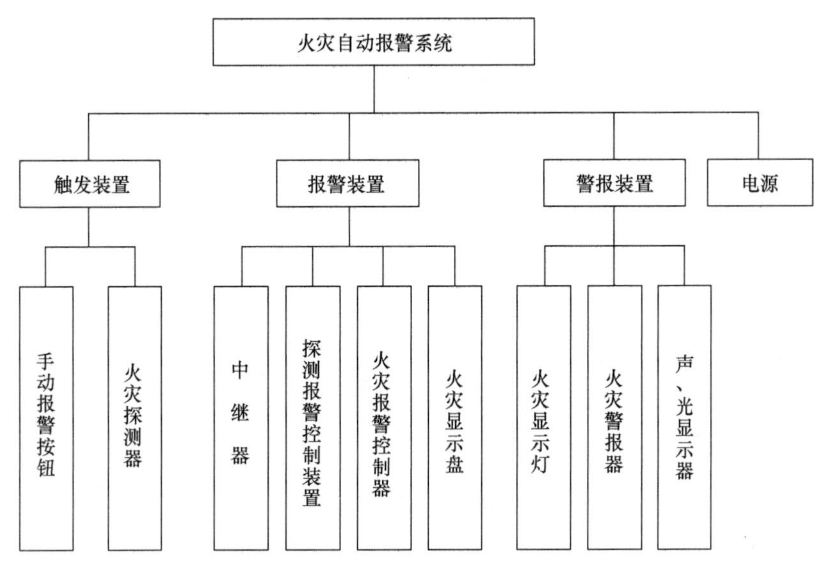

图 5—1 火灾自动报警系统的基本组成

对于不同形式、不同结构、不同功能的建筑物来说，火灾自动报警系统的结构模式不一定完全相同，应根据建筑物的使用性质、火灾危险性、疏散和扑救难度等按消防有关规范进行设计。

根据火灾自动报警系统联动功能的复杂程度及系统保护范围的大小，火灾自动报警系统可以分为区域报警系统、集中报警系统和控制中心报警系统三种基本形式。

1. 区域报警系统

区域报警系统由区域火灾报警控制器、火灾探测器、手动报警按钮、火灾警报装置等组成，其框图如图 5—2 所示。区域报警系统主要用于完成

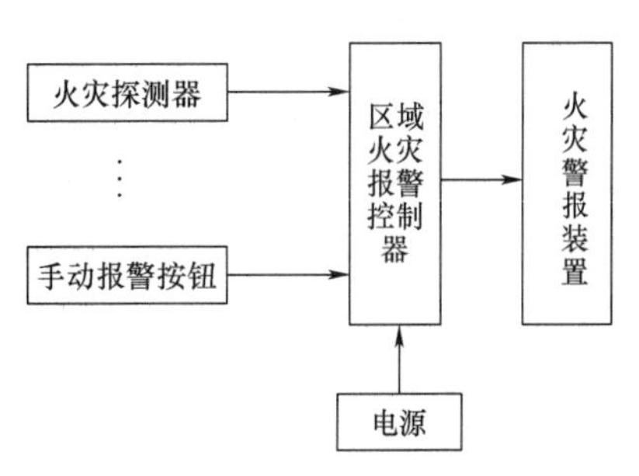

图 5—2 火灾区域报警系统框图

火灾探测和报警任务，适用于小型建筑对象或防火对象。

区域报警系统多为环状结构，也可为枝状结构，如图5—3所示，但是必须加楼层报警确认灯。系统可设置一些功能简单的消防联动控制设备。

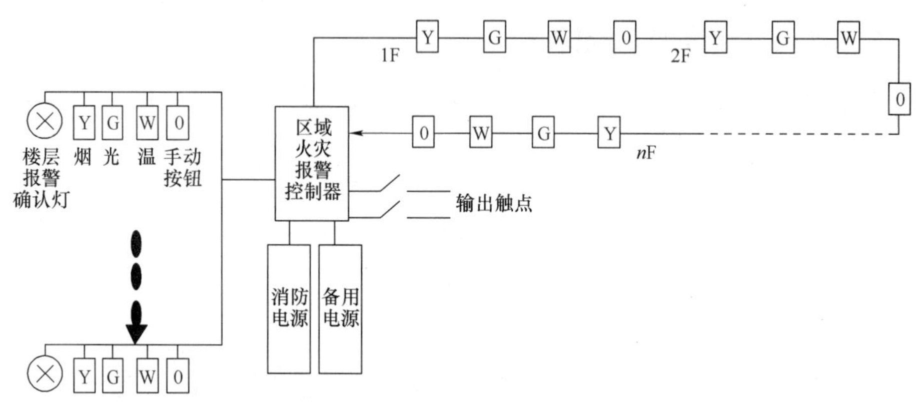

图5—3　火灾区域报警系统结构

采用区域报警系统应注意如下问题：

(1) 单独使用的区域系统，一个报警区域宜设置一台区域火灾报警控制器，必要时使用两台，最多不超过三台。如果区域报警控制器的数量多于三台，就应考虑采用集中报警系统。

(2) 当用一台区域报警控制器警戒数个楼层时，为便于在探测器报警后，管理人员能及时、准确地到达报警地点，迅速采取扑救措施，在每个楼层楼梯口明显的地方设置应识别报警楼层的灯光显示装置。

(3) 壁挂式的区域报警控制器在安装时，其底边距地面的高度不应小于1.5 m，这样，整个控制器都在1.5 m以上，既便于管理人员观察监视，又不致被儿童触摸到。

(4) 区域火灾报警控制器一般应设在有人值班的房间或场所。如果确有困难，可将其安装在楼层走道等公共场所或经常有值班人员管理巡逻的地方。

2. 集中报警系统

当楼宇体量增大，区域消防系统的容量及性能已经不能满足要求时，应采用火灾集中报警系统，其框图如图5—4所示。火灾集中报警系统及其附属设备应设置在消防控制室内。

该系统中的若干台区域火灾报警控制器被设置在按楼层划分的各个监控区域内，一台集中火灾报警控制器用于接收各区域火灾报警控制器发送的火灾或故障报警信号，具有巡检各区域火灾报警控制器和探测器工作状态的功能。该系统的联动灭火控制信号视具体要

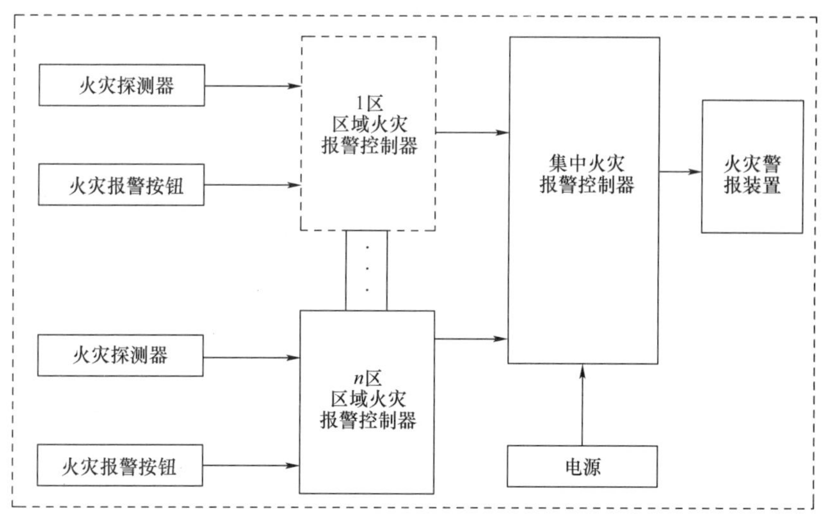

图 5—4　火灾集中报警系统框图

求，可由集中火灾报警控制器发出，也可由区域火灾报警控制器发出。

区域火灾报警控制器与集中火灾报警控制器在结构上没有本质区别。区域火灾报警控制器只是针对某个被监控区域，而集中火灾报警控制器则是针对多区域的、作为区域监控系统的上位管理机或集中调度机。

集中报警系统在设备布置时，应注意以下几点：

（1）集中火灾报警控制器输入、输出信号线在控制器上通过接线端子连接，不得将导线直接接到控制器上，且输入、输出信号线的接线端子上应有明显的标记和编号，便于线路检查、更换或维修。

（2）控制器前后应按规定留出操作、维修的距离。盘前正面的操作距离为：单列布置时，不小于 1.5 m；双列布置时，不小于 2 m；值班人员经常工作的一面，盘面距墙不小于 3 m。盘后维修间距不小于 1 m。从盘前到盘后应为宽度不小于 1 m 的通道。

（3）集中火灾报警控制器应设在有人值班的房间或消防控制室。控制室的值班人员应经过公安消防机构培训后，持证上岗。

（4）集中火灾报警控制器所连接的区域火灾报警控制器应满足区域火灾报警控制器的要求。

3. 控制中心报警系统

对于建筑规模大，需要集中管理的智能楼宇，应采用控制中心报警系统。该系统能显示各消防控制室的总状态信号并负责总体灭火的联络与调度。

系统至少应有一台集中火灾报警控制器和若干台区域火灾报警控制器，还应联动必要的消防设备，进行自动灭火工作。一般系统控制中心室（又称消防控制室）安置有集中火灾报警控制器柜和消防联动控制器柜。消防灭火设备如消防水泵、喷淋水泵、排烟风机、灭火剂储罐、输送管路及喷头等安装在欲进行自动灭火的场所及其附近。

控制中心报警系统是由设置在消防控制室的消防控制设备、集中火灾报警控制器、区域火灾报警控制器和火灾探测器等组成的火灾自动报警系统。这里所说的消防控制设备主要是：火灾警报装置，火警电话，火灾事故照明，应急广播系统，防排烟、通风空调、消防电梯等联动控制装置，固定灭火系统控制装置等。

简而言之，集中报警系统加上消防控制设备就构成控制中心报警系统。控制中心报警系统框图如图5—5所示。

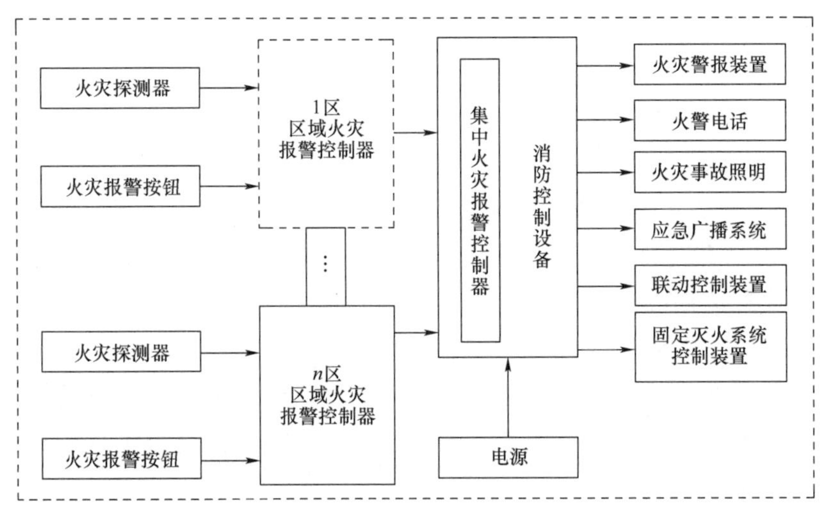

图5—5　控制中心报警系统框图

5.2　火灾探测器

火灾探测部分主要由各种火灾探测器组成，是整个系统的检测元件。火灾探测器是火灾自动报警系统的“感觉器官”。当被警戒的现场发生火灾时，火灾探测器检测到火灾发生初期所产生的特征物理量，如烟雾浓度、温度、火灾特有的气体和辐射光强等特征，转换成电信号，经过与正常状态阈值比较后，给出火灾报警信号，然后送入火灾报警控制器。

5.2.1 火灾探测器分类

火灾探测器的种类很多，按探测器的结构形式可分为点型和线型；按探测的火灾参数可分为感烟、感温、感光（火焰）、可燃气体和复合式等几大类；按使用环境可分为陆用型（主要用于陆地、无腐蚀性气体、温度范围-10～+50℃、相对湿度在85%以下的场合中）、船用型（其特点是耐温和耐湿，也可用于其他高温、高湿的场所）、耐酸型、耐碱型、防爆型等；按探测到火灾信号后的动作是否延时向火灾报警控制器送出火警信号，可分为延时型和非延时型；按输出信号的形式可分为模拟型和开关型；按安装方式可分为露出型和埋入型。其中以探测的火灾参数分类最为多见，也多为通常工程设计所采用，其分类如图 5—6 所示。

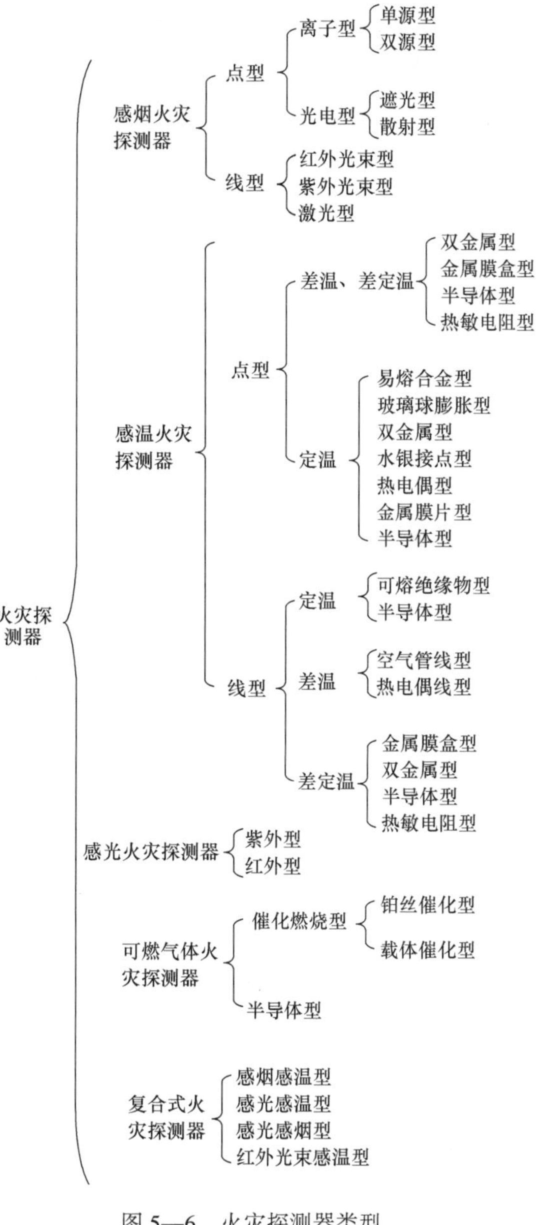

图 5—6 火灾探测器类型

1. 感烟火灾探测器

感烟火灾探测器是探测燃烧或热解产生的固体或液体微粒所形成的烟雾粒子浓度，并自动向火灾报警控制器发出火灾报警信号的一种火灾探测器。它具有灵敏度高、响应速度快、能及早发现火情的特点，是使用量最大的一种火灾探测器。

感烟火灾探测器从作用原理上分类，可分为离子型感烟火灾探测器、光电型感烟火灾探测器两种类型。

（1）离子型感烟火灾探测器。离子型感烟火灾探测器利用一个小型传感器来响应悬浮在周围空气中的烟雾粒子和气溶胶粒子，可粒子浓度的改变将使电离室电离电流发生变化而输出火灾报警信号。

在相对湿度长期偏高、气流速度大、有大量粉尘和水雾滞留、有腐蚀性气体、正常情况下有烟滞留等情形的场所不宜选用离子感烟探测器。

（2）光电型感烟火灾探测器。光电型感烟火灾探测器是利用火灾时产生的烟雾粒子对光线产生遮挡、散射或吸收的原理，通过光电效应制成的火灾探测器。光电型感烟火灾探测器可分为遮光型和散射型两种。

1）遮光型光电感烟火灾探测器。遮光型光电感烟火灾探测器具体又可分为点型和线型两种类型。

①点型遮光感烟火灾探测器主要由光束发射器、光电接收器、暗室、电路等组成。其原理示意图如图5—7所示。

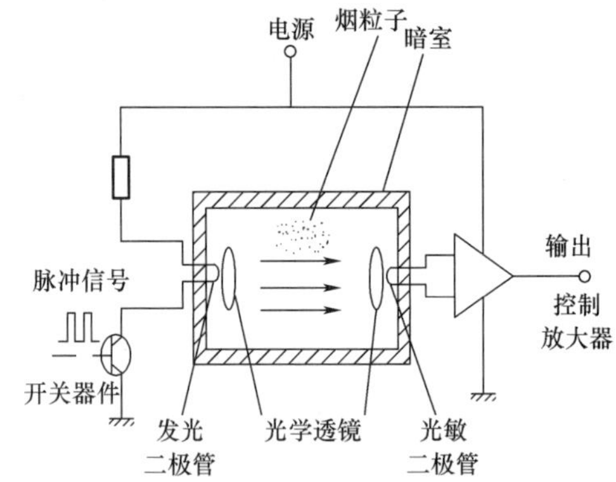

图5—7　点型遮光感烟火灾探测器原理示意图

当火灾发生，有烟雾进入暗室时，烟粒子将光源发出的光遮挡（吸收），到达光敏元件的光能将减弱，其减弱程度与进入暗室的烟雾浓度有关。当烟雾达到一定浓度，光敏元件接受的光强度下降到预定值时，通过光敏元件启动开关电路并经电路鉴别确认，探测器即动作，向火灾报警控制器送出报警信号。

②线型遮光感烟火灾探测器是一种能探测到被保护范围中某一线路周围烟雾的火灾探测器。探测器由光束发射器和光电接收器两部分组成。它们分别安装在被保护区域的两端，中间用光束连接（软连接），其间不能有任何可能遮断光束的障碍物存在，否则探测器将不能正常工作。常用的有红外光束型、紫外光束型和激光型感烟火灾探测器三种。其原理示意图如图5—8所示。

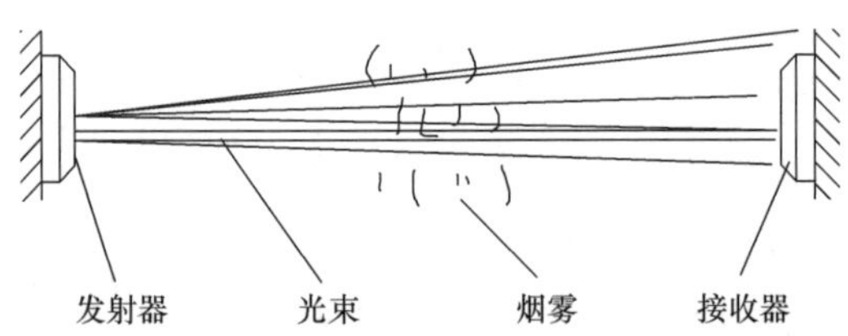

图5—8　线型遮光感烟火灾探测器的原理示意图

线型遮光感烟火灾探测器适用于初始火灾有烟雾形成的高大空间、大范围场所。

2）散射型光电感烟火灾探测器。散射型光电感烟火灾探测器是应用烟雾粒子对光的散射作用，通过光电效应制作的一种火灾探测器。它和遮光型光电感烟火灾探测器的主要区别在暗室结构上，而电路组成、抗干扰方法等基本相同。由于是利用烟雾对光线的散射作用，因此暗室的结构要求光源E（红外发光二极管）发出的红外光线在无烟时，不能直接射到光敏元件 R（光敏二极管）。实现散射的暗室各有不同，其中一种是在光源与光敏元件之间加入隔板（黑框），如图 5—9 所示。

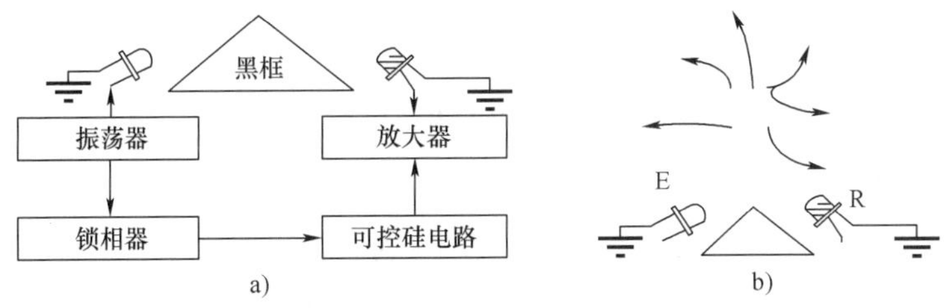

图 5—9　散射型光电感烟火灾探测器结构示意图

a）结构图　b）工作原理示意图

光电型感烟火灾探测器在一定程度上可克服离子型感烟火灾探测器的缺点，除了可在建筑物内部使用，更适用于电气火灾危险较大的场所，但在可能产生黑烟、有大量积聚粉尘、可能产生蒸汽和油雾、有高频电磁干扰和过强的红外光源等情形的场所不宜选用光电型感烟火灾探测器。

2. 感温火灾探测器

感温火灾探测器是对警戒范围内某一点或某一线段周围的温度参数敏感响应的火灾探测器。根据监测温度参数的不同，感温火灾探测器有定温、差温和差定温复合式三种。

与感烟火灾探测器和感光火灾探测器相比，感温火灾探测器的可靠性较高，对环境条件的要求更低，但对初期火灾的响应要迟钝些。它主要适用于因环境条件而使感烟火灾探测器不宜使用的某些场所，并常与感烟火灾探测器联合使用组成与逻辑关系，为火灾报警控制器提供复合报警信号。由于感温火灾探测器有很多优点，它是使用广泛程度仅次于感烟火灾探测器的一种火灾探测器。

在可能产生明燃或者如发生火灾不及早报警将造成重大损失的场所不宜选用感温火灾探测器；环境温度在 0℃以下的场所，不宜选用定温火灾探测器；正常情况下温度变化较大的场所，不宜选用差温火灾探测器；火灾初期环境温度难以肯定时，宜选用差定温复合式火灾探测器。

（1）点型感温火灾探测器。点型感温火灾探测器是对警戒范围中某一点周围的温度响应的火灾探测器。这种探测器的结构较简单，关键部件是它的热敏元件。常用的热敏元件有双金属片、易熔合金、低熔点塑料、水银、酒精、热敏绝缘材料、半导体热敏电阻、膜盒机构等。点型感温火灾探测器以对温度的响应方式分类，每类中又以敏感元件不同而分为若干种。

1）定温火灾探测器。定温火灾探测器是对警戒范围中某一点周围温度达到或超过预定值时响应的火灾探测器，当探测到的温度达到或超过其动作温度值时，探测器动作向报警控制器送出报警信号。定温火灾探测器的动作温度应按其所在的环境温度进行选择。

①双金属型定温火灾探测器是以具有不同热膨胀系数的双金属片为敏感元件的定温火灾探测器。

②易熔合金型定温火灾探测器是一种以能在规定温度值迅速熔化的易熔合金作为敏感元件的定温火灾探测器。

③电子型定温火灾探测器常用热敏电阻或半导体 PN 结为敏感元件，内置电路采用运算放大器。电子型比机械型的分辨能力强，动作温度的准确性容易实现，适用于某些要求动作温度较低，而机械型又难以胜任的场合。机械型不需配置电路、牢固可靠、不易产生误动作、价格低廉。工程中两种类型的定温火灾探测器都经常采用。

2）差温及差定温火灾探测器

①差温火灾探测器是对警戒范围中某一点周围的温度上升速率超过预定值时做出响应的火灾探测器。根据工作原理不同，可分为电子差温火灾探测器、膜盒差温火灾探测器等。

②差定温火灾探测器兼有差温和定温两种功能，是既能响应预定温度报警，又能响应预定温升速率报警的火灾探测器。

（2）线型感温火灾探测器。线型感温火灾探测器是对警戒范围中某一线路周围的温度升高敏感响应的火灾探测器，其工作原理和点型感温火灾探测器基本相同。

线型感温火灾探测器也有差温、定温和差定温三种类型。其中定温型大多为缆式。缆式的敏感元件用热敏绝缘材料制成。当缆式线型定温火灾探测器处于警戒状态时，两导线间处于高阻态。当火灾发生，只要该线路上某处的温度升高达到或超过预定温度时，热敏绝缘材料阻抗急剧降低，使两芯线间呈低阻态；或者热敏绝缘材料被熔化，使两芯线短路，这都会使报警器发出报警信号。缆线的长度一般为 100~500 m。

线型感温火灾探测器通常用于电缆托架、电缆隧道、电缆夹层、电缆沟、电缆竖井等一些特定场合。

3. 感光火灾探测器

感光火灾探测器又称火焰探测器，它是一种能对物质燃烧火焰的光谱特性、光照强度和火焰闪烁频率做出响应的火灾探测器。它能响应火焰辐射出的红外、紫外和可见光。工程中主要有红外型和紫外型两种。

感光火灾探测器的主要优点是：响应速度快，其敏感元件在接受到火焰辐射光后的几毫秒，甚至几微秒内就发出信号，特别适用于突然起火无烟雾的易燃易爆场所保护。它不受环境气流扰动的影响，是能在户外使用的火灾探测器。它性能稳定、可靠、探测方位准确，在火灾发展迅速，有强烈的火焰和少量烟、热的场所，应选用感光火灾探测器。

（1）红外型感光火灾探测器。红外型感光火灾探测器是一种对火焰辐射的红外光敏感响应的火灾探测器。红外线波长较长，烟粒对其吸收和衰减能力较弱，即使有大量烟雾存在的火场，在距火焰一定距离内，仍可使红外线敏感元件感应，发出报警信号。因此这种探测器误报少，响应时间快，抗干扰能力强，工作可靠。

（2）紫外型感光火灾探测器。紫外型感光火灾探测器是一种对紫外光辐射敏感响应的火灾探测器。紫外型感光火灾探测器使用了紫外光敏管为敏感元件，而紫外光敏管同时也具有光电管和充气闸流管的特性，所以它使紫外型感光火灾探测器具有响应速度快、灵敏度高的特点，可以对易燃物火灾进行有效报警。

由于紫外光主要是由高温火焰发出的，温度较低的火焰产生的紫外光很少，而且紫外光的波长也较短，对烟雾穿透能力弱，所以它适用于有机化合物燃烧的场合，如油井、输油站、飞机库、可燃气罐、液化气罐、易燃易爆品仓库等，特别适用于火灾初期不产生烟雾的场所（如生产储存酒精、石油等的场所）。火焰温度越高，火焰强度越大，紫外光辐射强度也越高。而且，紫外型感光火灾探测器不受风雨、阳光、高湿度、气压变化、极限环境温度等影响，能在室外使用。

4. 可燃气体火灾探测器

日常生活中使用的天然气、煤气、石油气，在工业生产中产生的氢，氧，烷（甲烷、丙烷等），醇（乙醇、甲醇等），醛（丙醛等），苯（甲苯、二甲苯等），一氧化碳，硫化氢等气体，一旦泄漏可能会引起爆炸。可燃气体火灾探测器就是一种能对空气中可燃气体浓度进行检测并发出报警信号的火灾探测器。它测量空气中可燃气体爆炸下限以内的含量，当空气中可燃气体浓度达到或超过报警设定值时自动发出报警信号，以提醒人们及早采取安全措施，避免事故发生。可燃气体火灾探测器除具有预报火灾、防火防爆功能外，还可以起到监测环境污染的作用。和紫外火焰探测器一样，它主要在易燃易爆场合中安装使用。

按探测原理不同，可燃气体火灾探测器可分为半导体型、催化燃烧型等。

5. 复合式火灾探测器

除以上介绍的火灾探测器外，复合式火灾探测器也逐步引起重视并得到应用。现实生活中火灾发生的情况多种多样，往往会由于火灾类型不同以及火灾探测器探测性能的局限，造成延误报警甚至漏报火情。目前，人们除了大量应用普通点型火灾探测器以外，还希望能够寻求一种更有效地探测多种类型火情的复合式点型探测器，即一个火灾探测器同时能响应两种或两种以上火灾参数。复合式火灾探测器是可以响应两种或以上火灾参数的火灾探测器，主要有感烟感温型、感光感烟型、感光感温型等。

感烟感温型复合式火灾探测器将普通感烟和感温火灾探测器结合在一起，以期在探测早期火情的前提下，对后期火情也给予监视，属于早期探火与非早期探火的复合。就其多层次探测和杜绝漏报火情而言，无疑要比普通型火灾探测器优越得多，一般采取“或”的复合方式，大大提高了探报火情的可靠性和有效性，极具实用价值。

离子、光电感烟复合式火灾探测器是探测早期各类火情最理想的火灾探测器。它既可以探测到开放燃烧的小颗粒烟雾，又可以探测到闷燃火产生的大颗粒烟雾。离子型感烟火灾探测器和光电型感烟火灾探测器的传感特性，决定了二者复合后的火灾探测器性能要优越得多。

5.2.2 火灾探测器选择和数量确定

1. 火灾探测器的选择

（1）火灾形成特点

前期：火灾尚未形成，只出现一定量的烟，基本上未造成物质损失。

早期：火灾开始形成，烟量大增，温度上升，已开始出现明火，造成较小的损失。

中期：火灾已经形成，温度很高，燃烧加速，造成了较大的物质损失。

晚期：火灾已经扩散。

（2）火灾探测器的选择原则。根据以上对火灾形成特点的分析，火灾探测器的选择主要依据预期火灾特点、建筑物场景状况及火灾探测器的参数。具体应符合以下基本原则：

1）感烟火灾探测器作为前期、早期报警是非常有效的。对火灾初期阴燃阶段，即产生大量的烟和少量的热，很少或没有火焰辐射的火灾，如棉、麻织物的引燃等，都适用。

不适用的场所有：正常情况下有烟的场所，经常有粉尘及水蒸气等固体、液体微粒出现的场所，发火迅速、生烟极少及爆炸性的场合。

离子型感烟与光电型感烟火灾探测器的适用场合基本相同，但应注意它们不同的特点。离子型感烟火灾探测器对人眼看不到的微小颗粒同样敏感，如人能嗅到的油漆味、烤焦味等都能引起探测器动作，甚至一些分子量大的气体分子，也会使探测器发生动作，但在风速过大的场合（如大于6 m/s）会引起探测器不稳定，且其敏感元件的寿命较光电型感烟火灾探测器的短。

2）感温火灾探测器作为火灾形成早期、中期的报警非常有效。因其工作稳定，不受非火灾性烟雾汽尘等干扰。凡无法应用感烟火灾探测器、允许产生一定的物质损失、非爆炸性的场合都可采用感温火灾探测器。特别适用于经常存在大量粉尘、烟雾、水蒸气的场所及相对湿度经常高于95%的房间，但不宜用于有可能产生阴燃火的场所。

定温火灾探测器允许环境温度有较大的变化，性能比较稳定，但火灾造成的损失较大，在0℃以下的场所不宜选用。

差温火灾探测器适用于火灾早期报警，火灾造成损失较小，但如果火灾温度升高过慢则会因无反应而漏报。差定温火灾探测器具有差温火灾探测器的优点而又比差温火灾探测器更可靠，所以最好选用差定温火灾探测器。

3）对于火灾发展迅速，有强烈的火焰辐射而仅有少量烟和热产生的火灾，如轻金属及其化合物的火灾，应选用感光火灾探测器，但不宜在火焰出现前有浓烟扩散的场所及探测器的镜头易被污染、遮挡以及受电焊、X射线等影响的场所中使用。

4）对使用、生产或聚集可燃气体或可燃液体的场所，应选择可燃气体火灾探测器。

5）各种火灾探测器可配合使用，如感烟与感温火灾探测器的组合，宜用于大中型计算机房、洁净厂房、防火卷帘设施的部位等处；对于蔓延迅速、有大量的烟和热产生、有火焰辐射的火灾，如油品燃烧等，可选择感温火灾探测器、感烟火灾探测器、感光火灾探测器或其组合；装有联动装置、自动灭火系统以及用单一探测器不能有效确认火灾的场合，宜采用感烟火灾探测器、感温火灾探测器、感光火灾探测器（同类型或不同类型）的组合。

6）对火灾形成特征不可预料的场所，可根据模拟实验的结果选择火灾探测器。

7）对无遮拦大空间保护区域，宜选用线型火灾探测器。

总之，离子型感烟火灾探测器具有稳定性好、误报率低、使用寿命长、结构紧凑等优点，因而得到广泛应用。其他类型的火灾探测器，只在某些特殊场合作为补充才用到。例如，在厨房、发电机房、地下车库及具有气体自动灭火装置，需要提高灭火报警可靠性而与感烟火灾探测器联合使用的地方才考虑用感温火灾探测器。

2. 火灾探测器数量的确定

在实际工程中房间大小及探测区大小不一，房间高度、棚顶坡度也各异，那么怎样确定探测器的数量呢？

（1）探测区域内的每个房间至少应设置一个火灾探测器。

（2）一个探测区域内所设置探测器的数量应按下式计算：

$$N \geqslant \frac{S}{K \cdot A}$$

式中 N—— 一个探测区域内应设置的探测器的数量，N 取整数；

S—— 一个探测区域的地面面积，m^2；

A—— 一个探测器的保护面积，指一个探测器能有效探测的地面面积，m^2；

K——安全修正系数，特级保护对象宜取 0.7~0.8，一级保护对象宜取 0.8~0.9，二级保护对象宜取 0.9~1.0。选取时根据设计者的实际经验，并考虑一旦发生火灾，对人身和财产的损失程度、火灾危险性大小、疏散及扑救火灾的难易程度及对社会的影响大小等多种因素。

（3）在连接厨房、开水房、浴室等房间的走廊安装火灾探测器时，应避开其入口边缘 1.5 m。

（4）电梯井、未按以层封闭的管道井（竖井）等安装火灾探测器时应在最上层顶部安装。

（5）感烟、感温火灾探测器的安装间距，按规范要求确定。

（6）安装在天棚上的探测器边缘与下列设施的边缘水平间距要求。

1）与照明灯具的水平净距不应小于 0.2 m。

2）感温火灾探测器距高温光源灯具（如碘钨灯、容量大于 100 W 的白炽灯等）的净距不应小于 0.5 m。

3）距电风扇的净距不应小于 1.5 m。

4）距不突出的扬声器净距不应小于 0.1 m。

5）与各种自动喷水灭火喷头净距不应小于 0.3 m。

6）距多孔送风顶棚孔口的净距不应小于 0.5 m。

7）与防火门、防火卷帘的间距，一般在 1~2 m 的适当位置。

（7）可以不安装火灾探测器的场所

1）隔断楼板高度在三层以下且完全处于水平警戒范围内的管道井（竖井）及其他类似的场所。

2）垃圾井顶部平顶安装火灾探测器检修困难时。

3）厕所、浴室等。

5.3 火灾报警控制器

火灾报警控制器是一种为火灾探测器供电，接收、显示、处理和传递火灾报警信号，进行声光报警，并对自动消防设备等装置发出控制指令的自动报警装置。火灾报警控制器是火灾自动报警系统的核心部分，可以独立构成自动监测报警系统，也可以与消防灭火系统联动，构成完整的建筑消防系统。

5.3.1 火灾报警控制器功能

火灾报警控制器将报警与控制融为一体，其功能可归纳如下。

1. 火灾声光报警

当火灾探测器、手动报警按钮或其他火灾报警信号单元发出火灾报警信号时，控制器能迅速、准确地接收、处理此报警信号，进行火灾声光报警，一方面由报警控制器本身的报警装置发出报警，指示具体火警部位和时间，另一方面控制现场的声、光报警装置发出报警。

建筑消防系统使用的报警显示常分为预告报警的声光显示及紧急报警的声光显示。

2. 联动输出控制功能

火灾报警控制器应具有一对以上的输出控制接点，在发出火警信号的同时，经适当延时，还能发出灭火控制信号，启动联动灭火设备。

3. 故障声光报警

火灾报警控制器为确保其安全可靠长期不间断运行，还对本机某些重要线路和元部件进行自动监测。一旦出现线路断线、短路及电源欠电压、失电压等故障时，能及时发出有别于火灾的故障声、光报警。

4. 报警消声及再响功能

当火灾报警控制器出现火灾报警或故障报警后，可首先手动消除声报警，但光信号继续保留。消声后，如再次出现其他区域火灾或其他设备故障时，音响设备能自动恢复再响。

5. 火灾报警优先功能

当火灾与故障同时发生或者先故障而后火灾（故障与火灾不应发生在同一探测部位）时，故障声光报警能让位于火灾声光报警。

6. 火灾报警记忆功能

当出现火灾报警或故障报警时，能立即记忆火灾或事故地址与时间，尽管火灾或事故信号已消失，但记忆并不消失。只有当人工复位后，记忆才消失，恢复正常监控状态。火灾报警控制器还能启动自动记录设备，记下火灾状况，以备事后查询。

7. 供电功能

火灾报警控制器采用信号叠加方式，将 24 V（或 12 V）直流电源信号与地址编码信号叠加，为火灾探测器供电。为了确保系统供电，火灾报警控制器本身一般均自备浮充备用电源，目前多采用镉镍电池。

8. 联网功能

智能建筑中的火灾自动报警与消防联动控制系统既能独立地完成火灾信息的采集、处理、判断和确认，实现自动报警与联动控制，同时还能通过网络通信方式与建筑物内的安保中心及城市消防中心实现信息共享和联动控制。

5.3.2 火灾报警控制器类型

1. 按容量分类

（1）单路火灾报警控制器。其控制器仅处理一个回路的探测器工作信号，一般仅用在某些特殊的联动控制系统。

（2）多路火灾报警控制器。其控制器能同时处理多个回路的探测器工作信号，并显示具体报警部位。相对而言，它的性价比较高，也是目前最常见的使用类型。

2. 按用途分类

（1）区域火灾报警控制器。如图5—10所示，其控制器直接连接火灾探测器，处理各种报警信息，是组成火灾自动报警系统最常用的设备之一。

（2）集中火灾报警控制器。如图5—11所示，它一般不与火灾探测器相连，而与区域火灾报警控制器相连，处理区域火灾报警控制器送来的报警信号，常使用在较大型系统中。

图5—10　区域火灾报警控制器

图5—11　集中火灾报警控制器

（3）通用火灾报警控制器。它兼有区域、集中两级火灾报警控制器的双重特点。通过设置或修改某些参数（可以是硬件或者软件方面），既可作区域级使用，连接火灾探测器；

又可作集中级使用，连接区域火灾报警控制器。

3. 按主机电路设计分类

（1）普通型火灾报警控制器。其电路设计采用通用逻辑组合形式，具有成本低廉、使用简单等特点，易于实现以标准单元的插板组合方式进行功能扩展，其功能一般较简单。

（2）微机型火灾报警控制器。其电路设计采用微机结构，对硬件及软件程序均有相应要求，具有功能扩展方便、技术要求复杂、硬件可靠性高等特点。目前，绝大多数火灾报警控制器均采用此形式。

4. 按信号处理方式分类

（1）有阈值火灾报警控制器。使用有阈值火灾探测器，处理的探测信号为阶跃开关量信号，对火灾探测器发出的报警信号不能进一步处理，火灾报警取决于探测器。

（2）无阈值模拟量火灾报警控制器。使用无阈值火灾探测器，处理的探测信号为连续的模拟量信号，其报警主动权掌握在控制器方面，可以具有智能结构，是现代火灾报警控制器的发展方向。

5. 按系统连线方式分类

（1）总线制火灾报警控制器。控制器与探测器采用总线（少线）方式连接。所有探测器均并联或串联在总线上（一般总线数量为 2~4 根），具有安装、调试、使用方便，工程造价较低的特点，适用于大型火灾自动报警系统。

（2）多线制火灾报警控制器。控制器与探测器采用多线方式连接，布线烦琐，使用电缆多，埋管困难，仅适用于小规模火灾自动报警系统，目前已被淘汰。

6. 按结构形式分类

（1）壁挂式火灾报警控制器。其连接探测器回路数相应少一些，控制功能较简单，一般区域火灾报警控制器常采用这种结构。

（2）台式火灾报警控制器。其连接探测器回路数较多，联动控制较复杂，操作使用方便，一般常见于集中火灾报警控制器。

（3）柜式火灾报警控制器。与台式火灾报警控制器基本相同，内部电路结构大多设计成插板组合式，易于功能扩展。

7. 按使用环境分类

（1）陆用型火灾报警控制器。是最通用的火灾报警控制器，要求使用环境温度-10~+50℃，相对湿度≤92%（40℃），风速<5 m/s，气压 85~106 kPa。

（2）船用型火灾报警控制器。其工作环境温度、湿度等要求均高于陆用型。

8. 按防爆性能分类

（1）非防爆型火灾报警控制器。无防爆性能，目前民用建筑中使用的绝大部分火灾报警控制器都属于这一类。

（2）防爆型火灾报警控制器。适用于易燃易爆场合。

5.3.3 其他火灾报警设备

1. 手动报警按钮

手动报警按钮（见图5—12）为装于金属盒内的按键。一般将金属盒嵌入墙内，外露红边框的保护罩。人工确认火灾后，在按下保护罩的同时也将键按下，此时一方面本地的报警设备（如火警警铃）动作；另一方面将手动信号送到报警控制器，发出火灾警报。像探测器一样，手动报警按钮也在系统中占一个地址。

手动报警按钮通常安装在楼梯口、走道、疏散通道或经常有人出入的地方。每个防火分区应至少设置一个手动报警按钮。从一个防火分区的任何位置到邻近手动报警按钮最远水平距离不应大于30 m。手动报警按钮当安装在墙上时，安装高度距地1.3～1.5 m。

2. 火警警铃

火警警铃（见图5—13）一般用于宿舍和生产车间，在发生紧急情况的时候由报警控制器控制触发报警，正常情况下每个区域一个。

图5—12　手动报警按钮

图5—13　火警警铃

火警警铃安装注意事项如下：警铃的按键必须安装在每一层的车间内并且清楚标示出来。每个警报装置必须一一串联，以确保按下任何一个按钮，所有警铃都会报警。警铃按钮被按击一次后，警铃必须能连续不断地发出警报信号。警报的声音必须确保在全建筑范围内都能听到。警铃必须定期测试检查。在噪声大的车间内，应该安装旋转式的指示灯以确保工人在佩戴听力防护用品时能得知警报信号。警铃即使在停电的时候也应该能正常运作。

3. 声光报警器

声光警报器（见图5—14）是一种安装在现场的声光报警设备，当现场发生火灾并得到确认后，安装在现场的声光警报器可由消防控制中心的火灾报警控制器启动，发出强烈的声光报警信号，完成报警目的。

图5—14　声光警报器

（1）火灾声光警报器用于产生事故现场的声音报警和闪光报警，尤其适用于报警时能见度低或事故现场有烟雾产生的场所。

（2）可应用在所有24 V DC电压的火灾自动报警系统、安防监控报警系统及其他报警系统中，只需接通24 V DC电源即可工作，可发出刺眼的闪光信号和大于85 dB的声报警信号。

（3）具有低功耗、长寿命、声报警音调可选择及安装灵活、方便等特点。

4. 应急广播系统

过去紧急广播系统与火灾自动报警系统结合在一起作为一个独立系统，但后来发现由于紧急广播系统长期不用，其可靠性大成问题，往往平时试验时没有问题，但在紧急使用时便成了哑巴。因此现在都把该系统与背景音乐系统集成在一起，组成通用性极强的公共广播系统。这样既可节省投资，又可使系统始终处于完全运行状态。

（1）应急广播系统功能

1）优先广播权功能。发生火灾时，消防广播信号具有最高级的优先广播权，即利用消防广播信号可自动中断背景音乐和寻呼找人等广播。

2）选区广播功能。当大楼发生火灾报警时，应急广播系统的联动控制信号应由消防联动控制装置发出。当确认火灾后，应启动建筑内的所有声光警报器。应急广播的单次语音播放时间宜为10~20 s，应与火灾声警报器分时交替工作，可采取1次火灾声警报器播放，1次或2次应急广播播放的交替工作方式循环播放。在消防控制室应能手动或按预设控制逻辑联动控制选择广播分区、启动或停止应急广播。在通过传声器进行应急广播时，应自动对广播内容进行录音。消防控制室内应能显示应急广播的广播分区工作状态。

3）音量强制切换功能。播放背景音乐时，各扬声器负载的输入状态通常各不相同，有的处于小音量状态，有的处于关断状态，但在紧急广播时，各扬声器的输入状态都将转为最大全音量状态，即通过遥控指令进行音量强制切换。

（2）应急广播系统设置要求

1）每个扬声器的额定功率不应小于 3 W，其数量应能保证从一个防火分区内的任何部位到最近一个扬声器的距离不大于 25 m。走道内最后一个扬声器至走道末端的距离不应大于 12.5 m。

2）在环境噪声大于 60 dB 的场所设置的扬声器，在其播放范围内最远点的播放声压级应高于背景噪声 15 dB。

3）应设置应急广播备用扩音机，其容量不应小于火灾时需同时广播的范围内应急广播扬声器最大容量总和的 1.5 倍。

5.4 消防联动控制设备

一个完整的建筑消防系统应由火灾探测、报警控制和联动控制三部分组成。可以实现从火灾探测、报警至控制现场消防设备，实现防烟、排烟、防火、灭火和组织人员疏散避难等完整的系统控制功能，因此要求火灾报警控制器与现场消防设备能进行有效的联动控制。现代火灾报警控制器除具有自动报警功能外，几乎都具有一定的联动控制功能。

所谓消防联动，是指发生火灾后，火灾探测器首先探知火灾信号，然后传送给火灾报警控制器，火灾报警控制器接收信号后，按照设定的程序和控制逻辑，启动声光报警、应急广播、排烟风机、喷水灭火等设备，并切断非消防电源，进行火灾的自动扑救，引导人员的有序安全疏散。所有这些动作，都是在控制器发出控制指令后才开始动作的，这些动作就称为消防联动。

火灾自动报警系统应具备对室内消火栓系统、自动喷淋灭火系统、气体灭火系统、防排烟系统等的联动控制功能，其联动控制逻辑与要求一般按照实际工程需要来确定，并且都是在火灾报警确认后自动或手动启动联动控制功能。对消防设备的联动控制操作及运行监测是在消防控制室中实现的。

5.4.1 室内消火栓系统

室内消火栓系统由高位水箱（蓄水池）、消防水泵（加压泵）、管网、室内消火栓设备、水泵接合器、阀门等组成。这些设备的联动控制包括水池的水位控制、消防水泵和加压水泵的启动等。

室内消火栓设备由水枪、水带和消火栓（消防用水出水阀）组成。在消火栓箱内的消防按钮，通常是联动的常开常闭按钮触点，可用于远距离启动消防水泵。

火灾发生时，消防按钮能够立即启动顶层加压泵，并向消防控制室和就地发出声光报警信号。此时喷出的消防水由上层水箱经顶层加压泵供给，上层消防水箱水位将很快下降，当降到危险水位时，则由水位信号检测器启动底层消防泵，并经短暂延时后启动中途接力泵。当底层消防泵及中途接力泵投入运行后，顶层加压泵随即停止运行，消火栓系统用水由底层消防泵和中途接力泵直接注入。一般在水泵接合器旁应设有消防按钮，用于打碎玻璃后能够直接启动中途接力泵。

1. 消防控制设备对室内消火栓系统的控制显示功能

（1）显示消防水泵电源的状态。

（2）显示消防水泵的启停状态和故障状态，并能显示消防按钮的工作状态、物理位置、消防水箱（池）的水位、管网压力报警等信息。

（3）能自动或手动控制启动消防水泵，手动控制泵停，并能接受和显示消防水泵的反馈信号。

2. 消防水泵的自动控制要求

（1）消防按钮必须选用打碎玻璃后启动的按钮。为了便于平时对断线或接触不良进行监视和线路检测，消防按钮应采用串联接法。

（2）消防按钮启动后，消防水泵应自动启动投入运行，同时应在建筑物内部发出声光报警。在消防控制室的信号盘上也应有声光显示，并应能表明火灾地点和消防水泵的运行状态。

（3）为防止消防水泵误启动使管网水压过高而导致管网爆裂，需加设管网压力监视保护，水压达到一定压力时，压力继电器动作，使消防水泵停止运行。

（4）消防水泵发生故障时，应使备用泵自动投入运行，也可以手动强制起泵。

（5）泵房应设有检修用开关和启动、停止按钮。检修时，设有关信号灯，将检修开关接通，切断消防水泵的控制回路以确保维修安全。

5.4.2 自动喷淋灭火系统

我国《高层民用建筑设计防火规范》规定，在高层建筑及建筑群体中，除了设置重要的室内消火栓系统以外，还要求设置自动喷淋灭火系统。自动喷淋灭火系统具有系统安全可靠，灭火效率高，结构简单，使用、维护方便，成本低且使用期长等特点，在火灾的初期，灭火效果尤为明显。因此，自动喷淋灭火系统在智能建筑和高层建筑中得到广泛的应用，是目前国内外广泛采用的一种固定式灭火系统。

自动喷淋灭火系统由喷头、压力开关、水流指示器、喷淋水泵等组成。水流指示器和压力开关是自动喷淋灭火系统联动控制的关键部件。

根据使用环境及技术要求，室内喷淋灭火系统可分为湿式、干式、预作用式、雨淋式、喷雾式、水幕式等多种类型。

1. 消防控制设备对自动喷淋和水喷雾灭火系统的控制显示功能

（1）能手动或自动控制系统的启停，并接收其反馈信号。

（2）显示喷淋水泵的工作、故障状态。

（3）显示水流指示器、报警阀、安全信号阀的工作状态、动作状态等信息。

2. 自动喷淋灭火系统消防水泵的控制

在建筑群中，每座楼宇的喷淋系统所用的水泵一般为 2~3 台。采用两台水泵时，平时管网中压力水来自高位水箱。当喷头喷水，管道里有消防水流动，使系统中的压力开关动作，向消防控制室发出火警信号。此时，水泵的启动可由压力开关或消防控制室的联动信号启动，向管网补充压力水。

5.4.3　气体灭火系统

气体灭火系统适用于不能采用水或泡沫灭火而又比较重要的场所，如变配电室、通信机房、计算机房等重要设备间。现在常用的是七氟丙烷（FM200）气体灭火系统和烟烙尽灭火系统。

烟烙尽是自然界存在的氮气、氩气和二氧化碳三种气体的混合物，是无毒的灭火剂，不是化学合成品，也不会因燃烧或高温而产生腐蚀性分解物。烟烙尽气体按氮气 52%、氩气 40%、二氧化碳 8%比例进行混合，无色无味，以气体的形式储存于储存瓶中。它排放时不会形成雾状气体，人们可以在视觉清晰的情况下安全撤离保护区。由于烟烙尽的密度与空气接近，不易流失，有良好的浸渍时间。

烟烙尽灭火系统排放出的气体将保护区域内的氧气含量降低到不可以支持燃烧，从而达到灭火的目的。简单地说，如果大气中的氧气含量降低到 15%以下，大多数普通可燃物都不会燃烧。若喷放烟烙尽使氧气含量降低到 10%~15%，而二氧化碳的含量提高 2%~5%，就能达到灭火的要求。烟烙尽灭火迅速，在 1 min 内就能扑灭火灾。

烟烙尽气体对火灾采取了控制、抑制和扑灭的手段。在开始喷放的 10 s 内，在保护区内的含氧量已可下降至制止火势扩大的阶段，这时火情已受控。在含氧量下降的过程中，火势会迅速减弱，即受到抑制。在经过控制、抑制过程后，火苗完全扑灭。同时由于烟烙尽和空气分子结构接近，因此只要维持保护区继续密闭一段时间，就能以其特有的浸渍时间防止复燃。另外，虽然在保护区内的二氧化碳相对提高，对于身陷火场的人，仍能提供足够的氧气。因此，烟烙尽可以安全地用于有人工作的场所，并能有效地扑灭保护区的火灾。但是一定要意识到，燃烧物本身产生的分解物，特别是一氧化碳、烟、热及其他有毒气体，会在保护区产生危险。

烟烙尽气体不导电，在喷放时没有产生温差和雾化，不会出现冷凝现象，其气体成分会迅速还原到大气中，不遗留残浸，对设备无腐蚀，可以马上恢复生产。烟烙尽一般用来扑灭可燃液体、气体和电气设备的火灾，在有危险的封闭区，需要干净，不导电介质的设备时，或不能确定是否可以清除干净泡沫、水或干粉的情况下，使用烟烙尽灭火很有必要。

对于涉及以下方面的火灾，不应使用烟烙尽：

1. 自身带有氧气供给的化学物品，如硝化纤维。
2. 带有氧化剂（如氨酸钠或硝酸钠）的混合物。
3. 能够进行自热分解的化学物品（如某些有机过氧化物）。
4. 活泼的金属。
5. 火能迅速深入到固体材料内部的。

在合适的浓度下，用烟烙尽可以很快地扑灭固体和可燃液体的火灾，但是在扑灭气体火灾时，要特别考虑爆炸的危险，可能的话，在灭火以前或灭火后尽快将可燃的气体隔离开来。

烟烙尽是自然界存在的气体混合物，不会破坏大气层，是卤代烷灭火剂的替代品。

烟烙尽灭火系统一般设计为固定管网全淹没方式，系统由监控系统、气源储存瓶、释放装置、管道、开式喷头等组成。储存瓶阀设计成可用电磁启动器现场手动启动或气动启动的快速反应阀。系统构成可以是组合分配型或单元独立型，尽管烟烙尽灭火系统速度快，但必须保证灭火时保护区有足够的气体浓度和浸渍时间，以确保灭火效果。

烟烙尽灭火系统的自动控制包括火灾报警显示，灭火介质自动释放灭火以及切断被保护区的送、排风机，关闭门窗等的联动控制，如图 5—15 所示。

5.4.4 防排烟系统

1. 防排烟系统组成

防排烟系统由排烟风机、排烟口、排烟阀、防火阀、挡烟垂壁等组成。建筑物中防烟设备的作用是防止烟气侵入疏散通道，而排烟设备的作用是避免烟气大量积累并防止烟气扩散到疏散通道。因此，防烟、排烟设备及其系统设计是建筑消防系统的必要组成部分。

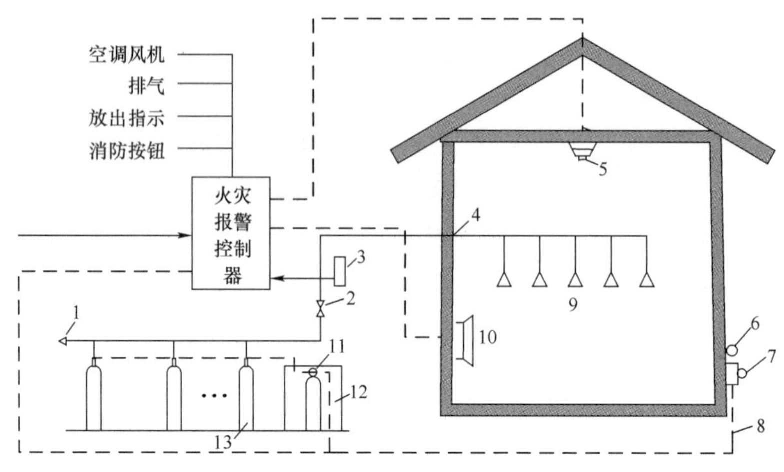

图 5—15　气体灭火系统例图

1—安全阀　2—选择阀　3—压力开关　4—管线　5—火灾探测器　6—放气指示灯　7—手动启动按钮
8—控制电缆　9—喷头　10—警报器　11—电磁阀　12—启动气瓶　13—灭火气体钢瓶

发生火灾时，火灾报警控制器发出指令开启排烟口、排烟阀，启动排烟风机，降下挡烟垂壁，以约束烟气扩散路径，并将其排出室外。同时，关闭常开防火门，降下防火卷帘，启动加压送风风机，对人员疏散的通道和区域进行加压送风，以创造一个安全的逃生环境。其联动控制结构如图 5—16 所示。

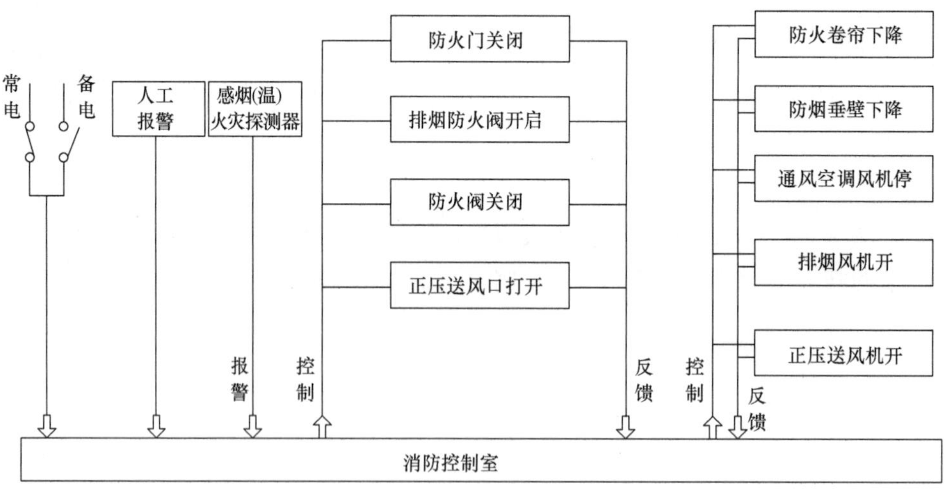

图 5—16　防排烟系统的联动控制

防排烟系统一般是在选定自然排烟、机械排烟、自然与机械排烟并用或机械加压送风方式后设计其电气控制。因此，防排烟系统的电气控制视所确定的防排烟方式和设备而定，有以下要求：

（1）消防控制室能显示各种电动防排烟设备的运行情况，并能进行联动控制和就地手动控制。

（2）根据火灾情况打开有关排烟道上的排烟口，启动排烟风机（正压送风机同时启动）。

（3）降下有关防火卷帘及防烟垂壁，打开安全出口的电动门，与此同时关闭有关的防火阀及防火门，停止有关防烟分区内的空调系统。

（4）设有正压送风的系统则同时打开送风口、启动送风机等。

2. 防火门的控制

防火门在建筑中的状态是：平时（无火灾时）处于开启状态，火灾时控制其关闭。防火门可用手动控制或电动控制（由现场感烟、感温火灾探测器控制，或由消防控制室控制）。当采用电动控制时，需要在防火门上配有相应的闭门器及释放开关。

防火门的工作方式按其固定方式和释放开关分为两种：一种是平时通电开启、火灾时断电关闭方式，即防火门释放开关平时通电吸合，使防火门处于开启状态，火灾时通过联动装置自动控制加手动控制切断电源，由装在防火门上的闭门器使之关闭；另一种是平时不通电开启、火灾时通电关闭方式，即通常将电磁铁、液压泵和弹簧制成一个整体装置，平时不通电，防火门被固定销扣住呈开启状态，火灾时受联动信号控制，电磁铁通电将固定销拔出，防火门靠液压泵的压力或弹簧力作用而慢慢关闭。

需要注意的是，现代建筑中经常可以看到电动安全门，它是疏散通道上的出入口，其状态是：平时（无火灾时）处于关闭状态，火灾时呈开启状态。其控制目的与防火门相反，控制电路却基本相同。

3. 排烟阀与防火阀的控制

排烟阀或送风阀装在建筑物的过道、防烟前室或无窗房间的防排烟系统中，用作排烟口或正压送风口。平时阀门关闭，当发生火灾时阀门接收电动信号打开。排烟阀或送风阀的电动操作机构一般采用电磁铁，当电磁铁通电时即执行开阀操作。电磁铁的控制方式有两种形式：一是消防控制室火警联动控制；二是自启动控制，即由自身的温度熔断器动作实现。

防火阀与排烟阀相反，正常时是打开的，当发生火灾时，随着烟气温度上升，熔断器熔断使阀门自动关闭，一般用在有防火要求的通风及空调系统的风道上。防火阀可用手动复位（打开），也可用电动机构进行操作。电动机构通常采用电磁铁，接受消防控制室命令而关闭阀门，其操作原理同排烟阀。防烟防火阀的工作原理与防火阀相似，只是在机构上还有防烟要求。

4. 排烟风机的控制

排烟风机的控制电路如图 5—17 所示。主电路通入三相 380 V 交流电源（应为专用消防电源），控制电路中 SC 为具有三个状态的转换开关，图示位置为停车状态。当 SC 转到自动位置时，只要联动触点 ST1 闭合（火灾时），则接触器 KM 通电动作，其常开触头闭合，排烟风机启动运行。ST1 联动触点是排烟阀打开时触动的微动开关上的常开触点（火灾时闭合）。ST2 联动触点是通风管路中的防火阀联动的微动开关上的常闭触点。火灾时，防火阀关闭，微动开关复位，常闭触点闭合。当 SC 转到手动位置时，按常开按钮 SB，接触器 KM 通电动作，排烟风机启动运行。按动停止按钮 SBS 时，排烟风机停转。HL 是排烟风机通电工作时的指示灯。图中转换开关 SC 及按钮 SB、SBS、动作应答指示灯 HL 也可安装在消防控制室内的工作台上。

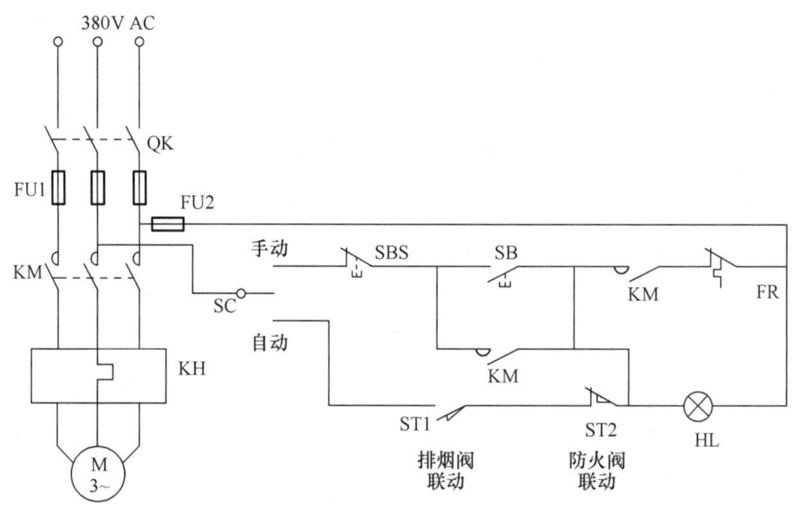

图 5—17　排烟风机控制电路

5. 防火卷帘的控制

防火卷帘通常设置在建筑物中防火分区通道口外或需要防火分隔的部位，可以形成门帘式防火分隔，达到灾区隔烟、隔水、控制火势蔓延的目的。根据设计规范要求，防火卷帘两侧宜设感烟、感温火灾探测器组及其报警控制装置，且两侧应设置手动控制按钮及人工升、降装置。

防火卷帘平时处于收卷（开启）状态，当火灾发生时受消防控制室联动控制或手动操作控制而处于降下（关闭）状态。一般防火卷帘分两步降落，其目的是便于火灾初起时人员的疏散。其联动控制过程是：当火灾发生时，感烟火灾探测器动作报警，经火灾报警控制器联动控制或就地手动操作控制，使卷帘首先下降至预定点（1.8 m 处），感温火灾探测器再动作报警，经火灾报警控制器联动控制或经过一段时间延时后手动操作控制卷帘降至地面。防火卷帘的动作状态信号（包括下降到1.8 m处和降至地面）均返回到消防控制室显示出来。一般在感温探测器动作后，还应联动水幕系统电磁阀，启动水幕系统对防火卷帘做降温防火保护。

5.4.5 电梯控制系统

发生火灾时，普通电梯常常会因为断电或不防烟而停止使用，不能作为疏散逃生的设施。电梯的联动控制应满足以下要求：

1. 能控制所有电梯全部回降到首层并开门，切断电源停用。
2. 显示所有电梯的故障状态和停用状态。

5.4.6 消防电话系统

这是一种专用的通信系统，通过消防电话可以及时了解火灾现场的情况，及时通知消防人员救援。消防控制室对消防电话系统的控制应满足以下要求：

1. 能与各消防分机通话，并具有插入通话功能。
2. 能接收来自消防电话插孔的呼叫，并能通话。
3. 有消防电话录音功能。
4. 显示消防电话的故障状态。

5.4.7 消防应急照明和疏散指示系统

系统由消防电源、应急照明灯、疏散指示灯等组成。火灾发生时，消防控制室对消防应急照明和疏散指示系统的控制应满足以下要求：

1. 能切断有关部位的非消防电源，接通火灾应急照明和疏散指示灯。
2. 能显示消防应急照明和疏散指示系统的故障状态和工作状态。

技能要求

本章技能要求需在消防报警联动系统实训装置（见图5—18）上操作完成，系统包括：

消防报警主机×1，型号：JB-QB-GST200/16

广播分配盘×1，型号：GST-GBFB-200/MP3

功率放大器×1，型号：GST-GF150W

输出模块×1，型号：GST-LD-8305

室内音箱×1，型号：BG5-2

编码器×1，型号：GST-BMQ-2

总线隔离器×1，型号：GST-LD-8313

火灾显示盘×1，型号：GST-ZF-500Z

单输入模块×1，型号：GST-LD-8300

单输入输出模块×1，型号：GST-LD-8301

切换模块×1，型号：GST-LD-8302C

智能光电型感烟火灾探测器×1，型号：JTY-GD-G3T

智能感温火灾探测器×1，型号：JTW-ZCD-G3N

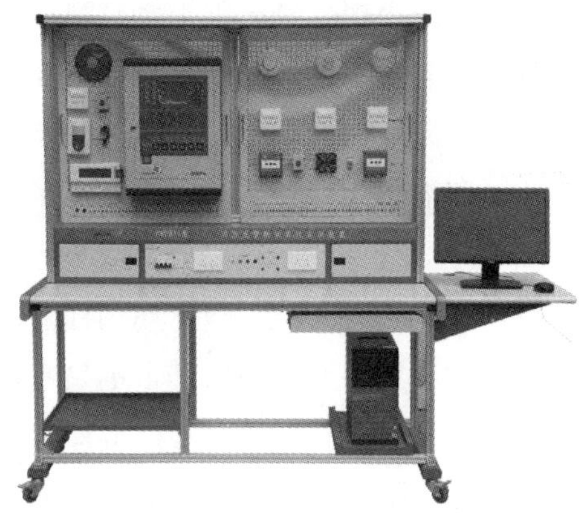

图5—18　消防报警联动系统实训装置

探测器通用底座×2，型号：DZ-02

火灾声警报器×1，型号：HY2114

手动报警按钮×1，型号：J-SAM-GST9122A

消火栓报警按钮×1，型号：J-SAM-GST9123A

声光警报器×1，型号：HX-100B

模拟压力开关×1

模拟非消防电切换×1

模拟消防泵×1

智能设故系统

电源：24 V DC，220 V AC

火灾自动报警系统的组网与使用

操作准备

（1）准备实训导线、万用表等实训材料与工具。

（2）检查设备电源。

操作步骤

步骤1：按照图5—19连接电气线路。

步骤2：通过编码器对器件进行地址编码。

步骤3：通过消防报警主机进行外部设备的注册和定义。

步骤4：通过器件报警，操作消防报警主机和火灾显示盘。

步骤5：系统设置故障后，通过使用万用表测量器件，将故障排除。

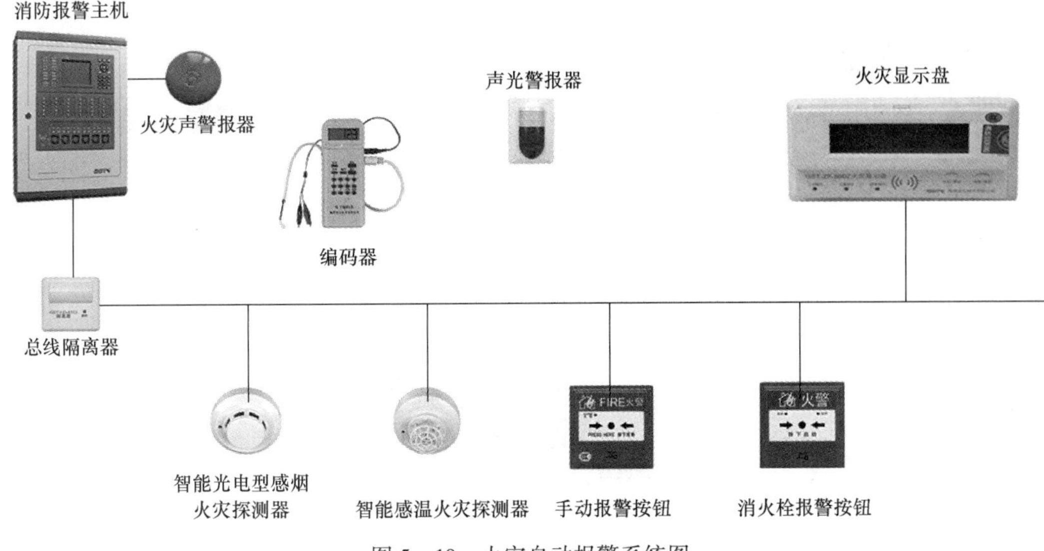

图 5—19　火灾自动报警系统图

注意事项

（1）线路连接时应插紧。

（2）操作完成后，先关闭设备电源，再移除实训导线。

消防联动系统的组网与使用

操作准备

（1）准备实训导线、万用表等实训材料与工具。

（2）检查设备电源。

操作步骤

步骤 1：按照图 5—20 连接电气线路。

步骤 2：通过编码器对器件进行地址编码。

步骤 3：通过消防报警主机进行外部设备的注册和定义。

步骤 4：通过消防报警主机进行联动编程并进行用户设置。

步骤 5：操作消防报警主机进行联动设备的手自动启停操作。

步骤 6：系统设置故障后，通过使用万用表测量器件，将故障排除。

注意事项

（1）线路连接时应插紧。

（2）操作完成后，先关闭设备电源，再移除实训导线。

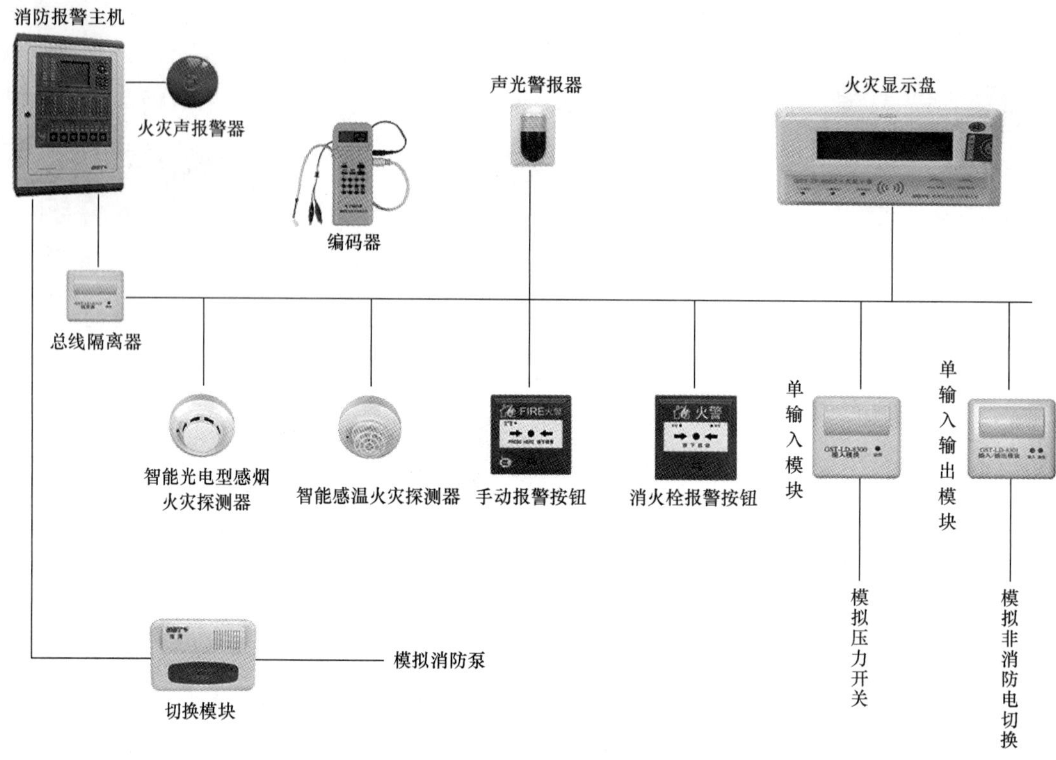

图 5—20　消防报警联动系统图

消防应急广播的使用

操作准备

（1）准备实训导线、万用表等实训材料与工具。

（2）检查设备电源。

操作步骤

步骤 1：按照图 5—21 连接电气线路。

步骤 2：通过编码器对器件进行地址编码及相关设定。

步骤 3：通过消防报警主机进行外部设备、广播电话盘的注册和定义。

步骤 4：设置和操作广播分配盘，完成火灾报警时应急广播的自动启动控制。

步骤 5：系统设置故障后，通过使用万用表测量器件，将故障排除。

注意事项

（1）线路连接时应插紧。

（2）操作完成后，先关闭设备电源，再移除实训导线。

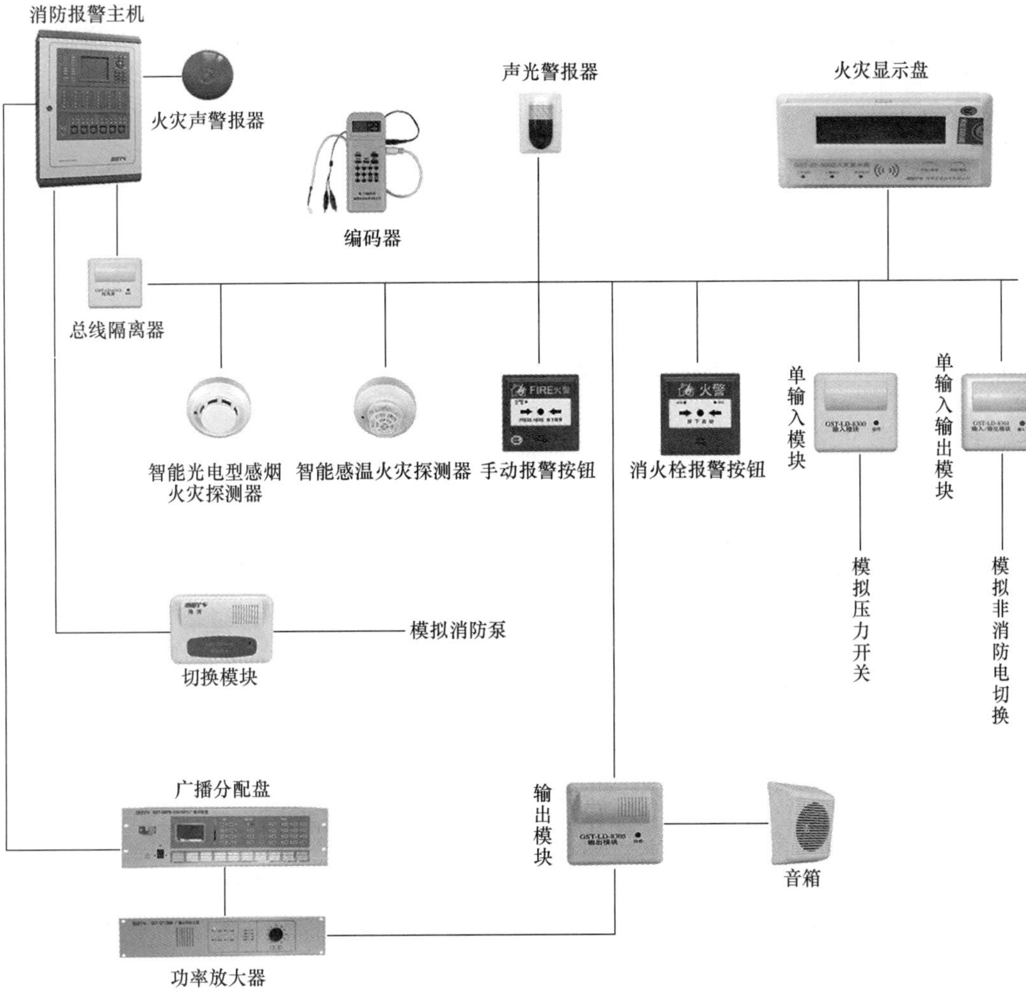

消防报警主机
火灾声警报器
编码器
声光警报器
火灾显示盘
总线隔离器
智能光电型感烟火灾探测器
智能感温火灾探测器
手动报警按钮
消火栓报警按钮
单输入模块
单输入输出模块
模拟压力开关
模拟非消防电切换
切换模块
模拟消防泵
广播分配盘
输出模块
音箱
功率放大器

图 5—21　消防应急广播系统图

本章测试题

一、判断题（将判断结果填入括号中，正确的填“√”，错误的填“×”）

1. 如遇电气设备着火，应立即断开其电源，然后用四氯化碳或二氧化碳灭火器灭火，严禁用水灭火。（　　）

2. 检查柴油储油箱时，严禁明火，可使用打火机作照明。（　）

3. 发现配电房有冒烟、短路等异常情况或发生火警等重大事故时，运行人员应当立即进行全部或部分负荷停电操作，根据情况立即断开低压配电柜上电源开关，或合上高压柜高压开关。（　）

4. 消防专用电话网络可合用大楼办公通信系统。（　）

5. 火警发生后，所有电梯会迫降至最底层。（　）

6. 自动喷淋灭火系统的信号阀是常开的。（　）

7. 有时可以用消防栓水浇花、洗地。（　）

8. 任何单位和个人都有保护公共消防设施的义务，可以损坏或者擅自挪用、拆除、停用公共消防设施。（　）

9. 疏散指示标志应设于走道墙面及转角处、楼梯间的门口上方，以及环形走道中。（　）

10. 室内消火栓是室内管网向火场供水的、带有阀门的接口，为通用房屋内的固定消防设施，通常安装在消火栓箱内，与水泵等器材配套使用。（　）

11. 消防水泵接合器要按照规定的要求进行安装。使用消防水泵接合器的消防给水管路，不用与生活用水管道分开。（　）

12. 火灾发生时，建筑物内温度上升，当升至预定温度时，闭式喷头上的闭锁装置熔化脱落，喷头打开，自动喷水灭火，同时报警装置发出火警信号。（　）

13. 若火灾报警控制器备用电源接触不良，备电故障指示灯亮。（　）

14. 在装有联动装置、自动灭火系统以及用单一探测器不能有效确认火灾的场合，火灾自动报警系统宜采用感烟、感温、感光火灾探测器（同类型或不同类型）的组合。（　）

15. 火灾自动报警系统只需设有自动触发装置。（　）

16. 观众厅，每层面积超过1 500 m^2 的展览厅、营业厅，建筑面积超过200 m^2的演播厅，人员密集且面积超过300 m^2 的地下室，可不设火灾应急照明。（　）

二、单项选择题（选择一个正确的答案，将相应的字母填入题内的括号中）

1. 消防水箱和气压水罐应该（　）检查一次。

A. 每天　　B. 每月　　C. 每年　　D. 每两年

2. 设在建筑物内的消防水泵房应采用的防火门的级别是（　）。

A. 甲级　　B. 乙级　　C. 丙级　　D. 一级

3. 消防水箱应储存的消防用水量为（　）。

A. 18 m^3　　B. 12 m^3

C. 10 min 的用水量　　D. 6 m^3

4. 火灾现场的出水枪不得少于（　　）。

A. 一支　　B. 两支　　C. 三支　　D. 四支

5. 平时不允许有水渍的高级建筑物应安装（　　）。

A. 干式自动灭火系统　　B. 湿式自动灭火系统

C. 干湿式自动灭火系统　　D. 预作用自动喷水灭火系统

6. 二氧化碳灭火原理是减少空气中（　　）的含量，使其达不到支持燃烧的浓度。

A. 氧　　B. 氮　　C. 干粉　　D. 泡沫

7. 小于等于 50 m 高的普通住宅的室内消火栓消防用水量为（　　）L/s。

A. 10　　B. 15　　C. 20　　D. 30

8. 高层建筑防火排烟的主要方法为（　　）。

A. 机械排烟　　B. 自然防烟　　C. 电子排烟　　D. 电子防烟

9. 火灾探测器是探测火灾信息的（　　）。

A. 感烟器　　B. 传感器　　C. 感温器　　D. 感光器

10. 火灾探测器投入运行（　　），应每隔（　　）至少清洗一遍。

A. 1 年　2 年　　B. 2 年　3 年　　C. 3 年　4 年　　D. 4 年　5 年

本章测试题答案

一、判断题

1. √　2. ×　3. ×　4. ×　5. √　6. √　7. ×　8. ×　9. √　10. √

11. ×　12. √　13. √　14. √　15. ×　16. ×

二、单项选择题

1. B　2. A　3. C　4. B　5. D　6. A　7. A　8. A　9. B　10. B

第 6 章

有线电视系统

学习目标

➤ 了解有线电视系统的工作原理与组成结构
➤ 了解系统传输指标
➤ 熟悉干线系统拓扑结构、分配网络拓扑结构
➤ 熟悉有线电视系统的防雷接地与安全防护措施
➤ 能够进行常用的系统分析、线缆端接和设备调试安装

知识要求

6.1 有线电视系统概述

6.1.1 有线电视系统定义

有线电视又称电缆电视或闭路电视（CATV），它是20世纪40年代出现的一种电视接收传输系统。它以传输质量高、系统功能强、不占用空间频率、安装施工方便、造价低等优点，受到人们的欢迎。随着我国广播电视事业的发展，有线电视网络布满全国。

有线电视是利用射频电缆、光缆、多路微波等系统来传输电视信号的电视传播系统。一般的有线电视系统通常泛指广电有线电视网络。早期采用模拟频道的方式进行邻频传输，将各级电视台的信号传送到最终用户的电视接收机。随着节目数量的不断增加、画质的逐步提升，传统模拟频道传输方式已经无法满足电视节目的承载需求，CATV系统中的模拟频道逐步被数字频道所替代，节目传输能力大幅提高。2008年，科技部和广电总局合作，在全国范围内指导建设下一代广播电视网络（NGB，Next Generation Broadcasting Network），并于2015年基本完成了全国大部分地区的传统广电有线电视网络的数字化升级改造，成为以“三网融合”为基本特征的新一代国家信息基础设施。

6.1.2 有线电视系统组成

任何一种有线电视系统都可以看作由前端系统、信号传输系统和用户（信号）分配网络三个部分组成（见图 6—1）。

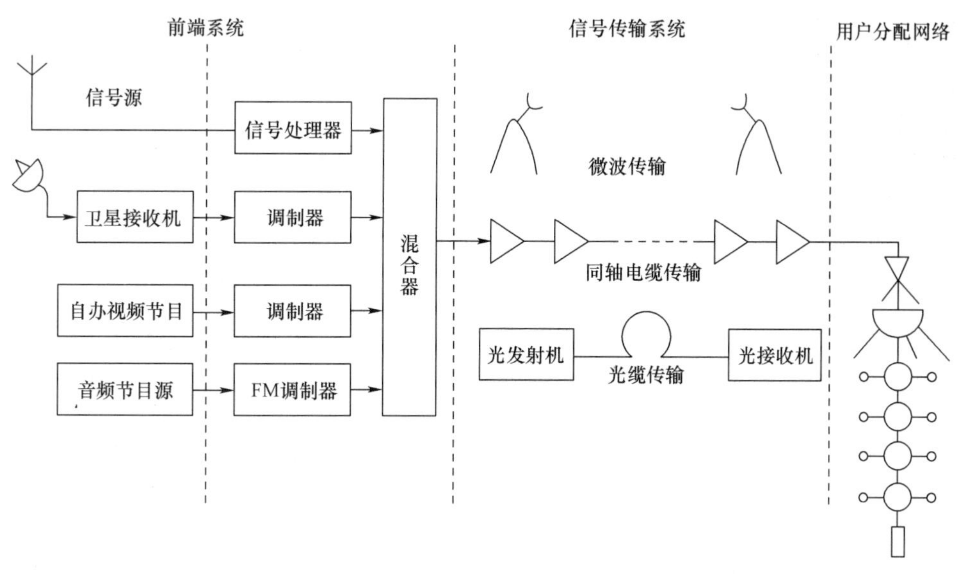

图 6—1　有线电视系统结构图

1. 前端系统

前端系统通常包括信号源、调制器、混合器、放大器等。它的作用是把经过调制器处理后的各路信号进行混合，在阻抗匹配的情况下，把各路电视信号转换成一路含多套电视节目的宽带复合信号，放大到一定电平送入传输电缆中。在大型的系统中，前端系统还有导频信号发生器等。前端系统输出信号频率范围可在 85 MHz～1 GHz。前端输出可接电缆干线，也可接光缆和微波干线。

2. 信号传输系统（干线传输系统）

信号传输系统处于前端系统和用户分配网络之间，其作用是将前端系统输出的各种信号高质量、稳定地传输给用户分配网络。传输媒介可以是射频同轴电缆、光缆、微波或它们的组合。当前使用最多的是光缆同轴电缆混合（HFC）传输，或是光纤到户网络（FTTH）传输。

3. 用户分配网络（信号分配系统）

用户分配网络根据用户分布情况，将信号传输系统传来的信号分成若干条线路进行传输，把信号送至各电视用户。用户分配网络由线路延长放大器、分配放大器、缆桥交换机、分配器、分支器、用户终端盒、机顶盒、缆桥终端等各种有源、无源器材组成。

6.1.3 有线电视前端系统

有线电视前端系统根据信号传输模式可分为模拟电视广播前端系统和数字电视广播前端系统。目前我国的有线电视主要以数字电视为主。

数字电视广播（DVB）分为有线数字电视广播（DVB-C）、卫星数字电视广播（DVB-S）和地面数字电视广播（DVB-T），其信源编码都是 MPEG-2、H.264 等标准的数据传输流，信道调制分别采用 QAM、QPSK 和 COFDM（或 VSB）方式。DVB-C 以有线电视网作为传输介质，当采用 64-QAM 正交调幅调制时，一个 8 MHz 模拟 PAL 电视频道可供 6~8 套数字电视节目复用传输。有线数字电视广播系统（以下简称 DVB-C 系统）主要由 DVB 前端、宽带传输网络、用户终端 DVB 接收系统三大部分组成。DVB 前端结构图如图 6—2 所示。

DVB 前端是 DVB-C 系统的信息交换中心，负责信号的接收、处理和控制，完成信号输入、信号处理、信号输出和条件接收、节目管理、用户管理、系统管理等功能。为提高 DVB-C 系统的安全可靠性，DVB 前端中重要的设备可采用“用 1 备 1”自动切换的热备份。

1. 信号源

DVB 前端的信号源有：本地播出的模拟和数字电视信号、模拟和数字卫星电视信号、演播室信号、因特网数据流、SDH（同步数字体系）网络的模拟和数字电视信号等。DVB 数字卫星电视接收机（解码器）负责对 DVB-S 节目进行 QPSK 解调，输出标准的数字电视节目传输流（TS）。而 TS 码流输入器则负责接收、选出上级广电 SDH 光纤传输网的多节目传输流（MPTS）中相应节目并与其他 TS 传输流复用成一路 MPTS。

2. 视频服务器

视频服务器负责将接收或采集到的不同信号源，不同格式（文本、数据流、视音频）的信息转换为符合 DVB/MPEG-2 标准的 TS 传输流数据，并采用大容量的硬盘阵列，用于存储和传输 DVB TS 传输流数据。视频服务器还负责对本地数字电视节目素材数据库进行有效的管理，并由自动播控系统控制，实现多路节目的自动（或人工手动）播出。

3. 自动播控系统

自动播控系统负责将本地电视节目上传录入并存储在视频服务器的硬盘阵列中，并编制节目播出列表，在指定的时间按自动播控软件进行定时自动（或人工手动）控制、调用和播出视频服务器硬盘阵列中的数据或节目。自动播控系统主要由上载工作站、播控工作站及其相应控制和管理软件组成。

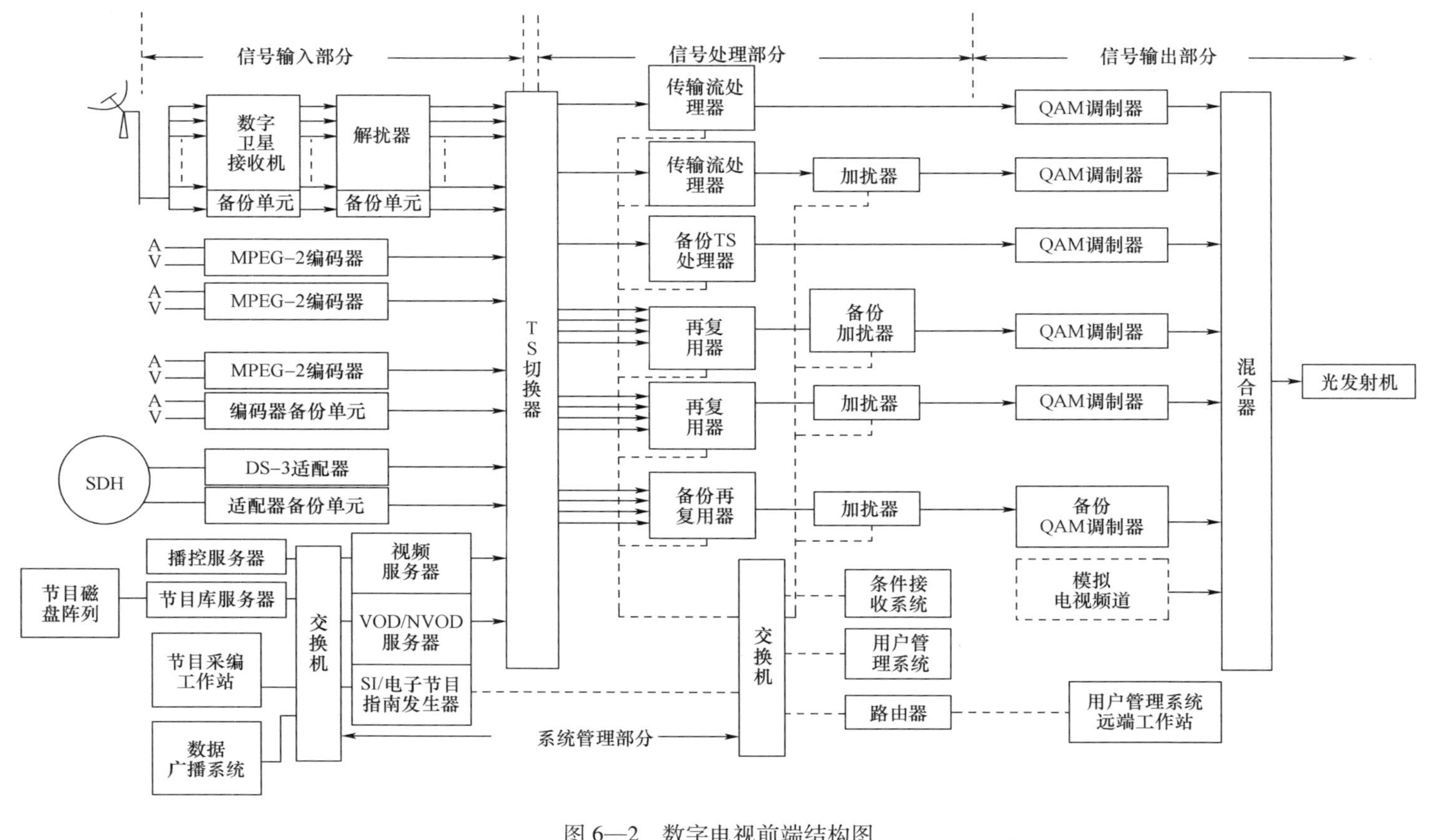

图 6—2　数字电视前端结构图

4. DVB/MPEG-2 实时编码器

DVB/MPEG-2 实时编码器负责对模拟视音频信号源进行数字化采集和 MPEG-2 压缩编码，输出符合 DVB 标准的 MPEG-2 数字视音频基本流（ES 流），再进行视频实时数字预处理、时基校正、打包（分组）等处理（打包后的视音频 ES 流称为视音频 PES 流），然后将视音频 PES 流送往节目复用器。MPEG-2 编码器由视音频接口、视音频压缩编码和复用三个模块组成。视音频接口模块是将模拟视音频输入信号转换为数字格式输入至编码模块，视频接口支持模拟复合信号、S-Video 模拟信号、YUV 模拟分量信号和 SDI 串行数字分量信号，并支持 PAL、NTSC 和 SECAM 三大制式。音频接口支持一路模拟立体声或两路单声道模拟音频。音频编码由音频编码软件将音频接口输入的模拟音频信号按 MPEG-2 标准进行编码，得到音频 ES 基本流送往音频打包器打包成音频 PES 流，打包后的音频 PES 流也送往节目复用器。节目复用器将视频 PES 流、音频 PES 流和辅助数据 PES 流复用（节目级复用）成单节目传输流（SPTS），再将 SPTS 送至 DVB/MPEG-2 传输流复用器。

5. DVB/MPEG-2 传输流复用器

DVB/MPEG-2 的复用分为节目级复用和系统级复用两个层次。节目级复用指从 PES 流到 SPTS 流的复用，系统级复用指从 SPTS 流到多节目传输流（MPTS）的复用。DVB/MPEG-2 实时编码器中节目复用器的复用是节目级复用，DVB/MPEG-2 传输流复用器的复用是系统级复用。

DVB/MPEG-2 传输流复用器负责将来自视频服务器、DVB/MPEG-2 实时编码器和 DVB-S 的多路 DVB/MPEG-2 SPTS（单节目传输流）复用（系统级复用）为一路 MPTS（多节目传输流），也就是将多个 SPTS 复用为一个 MPTS，以节省和优化带宽资源，提高信道容量，实现在一个 8 MHz 模拟 PAL 电视频道上传输 6～8 套数字电视节目。DVB/MPEG-2 传输流复用器在接收多路 SPTS 并将其复用成一路 MPTS 的同时，需去除零或不需要的包，必要时重新变换包识别符（PID），并抽取和处理所收到的节目说明信息（PSI）和业务信息（SI），将其和 DVB 前端产生的本地这类数据传输流集成起来，由条件接收（CA）系统进行加扰处理，已加扰的数字电视信号输出到 QAM 调制器。

6. DVB 前端 EPG 子系统

DVB 前端 EPG（电子节目指南）子系统由 SI Server（SI 服务器）负责完成 DVB 前端 SI 数据的组织和生成。SI 数据的组织要符合 DVB-SI 的语法定义和 MPEG-2 的语法定义，同时要涵盖所有的业务信息，并把生成的 SI 数据与节目的其他数据进行系统级复用，在 TS 传输流中传输。在 DVB 前端，SI 数据段可以三种方式送入复用器。

（1）将 SI 数据段通过复用器的 API（应用程序接口），由复用器插入节目码流。其优点是结构简单、系统稳定，缺点是需要复用器厂家提供硬件支持和接口资料，对不同厂家复用器需要编写不同的软件。

（2）将 SI 数据段按 MPEG-2 标准打包，通过码流播出卡输出只包含 SI 信息的 MPEG-2 码流，再将之送入复用器的 ASI（异步串行接口）与节目码流复用。其优点是不需要复用器厂家支持，有一定的通用性，缺点是系统复杂，稳定性、可靠性不如方式（1）。

（3）加扰器厂家在复用器后端的加扰器提供接口，将 SI 数据段送入加扰器，由加扰器向节目码流中插入 SI 数据。其优缺点与方式（1）类似。

7. DVB 前端 CA（条件接收）服务器

CA 系统（简称 CAS）是数字电视实行收费所必须采用的系统。CAS 负责完成用户授权控制与管理信息的获取、生成、加密、发送以及节目调度控制等工作，保证只有已付费的被授权的用户才能收视节目，从而保护节目制作商和广播运营商的利益。

CAS 在 DVB 前端采用 CA 服务器负责 ECM（授权控制信息）及 EMM（授权管理信息）的获取、生成、发送等处理。

（1）CARouter（CA 路由器）负责 CAS 的中心调度工作，对请求连接的 SMS（用户管理系统）和 EPG 系统进行安全性认证，实现 CAS 和 SMS、EPG 系统之间的接口，以便接收 SMS 的授权信息和 EPG 系统的节目计划信息。

（2）CA 加密机存储有运营商的根密钥，通过 CA 加密程序及加密算法对授权信息进行加密。

（3）ECMG（ECM 发生器）和 EMMG（EMM 发生器）根据 CARouter 的命令，读取 CAS 数据库后生成 ECM 和 EMM，并将 ECM、EMM 发送给加扰与复用模块。

（4）加扰与复用模块负责定义与 ECMG、EMMG、SI 服务器等的接口，对视频、音频和辅助数据进行加扰处理，并与 ECM、EMM 复用在一起从发送端传送给接收端用户。

（5）CAS 数据库服务器则负责存储和管理 CAS 数据库。CAS 数据库包含节目信息、节目分组信息、智能卡（Smart Card）个人化信息和分组信息、智能卡授权信息、系统日志等。

（6）集成管理系统（IMS）负责设置 CAS 系统参数，连接 CAS 中各组成部分，查看 CAS 系统日志，监测 CAS 各个部分运行状态，管理和控制 CAS 的运行。

8. QAM 调制器

QAM 调制器负责对经过 DVB/MPEG-2 压缩编码、信道编码、复用、加扰等处理后的数字电视信号进行 64-QAM 调制。64-QAM 调制器接收多节目数据传输流（MPTS），对其进行帧交织、RS 编码和 64-QAM 调制，输出中频调制信号到上变频器，变换为 RF 射频信号，与传统模拟电视 RF 射频信号以及扩展业务信号的 RF 射频信号一起送入混合器实现频分复用。

9. 混合器

不同的已复用 DVB/MPEG-2 TS 流经过 QAM 调制后，将占用不同频带的 8 MHz 模拟电视频道，DVB 前端的混合器负责对 QAM 调制器输出的 DVB-C 数字电视 RF 射频信号、扩展业务信号的 RF 射频信号和传统模拟电视 RF 射频信号进行混合（即进行频分复用），并将输出的混合 RF 射频信号送入广电宽带传输网络进行传输。

10. 系统管理

系统管理部分主要负责对 DVB 前端的输入和输出设备的工作状态、DVB 前端的输入和输出信号进行实时监测和智能化、自动化控制和管理，以确保 DVB 前端安全可靠、高质量地运作。系统管理部分主要由 DVB 前端设备管理服务器、监测工作站、控制工作站及其相应控制和管理软件组成。

6.1.4 有线电视信号传输系统

有线电视信号传输系统（干线传输系统）的任务是把前端输出的高频复合电视信号优质稳定地传输给用户分配网络，其传输方式主要有光纤、微波、同轴电缆及光缆同轴电缆混合（HFC）四种。

1. 光缆干线传输系统

光缆传输是通过光发射机把高频电视信号转换至红外光波段，使其沿光导纤维传输，到接收端再通过光接收机把红外波段的光变回高频电视信号。光缆传输具有频带很宽（好的单模光纤带宽可达 10 GHz 以上，因而可容纳更多的电视频道）、损耗极低、抗干扰能力强、保真度高、性能稳定可靠等突出的优点。随着技术的进步，光缆传输设备的成本不断降低，当干线传输距离大于3 km时，光缆的成本比电缆干线还要低。故在干线传输距离大于 3 km 的系统，在传输方式上应首选光缆传输。

光缆干线传输系统的特点：第一，损耗低，单模光纤在 1 310 nm 窗口的损耗在 0. 4 dB/km 以下，在 1 550 nm 窗口的损耗在 0. 25 dB/km 以下，无中继传输距离可达 50 km 以上；第二；频带宽、容量大，容易实现交互式模拟和数字信号传输；第三，没有电磁辐射，即不会干扰其他电气设备，又不受其他电磁信号干扰。

2. 微波干线传输系统

微波传输是把高频电视信号的频率变到几吉赫兹到几十吉赫兹的微波频段，或直接把电视信号调制到微波载波上，定向或全方位向服务区发射。在接收端再把它变回高频电视信号，送入用户分配网络。微波传输方式的优点是不需要架设电缆、光缆，只需安装微波发射机、微波接收机及收、发天线即可，因而施工简单、成本低、工期短、收效快，而且更改线路容易，所传输信号质量也较高。缺点是容易受建筑物的阻挡和反射，产生阴影区或形成重影。另外，雨、雪、雾等对微波信号有较大的衰减，这给微波传输在多雨、多雾、多雪地区的应用带来不便。

微波干线传输系统又分为两种形式，一种是多路微波分配系统，简称 MMDS（Microwave Multichannnel Distribution System）；另一种是调幅微波链路系统，简称 AML（Amplitude Modulated Microwave Link）。前者的最大优点是投资低、建网快、图像质量好（没有多个干线放大器引入的噪声和非线性失真）、可靠性高（中间环节少），近几年在经济欠发达市、县发展较快。它的缺点是频道容量少（一般为 8 个模拟频道），传输易受雨、雾等环境的影响，比较容易被窃收，且不便进行双向传输。后者的优点如下：第一，微波波段具有很宽的频带，利用 12. 7～13. 2 GHz 的频段可传输 550 MHz 系统的全部电视节目（包括几十套模拟电视或几百套数字压缩电视）；第二，在微波波段，无线电干扰、工业干扰及太阳黑子的变化基本不起作用，这使其传输质量和稳定性容易得到保证；第三，由于波长短，可以制成方向性很强的接收、发射天线（半功率角可做到零点几度），只需几瓦、甚至几十毫瓦的发射功率便可传输几十公里，而且大大提高了抗干扰能力；第四，微波发射机和接收机的功率指标都很高，可以把具有演播室质量的电视节目传输几十公里；第五，与同轴电缆、光缆传输干线相比，具有建设工期短、收效快、维护方便的特点，而且更改线路非常容易，又因为路途不加放大器，信号质量与光纤传输类似，比电缆传输要高得多；第六，同 MMDS 相比，定向微波方向性强，抗干扰，具有质量高、传输频道数多、容易实现双向传输等优点。AML 系统的缺点是设备价格较贵。

3. 同轴电缆干线传输系统

电缆传输是技术最简单的一种干线传输方式，具有成本较低、设备可靠、安装方便等优点。但因为电缆对信号电平损失较大，每隔几百米就要安装一台放大器，故而会引入较多的噪声和非线性失真，使信号质量受到严重影响。过去的有线电视系统几乎都采用同轴电缆传输，而现在一般只在较小系统或大系统中靠近用户分配网络的最后几公里中使用。

同轴电缆干线传输系统的优缺点：第一，同轴电缆传输信号损耗较大，但易于分配和放大。以常见的 SYWLY-75-9-I 型电缆为例，在传输 870 MHz 的信号时，每百米的衰减量约为 10 dB。为了使到达用户端的信号具有足够的电平，必须在长距离干线中加接一些放大器，用放大器的增益来弥补电缆的损失。第二，干线中所需串接放大器的数量多。一般干线放大器的增益约 30 dB，若在 870 MHz 系统中采用 SYWLY-75-9-I 型电缆，则每隔约 300 m 就应串接一台放大器，使放大器的增益同 300 m 电缆的损失互相抵消。因为每加接一台放大器，就会引入新的噪声和非线性失真，故干线上所能串接的放大器数目有一定的限度。例如，300 MHz 系统一般可串 20 台干线放大器，800 MHz 系统能串 6~8 台。噪声和非线性失真的积累限制了干线的传输距离，800 MHz 系统的干线电缆的长度以小于 5 km 为宜。第三，传输信号电平在不同季度会出现较大波动，必须采取相应措施。由于电缆的衰减量同温度有关，必然使信号电平在不同季节会出现较大波动，这就要求干线放大器具有自动（或手动）电平控制功能，从而增加了成本。第四，必须设置频率均衡器。同轴电缆对高频信号的衰减量大，对低频信号的衰减量小。显然，经过一段电缆的传输后，原本电平相同的高、低频信号出现了明显的差异。为了改善这一情况，同轴电缆干线系统中应设置衰减频率特性与电缆相反的均衡器。第五，有线电视系统较小时，同轴电缆干线传输系统建设成本低、技术成熟、传输频带宽、双向传输接续较简单、维护容易。

4. 光缆同轴电缆混合（HFC）系统

目前，在有线电视系统中广泛应用的是光缆同轴电缆混合（HFC）系统，即干线传输采用光缆，分配系统使用同轴电缆。这样做集中了两者的优点，具有技术指标优良、经济实用的特点。随着光缆和光设备价格的下降，HFC 网络是旧有电缆网升级改造和新建网络的首选方式。

除了 HFC 系统外，还有一种 FTTH 光纤到户系统。FTTH 系统是指有线电视前端信号，经光纤直接传输给用户的全光纤化系统，可用于传送模拟和数字电视、声音广播、数据及电话等大量多媒体业务。FTTH 系统需要大量的光调制器、光解调器及其相关的光设备。随着光纤、光器件、光设备等成本的下降，FTTH 的应用越来越广泛。

5. 干线传输形式选择原则

对于小型有线电视系统，为降低成本可采用电缆干线传输方式；对于大、中型有线电视系统，则应采用光缆、微波和电缆混合传输干线。一般来说，当干线距离在 3 km 以上时，应优先考虑光缆和电缆混合传输方式；当系统服务半径在 30 km 以内时，可选用 1 310 nm调幅光发射设备；当部分干线超过 30 km 时，可考虑采用 1 550 nm 调幅光纤（包括采用 1~3 级光纤放大器的 1 550 nm 系统）、数字光纤、定向调幅微波、数字微波等作为长距离传输干线；城市郊区和广大农村，可考虑采用光缆或多路微波分配系统（MMDS）；城市之间的联网，因其传输距离较长，但节目套数较少，可以采用调频光纤、调频微波、数字微波等作为传输干线。

6.1.5 有线电视用户分配网络

有线电视用户分配网络的任务是把有线电视信号高效而合理地分送到户。它一般是由分配放大器、延长放大器、缆桥交换机、分配器、分支器、用户终端盒（也称系统输出口）、机顶盒、缆桥终端以及连接它们的分支线、用户线等组成。

分支线和用户线通常采用较细的同轴电缆，以降低成本和便于施工。分配器和分支器是用来把信号分配给各支线和各用户的无源器件，要求有较好的相互隔离、较宽的工作频带和较小的信号损失，以使用户能共同收看、互不影响并获得合适的输出电平。分配放大器和延长放大器的任务是为了补偿用户分配网络中的信号损失，以带动更多的用户。与干线放大器在中等电平下工作不同，分配放大器和延长放大器通常在高电平下工作，输出电平多在 100 dBμV 以上。

1. 常用的分配网络分类

（1）星形分配网络。这种分配网络的特点是从一中心向四周分配，如图 6—3 所示。它适用于放大器数量多，中心站集中分配情况。这种方式特别适合于具有双向传输功能的系统，便于中心站对各用户信号进行直接控制与管理。

（2）树枝形分配网络。这种分配网络是通过分配放大器、干线桥接放大器、分配器、分支器等，像树枝那样，一分二、二分四地把一路干线信号分给多路支干线，如图 6—4 所示。

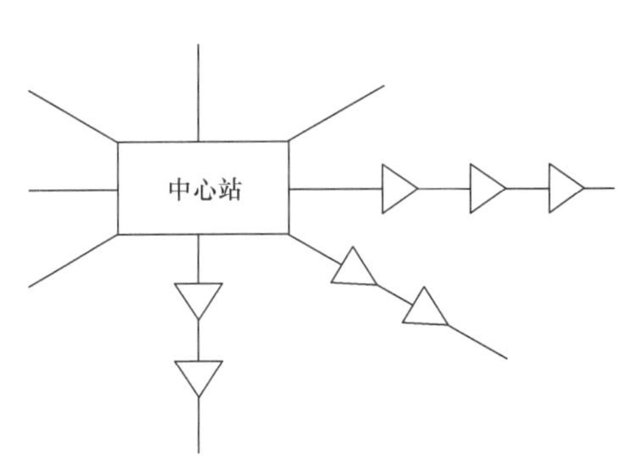

图 6—3　星形分配网络示意图

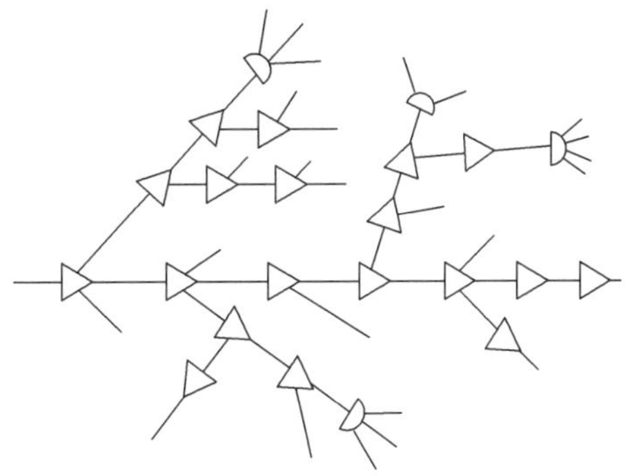

图 6—4　树枝形分配网络示意图

（3）环形分配网络。这种分配网络的各放大器组成一个圆环，如图 6—5 所示。它是适用于城市间，或城市小区间联网的双向传输系统。其特点是各部分直接传输信号。如果组成双向环形网或由若干个互相搭界的环形组成多环网络，则在其中一个环形线路中出现故障时，可立即把信号转移到其他环路上传输，避免环路中断。

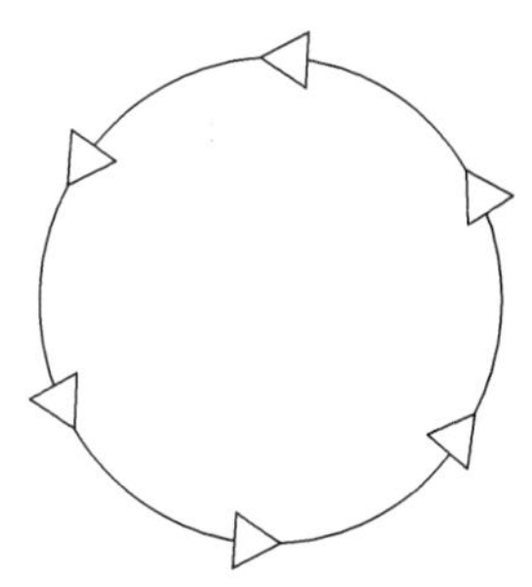

图 6—5　环形分配网络示意图

2. 分配网络的基本要求

为了最有效地传输电视信号，减少反射波，抑制重影，在输出端、输入端、传输线、负载间都要有良好的阻抗匹配。除了选择特性阻抗为75 Ω的元器件外，还要实行正确的连接，不能采用简单的串联或并联。各用户之间要有良好的隔离度，不能让用户之间的信号互相影响，也不能干扰主路输入的正常工作。各用户的电平应大体均匀分配，行标GY/T106—1999要求为60~80 dBμV，邻频系统最好为（67±7）dBμV，太高容易使电视机过载，产生非线性失真，过低则不能保证一定的载噪比，使屏幕上雪花干扰严重，影响图像。一般说来，在强场区选择较高电平，可使前重影得到改善；在干扰较重地区也应适当提高电平，以满足一定的载噪比。在模数混传的有线电视系统中，数字QAM信号（RMS）与模拟信号（峰值）功率电平差为-10~0 dB。

3. 分配网络的形式

从分配放大器等输出的信号，要经过大量的分配器、分支器等无源器件分配到各个用户。一般的分配网络，主要有下列四种形式。

（1）分配-分配网络。这是一种全部由分配器组成的网络，如图6—6所示。它适用于平面辐射系统，多用于干线分配。其分配损失是各分配器的分配损失和电缆损失之和。通常采用两级分配器，每一级都可使用二分配器、三分配器和四分配器。这种方式的优点是分配损失较少，在理论上可以带动更多的用户。

（2）分支-分支网络。这是一种全部采用分支器组成的网络，如图6—7所示。在这种网络中，前面分支器的支线作为后面分支器的干线，越靠近输入端的分支损失越大，插入损失越小。这种方式的分配损失较大，所能带动的用户比分配-分配网络要少。这种网络特别适用于用户数不多，而且比较分散的情况。

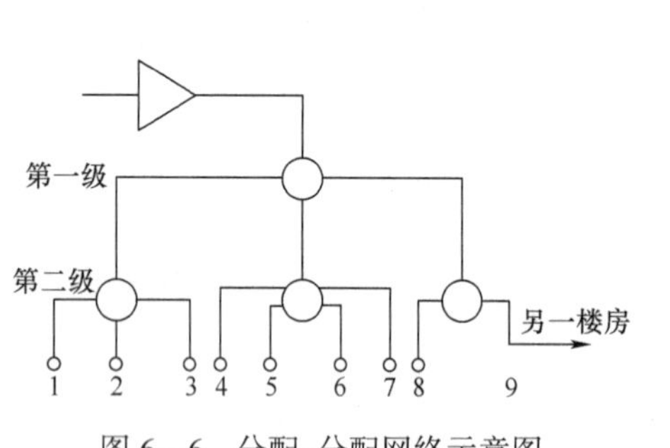

图6—6　分配-分配网络示意图

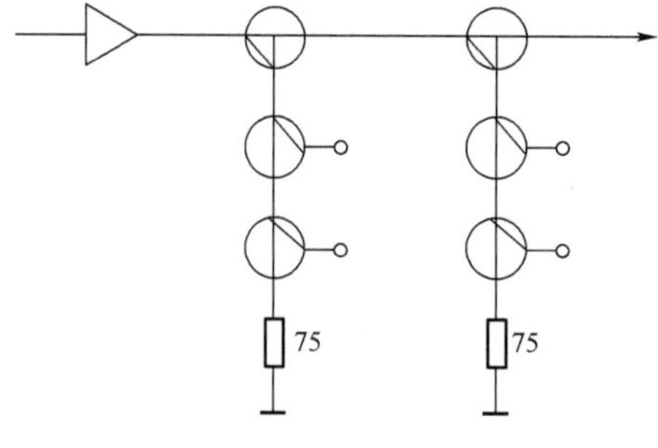

图6—7　分支-分支网络示意图

（3）分配-分支网络。这是一种由分配器和分支器混合组成的网络，如图6—8所示。先由分配器把一条干线分成若干条支线，每条支线上再串接若干分支器组成这种分配网络。这种方式集中了分配器分配损失小和分支器不怕空载的优点，在实际的分配网络中都采用这种方式。

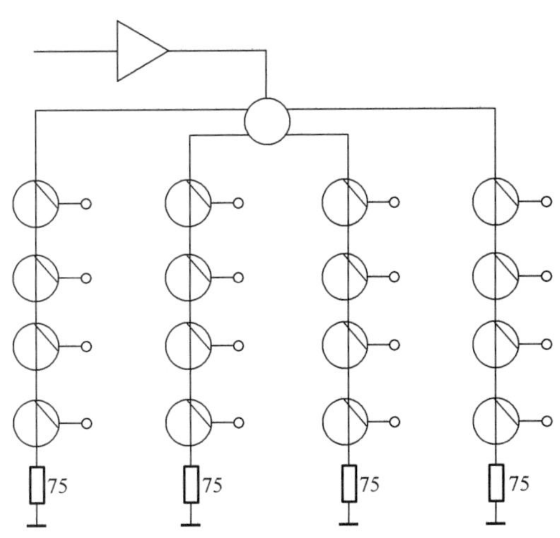

图 6—8　分配-分支网络示意图

（4）分配-分支-分配网络。这种网络是在上一种网络中每一个分支器后再加一个四分配器（实际使用的是四分支器，如图 6—9 所示）组成。其优点是带的用户更多，也要注意各用户终端（四分支器的输出端）尽量不要空载。因为一般分配器（或四分支器）的相互隔离在 20 dB 左右，不满足邻频传输的要求，故邻频传输时尽量不采用这种网络，以避免同一分支器的四个用户之间互相干扰，降低图像质量。

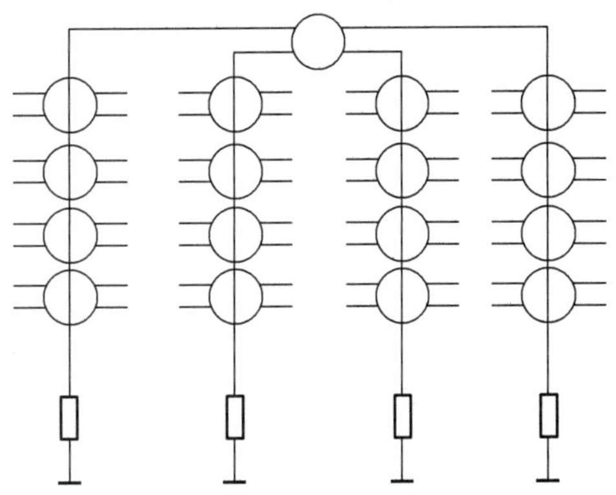

图 6—9　分配-分支-分配网络示意图

4. 接入网用户分配网络设计要求

（1）电视广播网正向通路工作频率为 85 ~ 1 000 MHz，主要用于传输模拟电视、数字电视的下行信号。

（2）双向数据网通路为 5 ~ 65 MHz，采用低频 EOC 技术，用于双向数据业务。

（3）65~85 MHz 为保护频段，不使用。

（4）在设计电缆网络放大器间距时，保留放大器的输入电平在最高频率下，应有不少于 3 dB 的余量。

（5）射频信号混合方式：放大器正向输出信号经分支分配器与缆桥交换机的 EOC 信号混合，采用在缆桥交换机内部混合的方式。

（6）楼道分配网应采用分支器串接的方式或全分配的方式进行分配。

1）采用分支器串接方式，分配网络的多路分支器串接数最多不得超过 7 个，不宜超过 4 个，末端分支器输出端口必须使用匹配终端进行匹配。

2）采用全分配方式，楼道侧器件应选用高隔离度的分配器，分配器如有不使用的端口，必须使用匹配终端进行匹配。

6.2 有线电视系统设备

6.2.1 卫星接收系统

随着有线电视事业的日新月异以及信息化社会对系统综合功能提出越来越高的要求，有线电视系统正面临着越来越多、不同途径、不同性质的节目来源，如本地或远地的空中（开路）广播电视节目、自办节目、上一级 CATV 网的节目、卫星广播电视节目、微波传送的电视节目等。系统功能的深入开发也使得用于系统管理和信息共享的计算机数据信号、图文电视信号、电话信号、大量的数字电视信号等出现在有线电视系统中。另外，上行图像信号的回传、用户节目点播及一些特殊的双向交互信号等也在一些特殊场合或特定区域中引入。显然，系统要将上述信号进行准确而优质的传送，就必须在前端系统中完成对这些信号的接受、加工、处理、组合、控制等过程，使其满足整个系统正常运行的要求。从这个意义上说，前端系统是整个有线电视系统的心脏。

卫星接收系统是前端系统的重要组成部分。

1. 卫星接收系统的组成

（1）抛物面天线。抛物面天线是把来自空中的卫星信号能量反射汇聚成一点（焦点）。现在常用的是 Ku 波段的偏馈天线。

（2）馈源与高频头。馈源是在抛物面天线的焦点处设置一个聚卫星信号的喇叭，称为馈源，意思是馈送能量的源，要求将汇聚到焦点的能量全部收集起来。前馈式卫星接收天线基本上用大张角波纹馈源。高频头（LNB，亦称降频器）是将馈源送来的卫星信号进行降频和信号放大然后传送至卫星接收机。高频头的噪声度数越低越好。现在常用的是一体化高频头（即馈源与高频头是连在一起的）。

（3）同轴电缆。建议不要使用常用的有线电视电缆，而要用内绝缘层为高泡材料的电缆。

（4）卫星接收机。卫星接收机将高频头输送来的卫星信号进行解调，解调出卫星电视图像信号和伴音信号。

2. 抛物面天线的安装与调试

（1）正确选择位置。接收天线与卫星之间形成的直线距离之间应无阻挡（如高山、高楼等），并避免安装在有强烈电火花及同频干扰信号的场所；不在高压线附近安装，并要做好防风措施；需避免雷击。

（2）安装天线。安装天线时，一般按厂家提供结构图安装。各厂家的天线结构基本相同。1.2 m 天线的安装稍微复杂一点，应详细查看天线自带的说明书（注意：螺钉不要全部拧紧）；天线的结构反射板有整体成形和分瓣两种（2 m 以上的反射板基本为分瓣）；脚架主要有立柱脚架和三脚架两种（立柱脚架较为常见），个别 1.8 m 以下脚架为卧式脚架。

抛物面天线的基本安装步骤如下：

1）卧式脚架装在已准备好的基座上，校正水平，然后紧固脚架铁丝并焊接固定（卧式脚架须先调好方位角后方可固定脚架）。

2）装上方位托盘和仰角调节螺杆。

3）依顺序将反射板的加强支架和反射板装在反射板托盘上。在反射板与反射板相连接时稍加固定即可，暂不紧固，等全部装上后，调整板面平整再将全部螺钉紧固。这里需要注意的是有些厂家分瓣反射板是无顺序的，可随意拼装，但有些三瓣是有安装馈源支杆的安装点，这三瓣必须三分安装在里面，否则馈源支架装上后不对称馈源与天线的反射焦点不能重合，影响信号增益甚至收不到信号。整体成形的反射板装上托盘架后直接将反射板装在方位托盘上即可。

4）装上馈源支架、馈源固定盘。

5）馈源、高频头和连接矩形波导口必须对准、对齐，波导口内则要平整，两波导口之间加密封圈，拧紧螺钉，防止渗水。将连接好的馈源高频头装在馈源固定盘上，对准抛物面天线中心位置集中焦点。

计算天线焦距简单计算方法：根据抛物面天线焦距比公式：$F/D\approx0.34\sim0.4$，现以 3 m天线为例计算其焦距 $F=3\times0.35+0.15=1.2$（m），式中 0.15 为修正值，因此 3 m 天线焦距为 1.2 m。

（3）调试卫星参数。首先确定所要接收的卫星，把卫星接收机所接收的频道频率调准。有的卫星接收机频率显示为卫星频道的下行频率 3.7~4.2 GHz，有的是显示高频头的输出中频 950~1 540 MHz，即是卫星接收机的接收输入中频频率。当碰上这情况时，用高频头的本振频率 5 150 MHz 减去中频频率得出的是卫星频道的卫星下行频率。

以下是鑫诺一号卫星的参数举例。

卫星名称：鑫诺一号；

下行频率：12 620；

符号率：32 552；

高频头本振：11 300；

极化方向：垂直；

方位角：$A_z = \arctan(\tan X/\sin Y)$；

仰角：$E_1 = \arctan[(\cos X\cos Y - 0.151\,3)/\sqrt{(1-\cos^2 X\cos^2 Y)}]$；

高频头的极化角：X（当 X 为正值，高频头顺时针转动 X 度，反之逆时针转动）。

上述公式中，X = 卫星经度 - 接收地经度，Y = 接收地纬度。方位角和仰角示意图如图 6—10 所示。

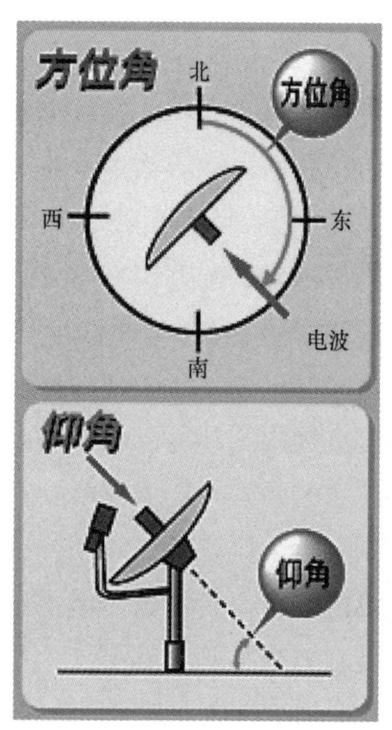

图 6—10　方位角与仰角示意图

将天线、高频头、高频电缆、接收机、电视机连成系统；经检查连接无误后，接上电源，打开电视机，再打开接收机。

（4）接收机操作

1）按下“MENU”键，电视机屏会出现主菜单，通过上下键移动到“设置转发器”，按“OK”按钮进入。这里注意要先选定“卫星名”，使用左右键来选择“Sinosat1-Ku”，然后再移到“修改转发器”菜单，按“OK”进入。这时可能会出现许多转发器，只需选择其中一个（下行频率为 12 620，符号率为 32 552，极化为垂直的）即可。之后出现对星界面，直到 Eb/NO 后面出现红颜色的条子，就表示有信号了，红条越长，信号越强。把天线反射面转向正南方向，松开仰角调节杠，让反射面上下调节灵活方便。

2）根据所要捕捉的卫星定点的经度和调试所在地的地理位置，向东或向西一点一点转动天线反射面来改变反射面的方位。每转动一点方位后缓慢上下调节，重复此操作直至出现信号，确认是所要接收的卫星节目，然后保持信号强度暂固定仰角，进行下一步方位角微调。使天线反射面朝单一方向水平转动，观察电视图像。使捕捉到的卫星信号从有到无，从强信号到弱信号转至信号刚好消失，在脚架立柱托盘交接处上下画一条直线与地面垂直作记号，再反转天线，使卫星信号图像在电视机中从弱到强，再从强到弱，转至信号图像刚好消失，在方位托盘记号处向下延伸立柱上画一条直线，这时立柱上已有两条直线作记号。

3）重复以上步骤几次，确认立柱二记号点位置无误后，把方位托盘记号转至立柱二记号点之间的中心线位置，这就是所要调试卫星的方位角位置。把紧固方位角的螺钉坚固，方位角调试完毕。用微调方位角的方法，在仰角调节杆上取二点作记号，用同样方法进行仰角微调。用调方位角和仰角的方法微调焦距和极化方向。当馈源长度有限，焦距微调不适合以上方法时，这时电视图像画面已没有了噪波点，可在馈源中塞点纸使画面出现较多的噪波点，然后调节馈源并观察电视画面，调至噪波点减至最少，即调准了焦距。

4）系统接收调试完毕，撤去现场调试设备，连接好高频头与室内接收机的同轴电缆。如果是多户接收或进 CATV 系统，侧装上功分器，有必要时加装线路放大器。

（5）天线固定

1）经过上述初步固定之后，在各个需要打孔的地方做好标记。

2）将天线整个搬开，使用冲击钻钻孔，放好膨胀螺钉。

3）将天线放回原位，固定好膨胀螺钉，然后看一下信号强度，如果有较大变化，就需再调整一下仰角。信号强度要达到 75%以上才算合格。

安装时若经多次调整，还未看到信号的，可检查：连线是否正确，电缆接头是否可靠；电视机是否切换到 AV 状态；接收机中各个设置是否正确设定（包括下行频率、符号率、极化、高频头的本振频率）；高频头的安装位置与输入到接收机中的极化是否一致。

6.2.2 信号处理设备

1. 卫星电视信号极化方式

卫星电视信号的极化方式有四种：右旋圆极化、左旋圆极化、垂直极化和水平极化。因前两种极化不常用，本书只介绍垂直极化（V）和水平线极化（H）的接收方式。

馈源的矩形（长方形）波导口方向决定了接收的信号极化方式是垂直极化还是水平极化。当矩形波导口的长边平行于地面时接收的是垂直极化，垂直于地面时接收的是水平极化。极化方向（极化角）又因地而异有所偏差。因为地球是个球体，而卫星信号的下行波束却是水平直线传播，这就造成不同方位角所接收的同一极化信号有所不同。馈源的长形波导口（极化方向）将不完全垂直或水平于地面。调整极化方向时应注意这一点。

2. 接收机

图6—11为卫星接收进CATV系统示意图。

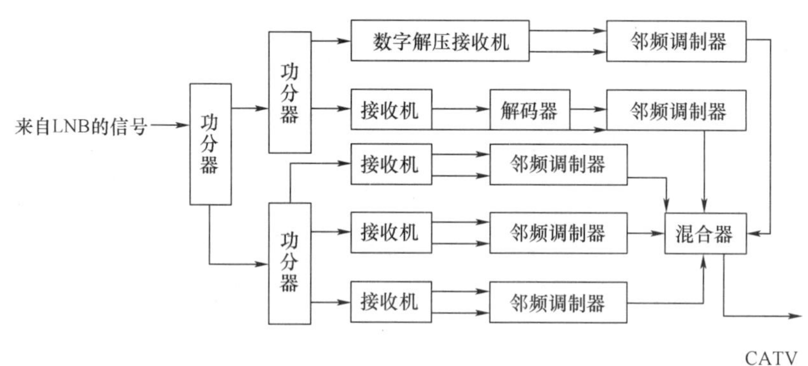

图6—11　卫星接收进CATV系统示意图

（1）接收机的组成。接收机典型结构框图如图6—12所示，它主要由变频调谐部分、解调部分、图像信号处理部分和伴音信号处理部分及其他附属功能电路所组成。

除了以上四部分信号处理主电路外，接收机一般还包括以下几部分电路：稳压电源为接收机及高频头提供工作电源；微处理器（CPIJ）实现对接收面板的遥控操作，实现工作状态的屏幕显示；极化调节电路用于控制馈源的极化方式转换；射频调制器将图像和伴音信号调制在某一频道上输出。

（2）接收机的主要作用

1）选台解调。从高频头输出的宽带第一中频信号，通过变容二极管调谐选择接收频道，然后从中频调制信号中解调出图像信号和第二伴音中频。

2）图像信号处理。对解调后的视频信号进行去加重、去扩散、放大等处理，还原为标准的全电视图像信号输出。

3）伴音信号处理。从第二伴音中频信号中解调出音频信号，再经去加重、放大等处理后输出。

此外，接收机一般还能将图像和伴音信号调制在某个电视频道上，供给电视机的天线输入插口使用。

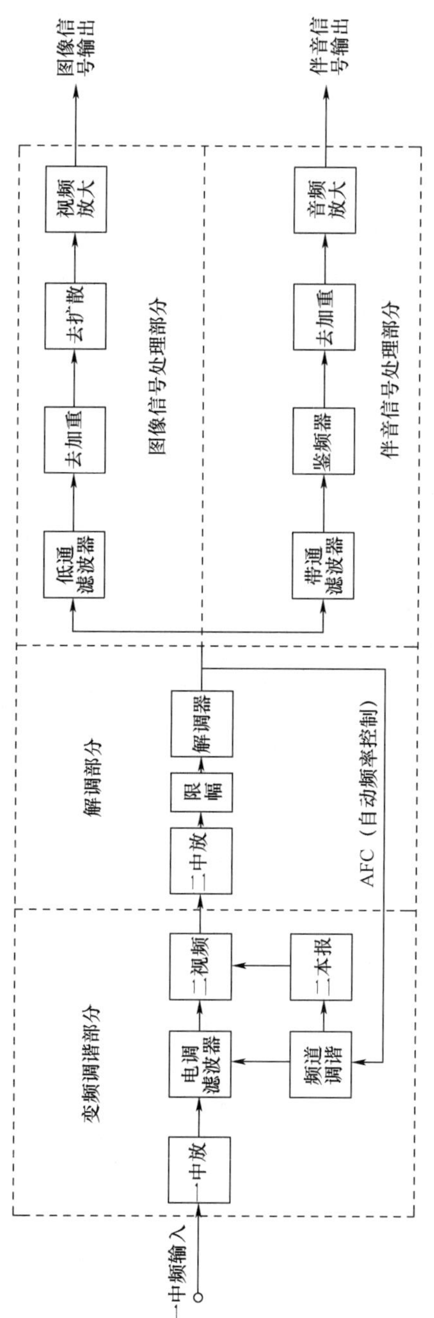

图6—12 接收机典型结构框图

3. 放大器

电缆放大器的分类方式很多。

（1）按带宽的上限频率分，有550 MHz放大器、750 MHz放大器、全频道放大器（上限为860 MHz）。前两种用于邻频传输，后一种用于隔频传输。全频道放大器虽然工作频带宽，但其他性能和技术指标较差，仅适用于短距离传输。

（2）按干线放大器有无自动电平控制分，有Ⅰ、Ⅱ、Ⅲ类放大器。Ⅰ类放大器有自动电平控制（ALC），采用两个导频信号，具有自动增益控制和自动斜率控制（ASC）能力，传输电长度达500 dB，可传输10 km以上，适用于大型有线电视系统。Ⅱ类放大器有自动增益控制（AGC），采用单导频信号，传输电长度可达250 dB以上，可传输5 km左右，适用于中型有线电视系统。Ⅲ类放大器只有手动增益控制（MGC）和手动斜率控制（MSC），其传输电长度在100 dB以下，适用于小型有线电视系统。MGC放大器根据使用方法不同还可分为两种：A类MGC放大器，其技术指标较高，可与ALC干线放大器间隔使用；B类MGC放大器，可单独串接使用或与AGC放大器间隔使用。

（3）按末级放大方式分。为了解决干线放大器最大输出电平和非线性失真的矛盾，干线放大器末级有以下几种放大方式：

1）推挽型（PP型）。由两只晶体管（一个NPN型、一个PNP型）在正、负半周期间交替工作，在输出端负载上两管集电极电流合成为一个波形。因为两个管子输出电流的基波分量相位相差180°，二次谐波相位相同，所以负载上没有偶次失真。

2）功率倍增型（PHD型）。由并联的两个推挽电路、3 dB耦合器和功率分配器组成。信号进入功率倍增型模块先进行二分配，然后送到独立的两个推挽电路，再由3 dB耦合器混合后输出。

3）前馈型（FT型）。它通过主放大器输出信号与延迟后的输入信号的比较来降低失真分量。在输入一定时，输出电平提高8 dB，失真降低16 dB。

此外，还有PHD的提高型，如AT型（比PHD型有2 dB失真改善）、PT型（比PHD型有3 dB失真改善）。

（4）按用途分，有干线站、干线放大器、桥接放大器、分配放大器、线路延长放大器和楼栋放大器等。干线站、干线放大器用于补偿电缆干线对信号的衰减，适用于远距离传输。桥接放大器一般置于干线站中作为分配点，以激励一条或多条支线。分配放大器作为一个单独的部件不置于干线站中，直接安装在分配点，适用于支干线或楼栋放大。线路延长放大器用于补偿支线损耗，可以2～3级级联。干线站、干线放大器、桥接放大器、分配放大器、线路延长放大器都是邻频传输放大器。楼栋放大器是电缆传输的最后一级放大器，它的后面是用户分配网络，它可以是全频道放大器，也可以是邻频传输放大器。

6.2.3 前端系统设备

随着近几年来数字电视事业的蓬勃发展，各地广电部门纷纷对其有线电视系统进行了改造并对数字电视业务进行全面规划，很多地区已经构建起了初具规模的数字电视前端平台。MPEG-2 编/解码器、卫星接收器、码流再复用器、QAM 数字调制器等是前端系统核心设备。

1. MPEG-2 编/解码器

基于 DCT/ME 的 MPEG-2 标准的编码技术已非常成熟。由于编码器是模拟信号向数字信号转换的首要环节，它的性能直接影响了数字图像还原后的质量。在这个模数转换和压缩的过程中，噪声干扰、量化运算的误差及一些其他因素不可避免地会给图像质量造成一定的损伤。要选用高精度的 12 位 ADC 模数转换器，并对电路 PCB 工艺布线和布地进行极其考究的设计，可避免模数之间的串扰而降低信噪比；采用 2 倍过采样，再辅以使用数字降噪滤波器，可以很大程度上提高信噪比 SNR（达到 72 dB 以上）。

彩色全电视信号属于复合信号，即色度信号是叠加在亮度信号之上进行传送的，在这种情况下非常容易产生亮色之间的相互影响，而造成亮度信号的非线性（色度信号对亮度信号产生交调失真）和 DGDP（亮度信号对色度信号产生的微分增益和微分相位失真）指标的下降，这时要采用性能优异的数字滤波器进行亮色分离。

对音频信号的输入应采取差分平衡输入放大电路，提高共模抑制比，降低干扰源引入的可能性。

电源方面，采用成熟可靠的电源设计方案，不仅可以降低热损耗，还能避免由于电源模块设计不佳而引入的周期性噪声。模块中增加的过电保护电路可以使设备性能更加可靠。

DVB 视音频专业解码器的功能和原理实际上是编码器编码的逆过程，即将压缩过的数字音视频码流还原成模拟信号。在硬件电路上的相关环节也同编码器一样通过采取相应的措施来提高诸项性能指标，使用户最终可以欣赏到高品质的视听效果。

此外，高质量的专业解码器对高输入码率节目流的速率适应、平滑和解析处理能力是非常具有实用价值的。

数字编码器信号处理流程图如图 6—13 所示。

2. 复用器

复用器最基本的功能就是将输入的多个节目源按照需要复用成一路码流输出。在复用的同时，还需要根据所复用的节目重新生成 PSI/SI，并且进行 PID（比例、积分、微分调节）再映射、PCR（节目参考时钟）修正等多项操作。目前复用器最常用的输入输出接口为 ASI（异步串行接口）。

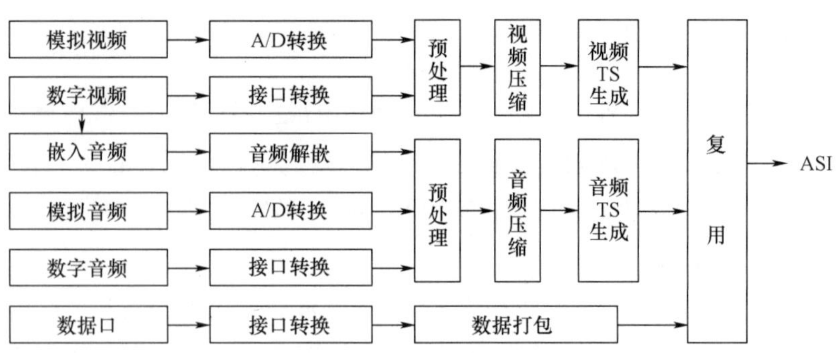

图6—13　数字编码器信号处理流程

另外，PCR修正是复用器的一个非常关键也是非常基本的技术要求。PCR简单来说就是各个节目的一个时钟标签，通过PCR，解码器可以恢复出各个视音频流的编码压缩时钟，以使其正确解码。在复用器内部进行节目复接时，如果不对PCR进行修正，就会因为节目重组和空包的丢弃与增加而造成PCR抖动，在这些抖动的PCR中，解码器无法正确恢复视音频流的编码压缩时钟，也就会影响它的解码效果，使视频出现马赛克或停顿，音频出现吱啦声等现象。因此是否具备PCR修正是选择复用器的一个关键所在。

目前在实际应用中，复用器还经常需要插入EPG信息，这就要求复用器必须具备一些额外的功能，如可以选择由复用器生成的PSI/SI等信息、可以实现任意PID的透明传输等。另外，在这种情况下，复用器需要具有多路输入口。比如当复用器的输入源为单节目码流时，至少需要8路输入，其中7路可接7个独立的码流，剩下一路输入还可以允许用户送入EPG等信息。另外，复用器通常也需要有多路输出口以应付不同的需求。比如一路输出接QAM调制器转入HFC网络中，一路输出接QPSK调制器转入MMDS网络中，一路输出接DS3适配器转入SDH网络中，最后还需要一路输出留做监控用，这样的用法可以使前端省去不少冗余的设备。

3. 独立加扰器

为打破原有的广电运营模式，开展数字付费电视业务需要CA系统支持，其中独立加扰器是十分关键的设备。

独立加扰器的基本功能就是定时生成一个随机控制字CW，并以此CW为因子经过复杂的算法对码流进行同步加扰，同时将其所连接的CAS下传的ECM、EMM等信息复用进码流中。其中加扰器提供给每个CAS的用于传送ECM、EMM等信息的带宽基本都控制在1 Mbps以内。

对于独立加扰器而言，具备同密接口是一个硬性的技术指标，但在实际使用时却既有优势又有劣势。一方面，具备同密接口意味着前端可以同时采用2种（或2种以上）不同的 CA 系统，避免整个前端和终端系统受限于一家 CA 公司，以确保整个系统安全、稳定的运行；另一方面，网络带宽通常是固定不变的，同时采用多个 CA，意味着码流中 ECM 和 EMM 占用的带宽也会相应地扩大 2 倍或多倍，这时能分配给视音频流的带宽自然也就相应地减少了，尤其是当用户数量巨大时，这种影响更显而易见。因此，在实际使用时通常都会根据具体情况酌情使用。当然，具备同密接口的独立加扰器其内部处理机制相对于不具备同密接口的独立加扰器而言要复杂得多，这其中不仅复杂在与 CAS 的通信上，还复杂在其内部对 ECM 的循环播出的控制上。

至于多密接口，则是对独立加扰器的另一种考验。多密与同密的区别，简单而言，就是同密使用一个 CW 对所有需要加扰的流进行加扰运算，而多密则是根据需要，对不同的流使用不同的 CW 来进行加扰。这就要求独立加扰器能同时生成多个 CW，并能根据 PID 自动切换 CW 对码流进行加扰运算。在内部控制和处理上，又较同密复杂了不少。在实际使用中，如果能保证所生成的 CW 是一个良好的伪随机序列，则 CW 本身被破解的可能性就几乎为零，这样就没有必要通过使用多个 CW 对不同流进行加扰这种方法来降低被破解后造成的损失，因此在实际应用中，也就并不怎么使用多密这个功能了。

6. 2. 4　信号传输系统设备

通常信号传输系统采用以下三种系统：同轴电缆传输系统、微波传输系统和光缆传输系统（见图 6—14），有时三种系统被组合使用。

1. 同轴电缆传输系统

图 6—15a 是同轴电缆传输系统。该系统使用的主要部件有干线放大器、干线桥接放大器和同轴电缆。在同轴电缆传输系统中，要达到传输要求，最主要的是选取合适的干线放大器、干线桥接放大器和同轴电缆，这也是干线传输系统设计的主要内容。

干线放大器的主要作用是补偿信号在传输过程中的损耗。通常干线放大器应有自动电平控制（ALC）和自动斜率控制（ASC）功能。自动电平控制的作用是减小温度变化对传输系统输出电平的影响，以确保传输系统输出信号电平稳定可靠。自动斜率控制的主要作用是保证不同频道的电视信号经传输系统传输后的输出电平大小保持一致。在传输系统中，传输的电视信号频带很宽，低端 1 频道图像载频 49. 75 MHz，高端 68 频道的图像载频 951. 25 MHz，而同轴电缆的衰耗随频率的升高而增加，即对低频段的信号衰耗小，对高频段的信号衰耗大，这样一来就会使传输系统的输出端，低频段的信号值很大，而高频段的信号值很小，导致用户无法正常收看电视节目。为了解决这一问题，干线放大器必须具有自动斜率控制功能，如果干线放大器自身不具有该功能，那么就必须外加斜率均衡器。

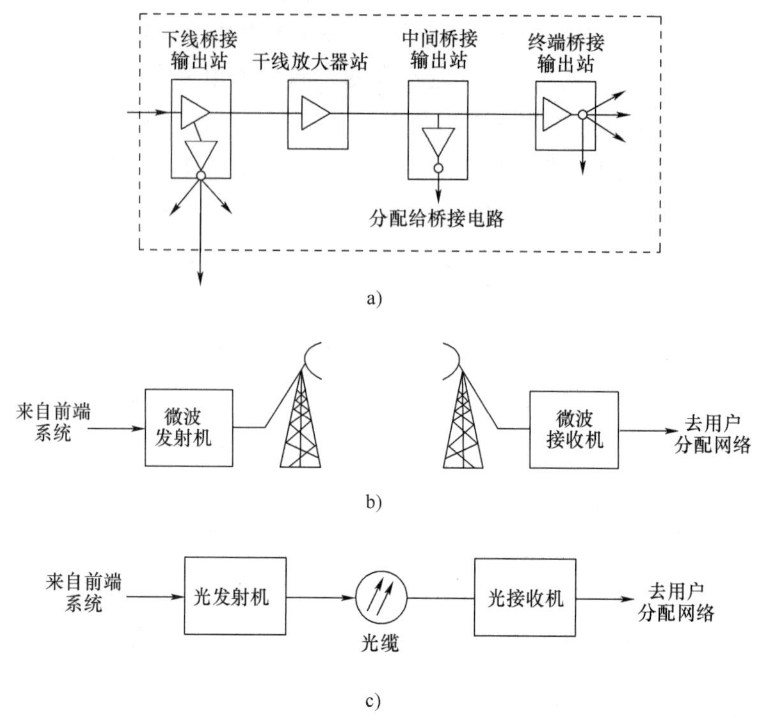

图 6—14　信号传输系统结构图

a）同轴电缆传输系统　b）微波传输系统　c）光缆传输系统

干线桥接放大器的主要作用是放大分支输出。在传输系统的传输途中，需要将接收信号分成二路或多路分别传输到不同的地方，这时就要干线桥接放大器。

2. 微波传输系统

图 6—14b 是微波传输系统。由图可见，微波传输系统主要由微波发射机、微波接收机和微波收、发天线组成。微波发射机的主要作用是将前端系统送来的射频电视信号的频率上变频到微波波段，再将其放大送往微波发射天线，微波接收机的主要作用是将接收到的微波信号下变频到电视信号频段，将其送到用户分配网络。

建立微波传输系统的关键是根据收、发两地的传输距离的设计，计算微波发射机的发射功率、微波接收机的接收灵敏度、微波收发天线的增益、收发天线的架设高度和进行收发站的选址。

3. 光缆传输系统

图 6—14c 是光缆传输系统。由图可见，光缆传输系统主要包含光发射机、光缆和光接收机。光发射机的主要作用是将前端送来的宽带电视信号转换成能在光缆中传输的光信号，经光缆传输到接收端后，光接收机再将光信号转换成用户分配网络所需的电

信号。

光缆传输系统设计的主要内容是根据收发两地的距离计算出光链路损耗，根据系统指标的要求确定接收机的输入光功率，并依此计算光发射机的发射功率。

常见干线传输设备如图 6—15 所示。

图 6—15　常见干线传输设备

a）小型干线放大器　b）楼栋放大器　c）电源供给器

d）电源插入器　e）光接收机　f）缆桥交换机

6.2.5　用户分配网络设备

用户分配网络是有线电视系统的最后一个环节，是整个系统中直接与用户连接的部分。它的分布面最广，因而其结构的合理与否直接影响到整个 CATV 系统的质量与造价。一般来说，用户分配网络是指从信号分配点至系统输出口之间的传输分配网络，通常由分配放大器（有时也要用到延长放大器）、缆桥交换机（NGB 网络）、同轴电缆、分支器、分配器等有源器件和无源部件组成，其主要功能是将信号传输系统传送来的信号准确、优质、高效地分配到千家万户，同时将用户端需要回传的信号汇聚到信号分配点上。

1. 用户分配网络的基本结构

在用户分配网络中，其分支、分配线路部分多采用星形呈放射状分布，其特点是线路短、放大器少、覆盖效率高、经济合理。用户分配网络一般沿同轴电缆干线两侧或在同轴电缆干线终端分配点或在光节点上拾取信号，再将信号传送至用户，常见的分配系统结构形式主要有以下两种：

第一种形式即在来自干线桥接（分支）放大器的分配线上串接分支器，再通过分支器直接覆盖用户。该方式要求干线分支器具有高电平的分支输出，以便带动更多的分支器(即可以负载更多的用户)。这种方式可串接线路延长放大器2~3个，一般用于覆盖位于传输干线两侧的零散用户。

第二种形式用于干线末端，主要适用于用户密集地区。这种方式不一定要求信号分配点具有很高的输出电平，只要能补偿分支线的损耗就可以了，但却要求分支放大器具有高电平输出。一般情况下该方式仅允许串接一级线路延长放大器（受载噪比以及非线性失真指标的限制)。

用户分配网络中的放大器除了要补偿电缆衰减、无源部件的插损以及分配损耗外，还要确保系统输出口具有一定的电平，因此，为了获得良好的分配效率，用户分配网络必须工作在高电平状态下（它也是整个 CATV 系统中唯一工作在高电平的部分)。另外，由于分配线路中串接的无源部件多、负载重、插损和电缆衰减均较大（为减小投资和便于施工，分配线路一般采用线径较细的电缆，因而衰减较大）以及质量指标的限制等多方面的原因，分配线路一般都不可能拉得太长，因而用户分配网络实际上是一个高电平短距离工作的网络，这一点与中电平、长距离的同轴电缆干线传输网有着本质的区别。由于用户分配网络中的放大器工作在高电平状态，因而分配网络的载噪比指标通常不成问题，但非线性失真比较突出，一般全系统的非线性失真指标会分配一半左右给分配网络。

在具体设计用户分配网络时，在保证性能参数指标的前提下，还必须结合实际情况充分考虑性能价格比、分配效率和便于发展、维修等因素。

2. 分支器与分配器的比较

在有线电视系统中常需要把一路信号分成多路信号，传输给不同的用户。为了实现这个目的，不能把几根电缆直接并联起来去同主电缆相接，因为这将严重地破坏系统的阻抗匹配，不能有效地传输信号。在有线电视系统中是采用分配器和分支器来完成这个任务的。

分配器是将一个输入口的信号大体均匀地分配到两个或多个输出口的装置。分配器的分类方法很多。按使用频率范围不同，可分为 VHF（甚高频）频段分配器、UHF（特高频）频段分配器和全频道分配器；按分配路数不同，可分为二分配器、三分配器、四分配器和六分配器等；按使用场所不同可分为室内型和室外防水型，馈电型和普通型，明装型和暗装型，普通塑料外壳和金属屏蔽型；按基本电路组成可分为集中参数型和分布参数型两类，集中参数型又可分为电阻型和磁心耦合变压器型两种，分布参数型即微带线分配器。

将干线或分支线的一部分能量馈送给用户终端盒的装置称为分支器。其中不需要用户线直接将分支器与用户终端合在一起的分支器称为串接单元。分支器通常串接在分支线的中途，由一个主路输入端、一个主路输出端以及若干个分支输出端构成。其中分支输出端只得到主路输入信号中的一小部分，大部分信号仍沿主路输出，继续向后传送。分支器中信号传输具有方向性，即只能由主路输入端向分支输出端传送信号，而不能反过来由主路输出端向分支输出端传送信号，因而常把分支器称为定向耦合器。同分配器类似，分支器也可按频率分为 VHF 分支器、UHF 分支器和全频道分支器；按电路结构分为集中参数型分支器和分布参数型分支器；按使用场所分为明装型和暗装型，普通型和馈电型。

相比较而言，分配器与分支器都是把主路信号馈送给支路信号，但它们的线路不同，性质也有较大的区别。

分配器的几个输出端大体平衡，分成不同路数的分配器具有不同的分配损失：二分配器的分配损失约 3 ~ 4 dB，三分配器的分配损失约 5 ~ 6 dB，四分配器的分配损失约 7 ~ 8 dB。而分支器则没有这样的对称性，一般来说，主路信号比分支输出信号要大得多。不同分支器的分支损失在 8 ~ 24 dB，主路信号的插入损失约 1 ~ 3 dB。

分配器中一路开路，会破坏其对称性，在隔离电阻 R 中流过电流，使系统阻抗不匹配，容易形成反射波影响整个系统的性质，同时，因为分配器无反向隔离本领，支路信号容易对主路干扰，在使用中一定不能使任一支路开路。分支器中分支输出的能量较小，开路后对主路影响不大，故用户电视机可以不接在分支器上。但其主路输出端最末端的电阻也不能开路。在用户分配网络中，分支器一般连成一串，而分配器则常采用树枝型连接。

常见分配器与分支器如图 6—16 所示。

a)

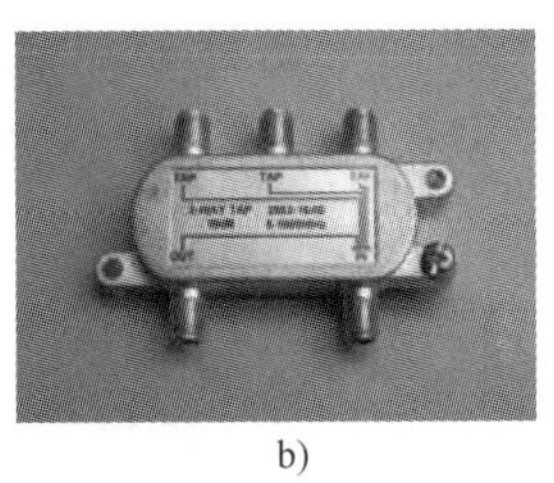
b)

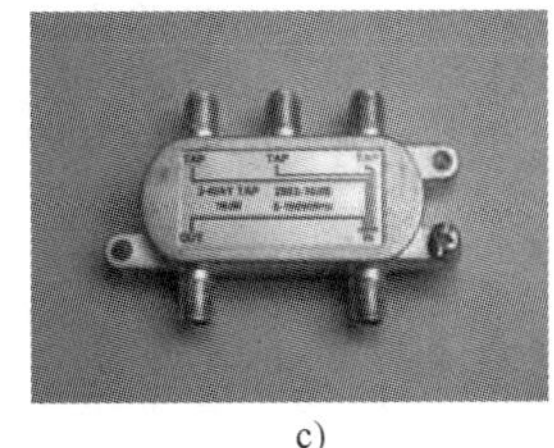
c)

图 6—16　常见分配器与分支器

a）室外分配器　b）室内分配器　c）室内分支器

6. 2. 6　设备防雷接地与安全防护

在有线电视系统中，卫星电视接收天线与电视接收天线都安装在室外，前端系统设备调制混合放大后的电视信号必须通过室外电缆传送给用户，系统的供电又采用交流电源。因此雷电可通过室外的接收天线电缆线和电源线等途径被引入室内，给设备和人身安全带来严重威胁。

1. 室外设备的防雷与接地

有线电视系统的室外设备有信号接收系统设备和信号传输系统设备等，下面分别介绍这两部分的防雷方法。

（1）信号接收系统设备的防雷。目前防止雷击接收系统设备的有效方法是安装避雷针和将接收天线可靠接地。

避雷针的安装方法主要有两种，一种是安装独立的避雷针，另一种是利用天线杆（或天线面）顶部加长安装避雷针。两种方法的保护半径必须覆盖室外信号接收设备，保护范围可由下式计算：

$$R\text{（保护半径）} = h\text{（避雷针与地面高度）}\times 1.5$$

避雷针的接地与接收天线的接地距离必须大于1 m，地线的埋设深度不小于0.6 m，接地电阻不能超过4 Ω。接地引线要求尽量垂直。

（2）信号传输系统设备的防雷。有线电视信号传输系统一般为明线安装，传输网络范围大，因此遭雷击范围也大。目前有线电视信号传输系统的防雷措施主要有如下几种：利用吊挂电缆的钢丝作避雷线，方法是在钢丝的两端用导线接入大地，其接头要求采取防水措施，以防因雨水灌入而生锈；在电缆的接头和分支处用导线把电缆的屏蔽层和部件的外壳引入大地；在电缆的输入或输出端安装同轴电缆保护器或高频信号保护器。

2. 室内设备的防雷与接地

避免雷电沿电源线窜入设备的主要措施是在电源配电柜或电源板上安装氧化锌避雷器和电源滤波器。目前出现一种新型的电源防雷装置——配电系统过电压保护装置（DSOP），它能在一定时间内抑制雷电和电源的过压，保护设备不受雷电沿电源线进入造成的危害。

室内应设置共同接地线，所有室内设备均应良好接地，其接地电阻应小于3 Ω。接地线可用钢材或铜导线，接地体要求用钢块，其规格根据接地电阻而定。

3. 注意事项

在雷雨季节，应经常检查各点接地情况。在雷雨天气，不能靠近避雷针、天线和其他设备的接地点。在雷雨天气，不要用手触摸设备机壳和接地线。

技能要求

本章技能要求需在有线电视系统实训台（见图6—17）上操作完成，系统组成包括：

四分配器×1，型号：2774N

四分支器×5，型号：2874

终端盒×10，型号：2951K

86 盒×10，型号：NEH1-201

场强仪×1，型号：DS1001

电视信号发生器×1，型号：ST-2013

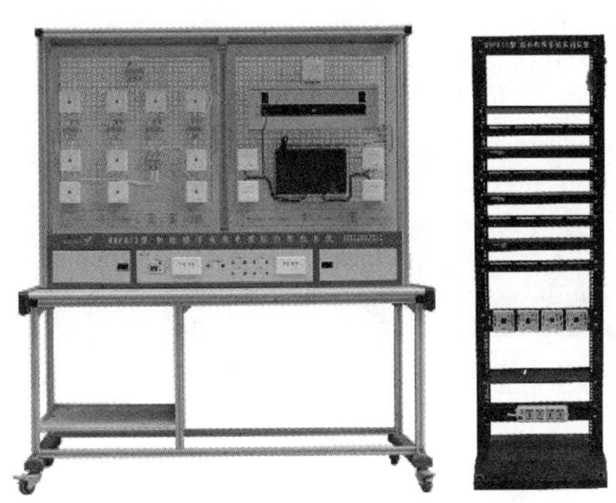

图 6—17　有线电视系统实训台

卫星电视线缆的 F 头端接

操作准备

（1）3 m 卫星电视线缆 1 根。

（2）自紧式 F 头 2 个。

（3）网线剥线器 1 把。

（4）剪刀 1 把。

相关知识

通常市场上有三种类型的 F 头。第一种是自紧型 F 头，这种是三种 F 头中与同轴电缆连接后最为牢固的一种。第二种是插入式的 F 头，使用广泛，但是最不牢固。第三种是冷压式 F 头，需要用专业工具冷压。

操作步骤

步骤 1：首先使用剪刀将有线电视线缆外皮剥除，剥除外皮长度约为 20 mm，然后将线缆中的白色绝缘层剥除，剥除长度约为 15 mm，制作后如图 6—18 所示。

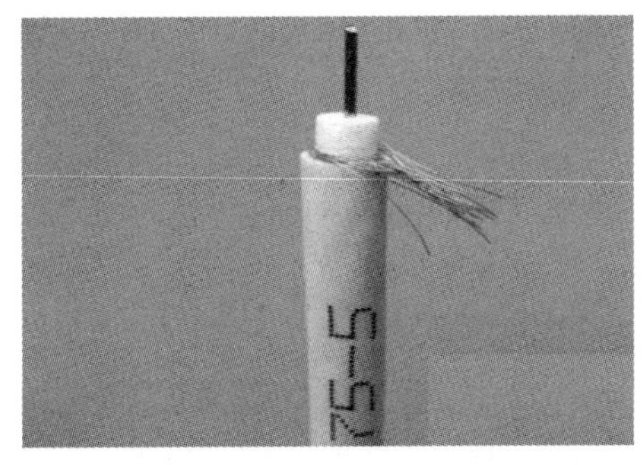

图 6—18　剥线效果示意图

步骤 2：确保有线电视线缆中间的铜芯长度不要超过 1 cm，如图 6—19 所示，否则可能会造成设备短路而烧毁。

步骤 3：将自紧式 F 头套上，并用手顺时针用力拧，如图 6—20 所示。

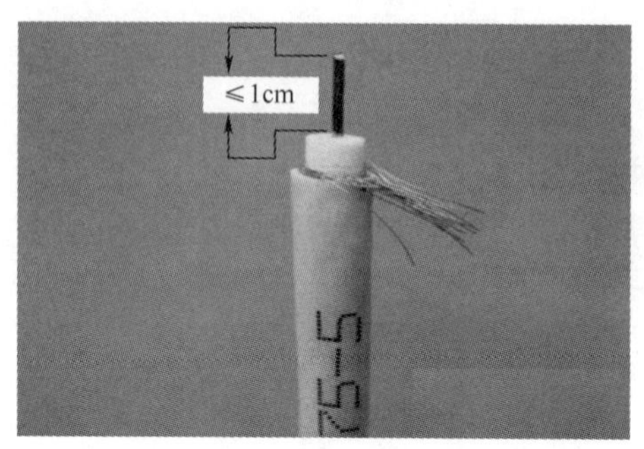

图 6—19　有线电视线缆铜芯预留示意图

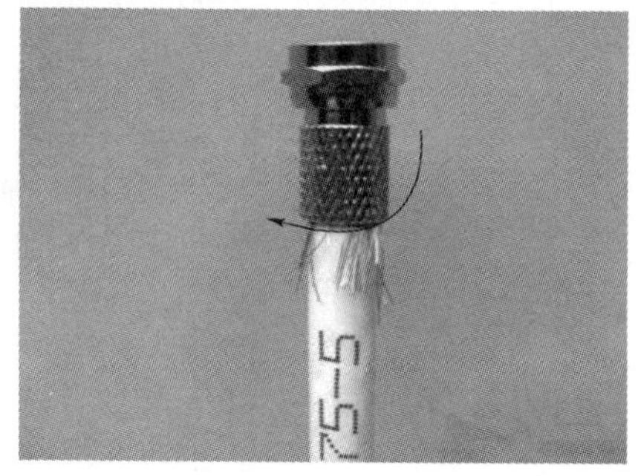

图 6—20　顺时针拧 F 头

步骤 4：拧到露出中间的铜芯为止，如图 6—21 所示。

图 6—21　有线电视线缆端接效果图

步骤 5：按照同样的方法端接另一端。

步骤 6：将做好的线缆一端连接电视信号发生器，另一端连接场强仪，如图 6—22 所示，记录测试数据。

注意事项

（1）线路连接时应插紧，并确保连接正确。

（2）严格按照步骤操作，启动前应将音量开关调至较小位置。

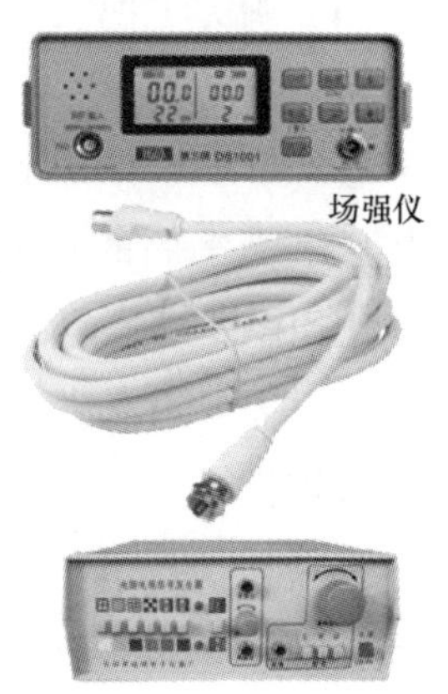

图 6—22　线缆测试

有线电视系统前端系统设备组网安装

操作准备

(1) 准备实训导线、万用表等实训材料与工具。

(2) 检查设备电源。

操作步骤

步骤1：按照图6—23连接线路。

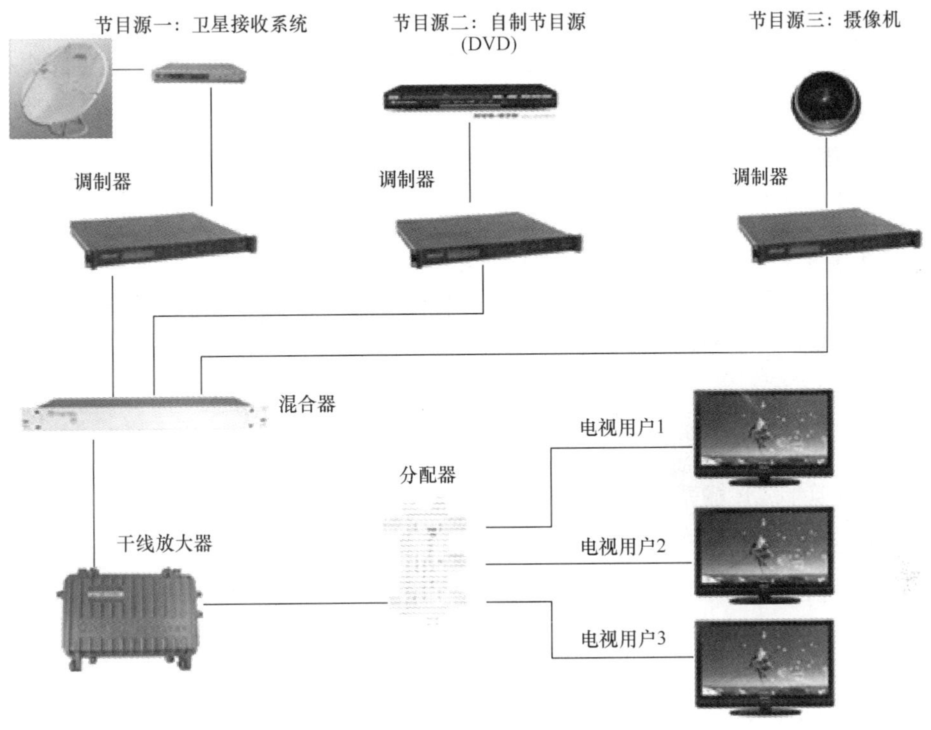

图6—23　有线电视系统图

步骤2：选择DVD为节目源，通过场强仪在终端盒上进行测试，并记录测试数据。

注意事项

(1) 线路连接时应插紧，并确保连接正确。

(2) 严格按照步骤操作，启动前应将音量开关调至较小位置。

本章测试题

一、判断题（将判断结果填入括号中，正确的填“√”，错误的填“×”）

1. 有线电视又称闭路电视，是一种电视接收传输系统。（ ）

2. 模拟电视前端比数字电视前端能使系统中传输更多的电视节目。（ ）

3. 分支器中信号传输可由主路输入端向分支输出端传送信号，也可由主路输出端向分支输出端传送信号。（ ）

4. 电缆传输是技术最简单的一种干线传输方式。（ ）

5. 天线的安装不应接近高压线。（ ）

6. 我国电视制式采用的是 PAL-D 制。（ ）

二、单项选择题（选择一个正确的答案，将相应的字母填入题内的括号中）

1. 不属于有线电视系统组成的是（ ）。

A. 前端系统　B. 信号传输系统

C. 信号接收系统　D. 信号分配系统

2. 同轴电缆干线传输系统的特点是（ ）。

A. 传输信号损耗较小

B. 干线中所需串接放大器的数量少

C. 传输信号电平在不同季度会出现较大波动

D. 对高频信号的衰减量小，对低频信号的衰减量大

3. 不是干线传输系统传输主要方式的是（ ）。

A. 光纤　B. 微波　C. 同轴电缆　D. 双绞线

4. 以下不是接收机的主要作用的是（ ）。

A. 选台解调　B. 图像信号处理　C. 伴音信号处理　D. 信号传输

三、简答题

1. 简述有线电视系统组成。

2. 简述用户分配网络中无源分配网的四种主要组成方式及其特点。

3. 有线电视系统干线有哪几种形式？请简述光缆干线传输系统的优点。

4. 用户分配网络由哪些设备组成？

本章测试题答案

一、判断题

1. √　2. ×　3. ×　4. √　5. √　6. √

二、单项选择题

1. C　2. C　3. D　4. D

三、简答题

略

第 7 章

电子会议系统

学习目标

➢ 了解电子会议系统的概念与主要功能
➢ 熟悉电子会议系统基础知识与相关技术
➢ 熟悉电子会议系统主要设备性能
➢ 能够进行电子会议系统设备选型、安装与连接

知识要求

随着社会的进步和技术的发展，传统会议方式已经远远满足不了现代会议的要求。现代会议要求进行大量的信息传递和交流。文字、音频、视频信息要在这里进行交流和讨论。因此，近几年来多功能的智能型会议系统越来越受到人们的重视，得到了广泛的应用和发展。它涵盖了会议发言系统、音频扩声系统、视频系统、自动摄像系统、环境控制系统、集中控制系统等技术，成为一个新的系统集成概念。本章将系统介绍电子会议系统的组成和功能特点，使读者能比较全面地了解电子会议系统的应用技术、组成结构、设备分类和性能指标，掌握常用的系统分析、设备调度安装等实用技术。

7.1 电子会议系统功能与组成

7.1.1 电子会议系统功能

电子会议系统在传统会议系统设备的基础上，集成了音视频采集、处理、输出设备，并配备智能化的集中控制系统。它继承了传统的会议形式和流程，同时增强了与会者在声、光、控制上的体验。

电子会议系统的应用范围从普通意义上的会议室扩展到了多媒体会议室、远程视频会议、宴会厅、剧场、数字教室、智能法庭、多功能手术室、虚拟演播室等细分领域。

电子会议系统的主要功能包括扩声、视频显示、设备集中控制及会议周边辅助。

1. 扩声

扩声功能一方面包括了传统会议系统中的模拟扩声功能，即与会者通过模拟话筒（有线话筒或无线话筒）进行声音采集，经音频处理设备及调音设备处理后，通过功放和喇叭将声音送至会场。另一方面还加入了现代电子音频处理设备，如数字话筒、数字音频处理器和数字调音台，增强了对音频信号的采集与处理容量与能力。电子会议系统的扩声功能不仅能满足普通会议的本地扩声要求，还具备 Dolby 5.1 立体声、DTS（数字影院系统）扩声等功能，可满足会场对立体声音源的高质量播放要求。

2. 视频显示

视频显示功能包含单机投影显示、多台投影机拼接/叠加显示、投影/LCD（液晶显示器）拼接显示、LED 屏显示等。在信号源方面，不但可支持 VGA 模拟接口的图像，也可支持高清信号接口，如 DVI（数字视频接口）、HDMI（高清晰度多媒体接口）、SDI（串行数字接口）、DP（高清数字接口）等，还支持网络视频流。图像分辨率从标准的 VGA 分辨率 800×600@ 60 Hz 至 1 920×1 080@ 60 Hz 的高清信号，最高支持 4 K（3 840×2 160@ 60 Hz）分辨率的超清图像和 1 080 P 的 3D 图像信号。

3. 设备集中控制

设备集中控制功能除负责对所有会议系统设备（投影机、电动幕布、音频处理器、视音频矩阵、显示屏、桌面升降机等）进行控制外，还可控制会场内的辅助设备（如窗帘控制、灯光控制、空调通风控制、舞台机械控制等）。并进行信息采集，可探测温度、湿度、环境照度等会场环境参数，为全自动智能化控制提供依据。用户的控制方式从集控触摸屏和墙装按钮开关等简单方式，发展到通过平板电脑或手机即可对整个会场设备进行控制。

4. 会议周边辅助

会议周边辅助功能包括会议数字签到及表决、无线同声传译、多媒体信号发布、会议流程控制等。

7.1.2 电子会议系统组成

电子会议系统的应用环境种类纷繁复杂，所选用的设备品牌也层出不穷，但究其功能而言主要由音频扩声系统、视频系统、集中控制系统和会议辅助系统组成。

1. 音频扩声系统

音频扩声系统又称专业音响系统。自然声源（如演讲、乐器演奏和演唱等）发出的声音能量有限，其声压级随传播距离的增大而迅速衰减。由于环境噪声的影响，使声源的有效传播距离变得更短。因此在公共活动场所可以用电声技术进行扩声，将声源信号放大，提高听众区的声压，保证每个听众能获得适当的声压级，以便能更有效地接收来自音源的信息。随着电子技术、电声技术的高速发展，扩声系统的音质有了很大的提高，可以满足人们对环境音质越来越高的需求。

电子会议系统的音频扩声系统主要由音源、音频处理器、功率放大器、扬声器与导线组成。音频扩声系统的整个采集、处理和传输的过程就是将模拟音频信号转成数字音频信号再转成模拟音频信号的过程（AD-DA）。

（1）音源。音源是指电子会议系统中所有声音的来源和这些声音的采集与输出设备的总称。它包含各类话筒和音频播放器（如蓝光 DVD 播放器、数字机顶盒及电脑音源等数字播放设备）。

话筒分为动圈式和驻极体话筒两类。动圈式话筒即无源话筒（无须幻象供电），适合演出现场使用，拾音距离近，多为心型拾音方式。一般所有的手持无线话筒多为动圈拾音头，典型代表型号有 SHURE SM58 等（见图 7—1）。驻极体话筒即有源话筒（电池或幻象供电）。小型驻极体话筒，震膜尺寸较小，适合会议室人声等使用，拾音距离远，拾音方式有全向、心型和超心型方式，典型代表型号有 SHURE Mircoflex 系列。大型驻极体话筒震膜尺寸较大，通常称为电容话筒，常用在录音棚使用，典型代表有 Neumann U87。

图 7—1　SHURE 无线话筒套件

（2）音频处理器。音频处理器是修整、处理和分配音频信号的设备，它是音频扩声系统的核心环节。模拟音频处理设备包括均衡器（见图 7—2）、反馈抵制器、音箱控制器、模拟调音台、效果器等。模拟音频处理设备直接对模拟信号进行控制和修正，每个设备具有特定的设计功能。

图 7—2　模拟音频均衡器

数字音频处理器先将模拟音频信号转化为数字信号，然后对数字信号进行编码上的调整与修改，最后将修改后的数字信号转换成模拟信号输出。数字音频处理器采用数字化处理器，可按用户需要的功能进行编程。在一台数字音频处理器上即可实现多项音频处理功能，这极大地提高了音频处理能力并实现了设备的小型化。数字音频处理器的通道数较多，特别适用于多声道的音频系统下，常见的品牌有：BIAMP 的 NEXIA 系列，EXTRON 的 DMP 系列（见图 7—3）等。

（3）功率放大器。功率放大器简称功效，其作用是将音频信号进行放大，推动喇叭扩

图 7—3　Extron DMP128 数字音频处理器

声，主要分为定压功放和定阻功放。功放的主要性能参数为输出功率和负载阻抗。

（4）扬声器。扬声器（也称喇叭，见图 7—4）是一种把电信号转换成人耳能听到的声音的能量转换设备。通过使其中央的纸盆或薄膜振动，带动周围空气振动，从而发出声音。扬声器按信号传输方式可划分为定压、定阻、有源扬声器等；按使用场合可划分为吸顶安装、流动、固定吊装等；按频率划分有高频、低频、全频扬声器；按声场覆盖划分有指向性号角方式、全向球顶方式、强指向性线阵方式等。主要品牌有 EV、JBL、BOSE 等。

图 7—4　挂壁喇叭和吸顶喇叭

2. 视频系统

电子会议系统的视频系统主要由视频信号源、视频处理器、视频显示设备及视频传输设备组成。现代的会议系统中的视频设备已经有全面向数字化转型的趋势，而传统的模拟视频信号设备正逐渐被淘汰。

（1）视频信号源。视频信号源是产生图像信号的设备总称，主要包含摄像机、数字播放器和便携式计算机等设备。

1）摄像机。摄像机分为模拟摄像机与数字摄像机两种。模拟摄像机的输出信号常为复合视频信号（Composite Video），其分辨率从 380 线至 450 线不等。复合视频接口又称莲花头，如图 7—5 所示。数字摄像机的输出信号采用数字编码方式，常用接口有 DVI、HDMI 及 SDI 等，其图像格式分辨率可以从 720 P 至 1 080 P。DVI 和 HDMI 接口如图 7—6 所示。

图 7—5　复合视频接口

图 7—6　DVI 和 HDMI 接口

2）数字播放器。数字播放器按图像来源可分为数字硬盘播放器、数字光盘播放器和网络流媒体播放器。数字硬盘播放器的片源存放于播放器自带的硬盘中，其特点是容量大、读取迅速、资料保存时间较长，但资料更新慢。数字光盘播放器即为普遍使用的 DVD 或蓝光播放器。网络流媒体播放器是现在较为新兴的一种播放器，其播放内容均来源于网络（内网或 Internet），其特点是内容更新速度快，且无本地存储空间要求，但其播放流畅度与清晰度与网络质量有直接关系。

（2）视频处理器。视频处理器是指对视频信号进行编辑、调整和加工处理的设备。通常包含视频切换器、视频矩阵切换器、格式转换器、图像分割器、拼接融合器等。其主要作用是对视频信号进行路由控制、信号增强、图像组合等。

1）视频切换器。视频切换器由多路输入接口和一路输出接口组成，同时只能选择一路输入信号输出（多选一）。

2）视频矩阵切换器。视频矩阵切换器由多路输入接口和多路输出接口组成，可将任意一路输入信号切换至任意一路输出。

3）格式转换器。格式转换器的作用是在不同格式之间进行转换。比如，将复合视频信号转换成 VGA 格式信号，或将复合视频或 VGA 图像转换成 HDMI 图像。在低分辨率图像格式向高分辨率图像格式转换时，图像清晰度不会影响。但将高分辨率格式图像向低分辨率格式转换时，转换后的图像分辨率将有一定的损失。在不同长宽比图像格式之间进行转换时，图像会被拉伸或切割。

4）图像分割器。图像分割器主要有两个功能。其一是将一个完整的图像，按用户需求分割成若干个子画面，常适用于多屏显示系统。另一种意义上的图像分割器被称为多画面处理器，是将多个图像合并成一个图像。如 4 画面分割器和 16 画面分割器，常用于安防监控领域。在视频会议系统和指挥控制系统中也会用到多画面的分割器。

5）拼接融合器。图像拼接融合器是一种特殊的图像分割器。它专用于拼接融合投影屏系统中。它的作用是将一幅完整的图像分割成若干个子画面，并羽化每个画面边缘，使拼接所有画面后形成一幅完整的图像，效果如图 7—7 所示。

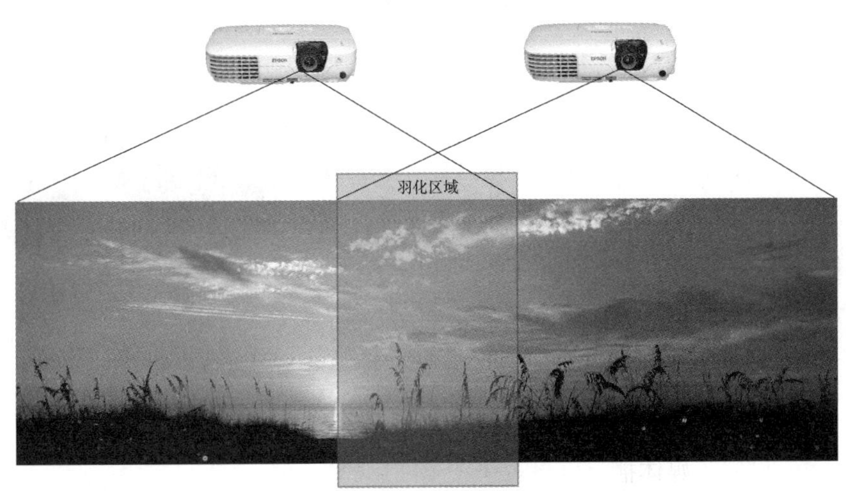

图 7—7　拼接融合器效果示意图

（3）视频传输设备。视频传输设备主要起到连接各视频设备的作用。随着视频系统数字化浪潮的崛起和网络技术的不断发展，视频传输介质已由视频传输线缆向视频传输设备转变的趋势。特别是在大型会场或全高清系统中，普通的线缆已经无法满足高清信号长距离传输的需求，双绞线、以太网以及光纤作为视频信号的传输介质正越来越多地被采用，在单链路中不但传输音视频信号，而且还能同时传输高清图像、3D 图像、DTS 5.1 立体声、控制信号及以太网络。使原本多个系统的通信功能集中于单一传输通道内，这就是现代视频传输设备的功能强大之处。通常在网络系统中所使用的 RJ45 接头、单/多模光纤接头也越来越多地被运用到高清图像传输设备中来。

3. 集中控制系统

集中控制系统好比是电子会议系统的中枢神经，是连接用户与系统设备之间的桥梁和纽带。集中控制系统的作用是通过操作控制界面或按钮，使集中控制主机向受控设备发送特定指令，使设备做出相应的动作。集中控制系统主要包括集中控制主机、控制接口与用户界面三部分。

（1）集中控制主机。集中控制主机（见图 7—8）是控制系统的大脑，所有控制逻辑和功能都运行和存储在集中控制主机中。所有控制接口与用户界面也直接与集中控制主机相连。

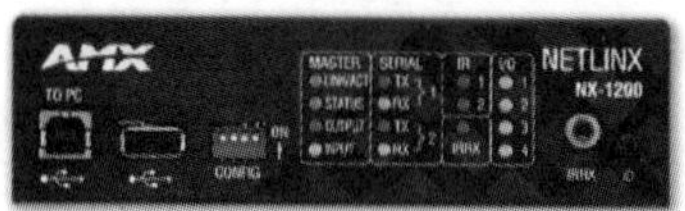

图 7—8 集中控制主机

（2）控制接口。控制接口按控制方式可分为编码控制、通断控制和模拟量控制三种方式。编码控制包括通过串行接口（见图 7—9），采用 RS232、RS422 或 RS485 通信协议、网络控制协议和特殊编码协议等形式，常用于控制成系统的单元设备，如投影机、音视频矩阵、显示屏等。专业的灯光、空调系统的控制可通过特定的协议转换设备进行控制。通断控制包括弱电和强电通断控制，常用于控制单一简单功能的设备，如投影幕布、窗帘、开头灯具等。模拟量方式主要用于一定数值范围内的参数控制，如温度、风量、音量等。

图 7—9 RS232 接口

（3）用户界面。用户界面常见的形式有计算机控制界面、专业触摸屏和通用触摸屏等，同时还包括一些专业的控制按键等。图 7—10 为基于 iPad 的集中控制系统用户界面。

图 7—10 基于 iPad 的集中控制系统用户界面

4. 会议辅助系统

会议辅助系统是指为满足特定用户对会议系统特殊需求的会议周边系统。常见的会议辅助系统有会议签到系统、多媒体公告系统、会议预约/排期系统、摄像机自动跟踪系统、会议流程控制系统等。

7.2 电子会议系统应用

7.2.1 视频会议系统

视频会议是一种典型的多媒体通信应用实例。20 世纪 60 年代发达国家就开始进行视频会议的研究。早期的视频会议系统以模拟方式传输，占用很大的带宽，其代表有美国贝尔实验室研制的可视电话、英国 BT 公司的 1 MHz 带宽黑白视频会议系统。20 世纪 80 年代末至 90 年代初，随着微电子、计算机、数字信号处理及图像处理技术的发展，视频会议的理论研究和实用系统研制方面得到了迅速发展。总的说来，其发展主要经历了模拟视频会议、数字视频会议和国际统一标准的数字视频会议三个阶段。

20 世纪 80 年代末至今，多媒体技术、计算机技术、通信网络技术日新月异。国际电报电话咨询委员会（即现在的国际电信联盟）形成了 H. 200 系统建议，规定了统一的视频输入输出标准、算法标准、误码校验标准及一系列互通的模式转换标准，解决了不同厂商的设备互通问题，极大地推动了视频会议的发展。目前常用的视频会议设备品牌有 POLYCOM（宝利通）、CISCO（思科）、VTEL（威泰视讯）、华为、中太等。

1. 视频会议系统的组成

视频会议系统一般是由视频会议终端、多点会议控制器（MCU）、网络平台通信系统、管理工具配件等构成。

（1）视频会议终端。视频会议终端（见图 7—11）负责采集一个会场的图像和声音信号，使用编解码器将这些信号转换为数字信号后，再通过网络将这些数字信号传输至远端的视频会议终端或 MCU。同时还将远端传来的数字图像信号解码后输出至本地的音视频设备上。

（2）多点会议控制器（MCU）。MCU 负责组织会议所有的参与方设备，并管理所有视

图7—11　思科C60视频会议终端

频流的切换和组合，起到一个中间管理员的角色。

2. 点对点视频会议

点对点视频会议只有两个参加会议的视频会议终端，一方直接通过IP地址向对方进行呼叫。通过视频会议终端的遥控器或管理工具，输入对方的IP地址或在终端的地址簿中查找目标主机的信息。这一过程就像是打电话一样。

在拨通对方终端后，可直接看到对方的画面。通过对本地视频会议终端的一些设置可实现画中画功能（一个屏幕中既能看到本地会场的图像又能看到对方会场的图像）和双流视频信号（主流为本地摄像机图像，辅流为本地计算机图像）。

双流视频会议是指在一个视频会议中，一个会场向另一个会议发送二路视频图像流。一路为摄像机视频图像，另一路通常为计算机输出图像流，主要用于演示说明、教学辅助和信息共享。此时，无论是发送端会场还是接收端会场，一般采用以计算机图像作为大画面，摄像机图像作为辅助画面的形式。

3. 多点视频会议

多点视频会议中需要使用MCU。所有的终端以点对点方式向MCU发送数据流。用户根据会议类型与需要，通过MCU控制所有的数据流，同时还能管理所有接入的终端设备的状态并控制终端设备的常用功能，如摄像机控制、话筒静音等，使多点会议能顺利地进行。

多点视频会议通常由MCU来确定主会场（信息发布的会场）和分会场（接收信息的会场）。一般正在发言的会场会被认为是主会场。此时，MCU会将该会场的图像分发给所有分会场。主会场或分会场不是固定不变的，而是根据会议进程而变化的。

7.2.2　数字会议发言系统

1. 数字会议发言系统的组成

数字会议发言系统（见图7—12）是一种数字式的会议话筒系统。它由中央控制单元

(CCU)、主席机和代表机等组成。它具有数字发言、会议管理等功能。

(1) 中央控制单元——CCU。中央控制单元连接所有数字发言系统设备，是数字会议发言系统的核心，具有会议控制、设备管理、故障诊断等功能。中央控制单元通过专用线缆，以串连的方式（又称手拉手连接方式，见图 7—13）将所有主席机、代表机和其他节点设备连在一个环型网络上。通过各节点设备中的不同的 ID 号，对设备进行管理，控制发言话筒数量、发言时长、发言顺序、投票等会议进程。

图 7—12　数字发言系统

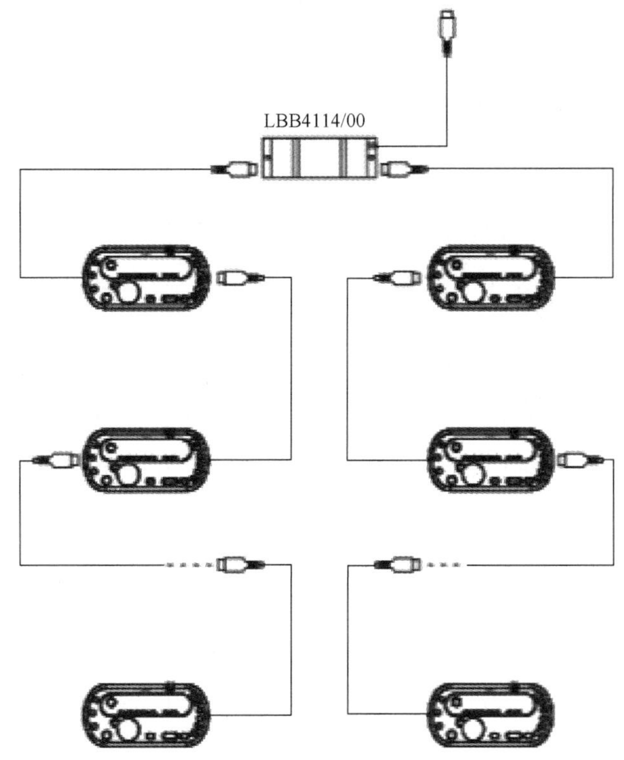

图 7—13　手拉手连接方式示意图

(2) 主席机和代表机。主席机和代表机是典型的数字会议发言系统的节点设备。一个主席机或代表机就是一个可参与会议发言的席位。代表机由话筒按钮和话筒杆组成，具有投票功能的代表机还有相应的投票按钮。发言人通过按下话筒按钮进行发言或加入发言队列。主席机具有所有代表机的功能，并增加一个优先发言按钮。根据一般的会议设置，当按下主席机优先按钮后，主席席位将具有优先发言权。

2. 数字会议发言系统的功能

（1）数字发言。在整个数字会议发言系统中，发言功能是最基础的也是最核心的功能。每个话筒都配有一个发言按钮。当需要发言或请求发言时，与会者先按下发言按钮。此时系统会根据会议进程和会议模式的设置，直接打开该话筒，或将该话筒列入发言列表，待前序发言结束后，将自动打开该话筒进行发言。话筒指示灯将以不同的颜色指示该话筒当前的发言状态。当发言结束时，与会者可按下发言按钮关闭话筒，或按会议模式设置的发言时间，自动关闭发言中的话筒。

在正常发言流程中，代表机按正常顺序进行发言，而主席机则具有优先发言功能。在主席机的面板上，具有一个优先发言按钮。按下该按钮后所有代表机的发言功能暂停，正在发言的话筒进入静音状态。等主席机释放优先按钮后，所有代表机发言功能恢复正常，正在发言的话筒返回发言状态。主席机优先发言功能一般用于发言过程中的会议进程控制或重要内容的补充等临时发言。一个数字发言系统中可以不设主席机，也可设置多个主席机。系统所支持主席机的数量由CCU确定。

（2）系统配置。通过系统自带的软件或是通过CCU自带的控制面板，可进行会议管理。首先进行会议设备配置，将需要用到的会议设备编入该会议中，一般应用于大型会场和大数量的话筒管理。其次，设置会议类型和发言顺序。在有组织的会议中，一般在开会前会制定会议流程。在会议流程中会规定发言顺序。此时的话筒状态由系统接管，按会议流程打开或关闭话筒。每个话筒的发言时长可以事先设置好，也可以让与会发言人自行控制。这时同时打开的话筒数量通常为一个。而在小型会议中，并不会设置会议流程。会议管理者更多关注的是话筒管理。为了避免会议发言的混乱无序，可以通过设置活动话筒数量来限制。

（3）话筒管理。常见的话筒管理方式有队列模式和越权模式。队列模式是指当达到活动话筒限制数量时，后续的话筒将无法直接打开，而进入发言等待队列。待前序话筒关闭后，自动打开最先进入等待队列的话筒。这个模式有一个弊端，即如果前序话筒没有关闭。上一个发言者在发言后离开，或没有即时关闭话筒时，后续话筒将无法自动打开。所以就产生了第二种话筒管理模式——越权模式。越权模式顾名思义就是，当活动话筒数量达到限制数量后，后序发言者按下发言请求按钮时，系统会自动关闭第1个活动话筒并打开最后一个发言请求的话筒。两种模式各有优缺点，应按照会议发言特点和用户习惯进行选择。

（4）表决管理。表决管理是用于会议议题表决时的功能。表决的流程一般先为发起表决、等待与会者表决、最后结束表决并计算表决结果。这一过程可由会议控制软件来控制，也可由具有表决功能的主席机控制。表决结束一般会显示在会议控制软件的界面里或主席机显示屏上。

表决功能是会议进展中的重要一环，所有与会人员可就一个议题进行表决。根据不同的表决形式可分为议案表决和评价表决（又称为多项表决）。

1）议案表决。议案表决的可选项通常为三个（同意、反对、弃权）。当表决开始后，各与会人员通过按下对应的按钮，对议题进行投票。CCU 根据投票结果显示该议案是否通过。例如，对某一项公司制定的规定或人员任命进行投票。投票人在“同意”“反对”和“弃权”三个选项中进行选择。根据最终计票结果决定是否通过该项议案。

2）评价表决。评价表决是针对某一提案进行评价，表决最终结果是一种评价性的结论。通常有五个选项：非常好、较好、中、较差、差（以++、+、0、-、--来表示）。评价表决也可用于单项选择表决。投票者可根据自身意愿，在多个选择中选择一个最优的选项。例如，对某一岗位的人员任命中，有 5 个候选人。此时大家通过投票在 5 个候选人之中选择一个支持率最高的人。这里，5 个选择按钮，分别对应 5 个候选人。选票最多的一位当选。

（5）摄像机控制。摄像机控制也是数字会议发言系统的一个特色，特别是摄像机自动跟踪控制，大大提高了会议设备的使用效率，同时提高了会议的录像和转播的质量。常用的数字会议发言系统都带有摄像机自动跟踪功能（或选配）。它的功能是在有人在发言时，摄像机会根据事先设置好的位置拍摄发言人发言的画面。一般情况下，在会议召开前会设置好每个席位的摄像机预置位。在开会过程中，根据话筒打开的情况调用这些预置位即可。在图像不满意的情况下，可操作会议管理软件，对摄像机进行微调，保证画面质量。

7.2.3 同声传译系统

同声传译系统又称同传，在逻辑上是数字会议发言系统的一个子功能。有些数字发言系统本身就支持同声传译功能，而有些同声传译系统是独立于会场发言系统的。

同声传译是指在会议的进行过程中，翻译人员将会议发言人所说的语言（母语）同步翻译成第二种语言（外语），并将翻译后的语音即时传递至接收者的过程。同声传译有三个特点，首先是同步。即会议发言人的发言、翻译工作和收听者，这三种人员的动作都是同步进行的。体现的是一种即时性。使所有与会者同时听到发言人的语意。这种即时性是保证多语种会议顺利进行的基础。其次，是多语种环境。根据系统支持的设备数量不同，所能同时使用的语言数量也不同，最多的可支持 31 种外语。这样，即使在国际性的大会中，也能保证足够的语言支持种类。最后，是互不干扰相互独立。所谓互不干扰，是指在会场中只有母语（即发言者所使用的语种）会在会场中被音响系统扩声——会场中所有的人都能听到发言者的母语。而其他语言是通过红外方式向接收者的耳机发送信号——外语都是通过耳机接听的。所以无论有多少种语种在工作，相互之间是没有干扰的。

1. 无线同传系统

无线同传系统一般由译员机（见图 7—14）、同传红外发射主机、红外发射板和接收器组成。译员机作为特殊的节点，接入数字发言系统。译员机将会场母语播放给翻译人员的同时，将翻译后的语音送回数字发言系统中的红外发射主机。发射主机连接发射板，将语音信号转换成红外信号。听众的接收机选择相应的语种通道来接收特定的语种。《红外线同声传译系统工程技术规范》（GB 50524—2010）中规定了数字红外同声传译系统和模拟红外同声传译系统均要求系统使用的调制载波频率（中心频率）范围在 2 ~ 6 MHz 之间，即工作在 BAND Ⅳ频段。

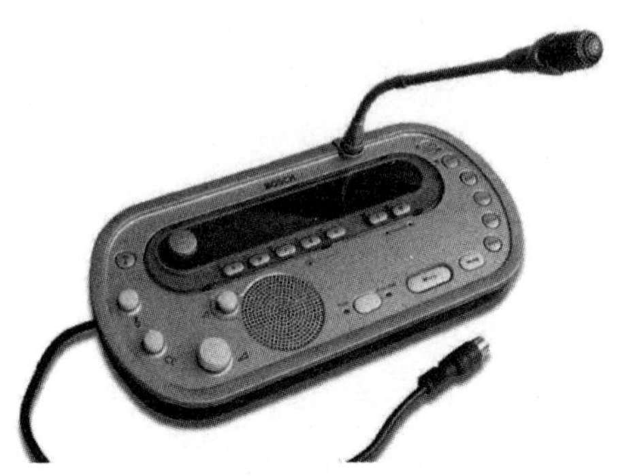

图 7—14 BOSCH 品牌译员机

2. 有线同传系统

有线式的同传系统除了必需的译员机外，还应有语种通道选择器。听众直接将耳机插入通道选择器后，选择相应的语种通道即可收听。

3. 工作语种

一般在多语种会议环境下，不会将所有的语种进行相互翻译，而是采用“工作语种”的方式。即各种语种先翻译成工作语种（汉语、英语、法语、俄语、阿拉伯语或西班牙语），之后再由各国翻译自行择选从哪种工作语种翻译成本国语种。这样就有效地减小了语言之间的互译问题。

4. 译员室

翻译人员工作的房间称为译员室。译员室的位置应设置在会议室主席台两侧。译员可以从观察窗清楚地看到主席台和观众区的主要部分，以便译员能看清发言人的口型和节奏变化以及发言稿件的内容。译员室内应作隔声和消声处理，观察窗宜采用中间有空气层的双层玻璃隔声窗和隔声门，防止并消除观众接收语音效果的干扰因素。

同声传译系统示意图如图 7—15 所示。

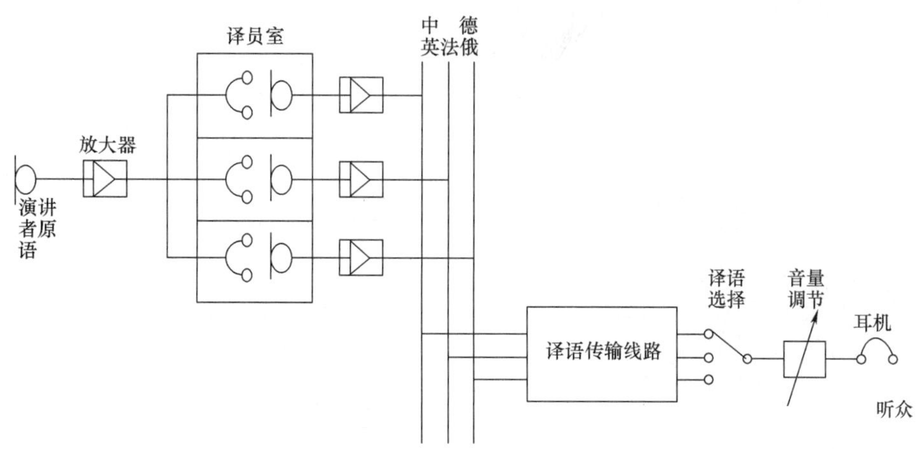

图 7—15 同声传译系统示意图

7.2.4 多媒体显示系统

在电子会议系统的众多设备中，用户对多媒体显示系统的感受是最直接的。视觉占居了人们日常接收信息总量的 80%左右。因此，一个优秀的显示系统是电子会议系统的重要组成部分，同时也是一个良好用户体验的窗口。

多媒体显示系统由多种类型的显示设备组成。按其显示设备种类可分为：投影机显示系统、LCD、LED。

1. 投影机显示系统

投影机最大的特点是显示面积大，适合大型会议场所图像显示要求。一般显示面积在 100~250 in（屏幕对角线长度）不等（1 in＝2. 54 cm）。在特定场合可投影球型、环型及弧形屏幕。其缺点是使用成本较高。一般投影机内的发光元件为特制灯泡，它的正常使用寿命在 1 000~3 000 h 之间，且投影亮度随灯泡使用时长衰减。

（1）投影机类型。常用的投影机类型有 LCD 投影机和 DLP 投影机。

1）LCD 投影机。LCD 投影机的成像器件为 LCD 板，通过控制液晶单元的开启和关闭实现光路的通断。投影机开启后，RGB 三色的光线通过棱镜汇聚后投影至屏幕。

2）DLP 投影机。DLP（Digital Lighting Processing，数码光处理）投影机的核心部件是 DMD（Digital Micromirror Device，数字微镜晶片）。这是一种继 LCD 投影机后发展起来的投影显示技术，由于采用的是反射成像方式，因而光利用率非常高，光通量可以做到很高。图 7—16 为 Barco RLM W14 投影机，光通量为 14 500 lm。

（2）投影方式。投影机按其投影方式分为正投、背投和反射投影。

1）正投与背投。正投即为投影机在投影幕的正面（见图 7—17），将光线直接投至投影幕上显示的方式。背投是一种隐藏式的投影方式，投影机安装在投影幕的背面并将光线投至投影幕的反面。

图 7—16　Barco RLM W14 投影机

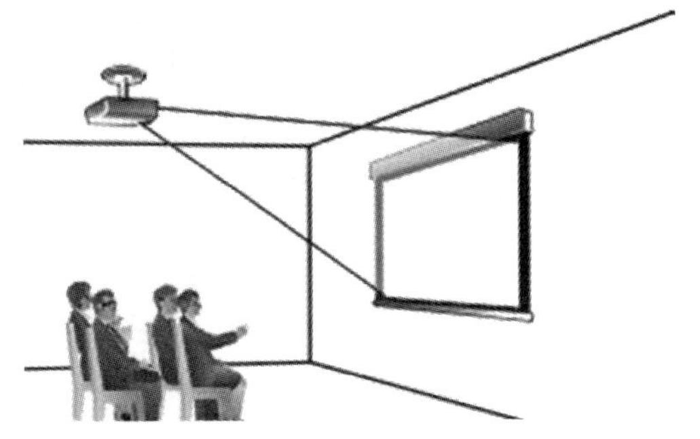

图 7—17　正面投影模式

2）反射投影。反射投影是在投影机与投影幕之间加上一块反射镜，将投影机的光线经反射镜后，反射至投影幕上，如图 7—18 所示。这样的做法可以减少并合理利用背投的空间，但安装调试的难度较高。

图 7—18　反射投影模式

（3）投影机安装与使用。投影机工作时，受环境光线的影响较大，室外光线和室内灯光太强会直接使投影效果变差。在布置投影环境时应注意以下几点：安装窗帘遮挡室外光线，屏幕上方或近处光源应关闭，墙壁、地板尽量不使用反光材料，局部范围照明可使用聚光灯，选择与环境搭配的投影幕。

在投影机的使用过程中，最重要的一个问题就是保持良好的散热。打开投影机后，投影机不会立即显示图像，它有一个预热的过程。在该过程中投影机会慢慢增加亮度，直至投影机达到工作温度。同样在关机时，投影机也会进行必要的散热。待投影机风扇停止转动后才可切断其电源，以起到保护投影机的效果。

（4）投影幕。与投影机密不可分的一个设备就是投影幕了。它不但能反射投影机发出的光线，同时还可以聚焦光线，保证投影图像质量，提升亮度增益。一般的投影幕可分为硬幕和软幕。硬幕的特点是屏幕表面平整，受环境的影响较小，常见的材质有玻璃幕和合成树脂材料。由于其制作工艺和材料的原因，硬幕的屏幕尺寸一般比软幕小。软幕常见的类型有电动幕、支架幕和绷幕。电动幕和支架幕是由电动或由手工手动卷放的一种幕布。

其使用较为便捷，在收起后不影响墙面美观。绷幕是一种用搭扣或尼龙绳将幕布紧绷在框架上的一种软幕。它具有接近硬幕的屏幕平整度，同时又能满足大尺寸的要求。一些特殊需求的弧形幕、环型幕就是用绷幕实现的。电影院里的投影幕，通常都使用绷幕。

投影幕重要的技术参数是增益率。增益率是指射向投影幕和反射出投影幕光线的比值。根据不同的幕布表面结构，幕布的增益率是不同的。通常增益值越高，图像亮度越高，图像对比度越高，图像可视角度（以垂直屏幕法线亮度为参考，当可视亮度达到法线亮度50%时，与屏幕法线形成的夹角）越低。

2. LCD

LCD（ Liquid Crystal Display，液晶显示屏）是一种通过调整电压来改变液晶材料内部分子的排列，以达到遮光和透光的目的，从而显示图像的一种显示屏。人们日常生活中用的电视机、计算机显示屏、手机和平板电脑的屏幕，绝大多数都是 LCD。LCD 的特点是色彩鲜艳丰富、还原度高，技术可靠且价格较为合理。高端 LCD 的 sRGB 色域覆盖率达到97%。在屏幕尺寸方面，主流的液晶电视机屏幕尺寸通常在 32～80 in，极限尺寸最大能做到 100 in 之上，例如松下 TH-103VX200Cr 的液晶显示屏 103 in。

3. LED

LED 是一种发光二极管显示屏。LED 是由单色或多色 LED 发光二极管组成的像素点阵。其特点是亮度大、对比度大、价格便宜且可定制显示面积。由于 LED 的像素点距（两个像素中心的距离）大，在较远的距离观看的效果较好，越近距离效果越差。由于其亮度高，在很远的距离也能清晰地看到显示内容，常用于户外广告、信息发布等方面。在大楼、商场、户外看到的一些广告大屏均是 LED。

4. 屏幕组合方式

（1）单屏。单屏即为单台显示设备独立显示，一般用于小型显示场所，如小型会议室、车站公告屏、灯箱广告等。

（2）拼接屏。拼接屏（见图 7—19）用多块尺寸一致的显示设备按水平或垂直方向拼接成一整块屏幕。拼接屏弥补了单屏在显示面积上的不足，常用于大面积显示墙的场合，如道路监控指挥中心、安防控制中心、大型展示厅等。常见的大型 LED 也属于拼接屏的一种，它是由多块 LED 模块组成的，可按用户需要进行组合。拼接屏最大的缺点在于每两块屏之间有一条拼缝，这种由于物理安装原因或屏与屏之间的色彩差异而形成的缝隙，会影响用户的视觉体验。

（3）拼接融合屏。拼接融合屏（见图 7—20）的诞生，很大程度上减少了拼接屏的不足。拼接融合屏是一种特殊的拼接屏，它只使用投影机作为显示设备。它采用了一整块的投影幕布，羽化处理了两台投影机之间的融合带（两幅画面相互重合的部分），使图像颜

图7—19　拼接屏（硬拼）

图7—20　指挥大厅拼接融合屏

色过渡更自然，亮度均匀。在视觉上用户根本察觉不到整个图像是由多台投影机组成的。这种高质量的画质一般用于对画质要求较高，且显示面积较大的场所。

7.2.5　中央控制器

1. 中央控制器接口

中央控制器的结构由中央处理器、输入输出接口、存储芯片、控制界面和控制软件组成。中央处理器主要负责处理所有的数据并根据事前编好的软件逻辑进行运算。输入输出接口主要连接各受控设备和控制接口。通用的接口有RS232/RS422/RS485串行接口、控制模块接口（Crestron品牌的Cresnet总线和AMX品牌的AXLink总线）、以太网接口、红外接口、I/O接口、继电器接口等。受控设备与接口方式见表7—1。

表 7—1　　受控设备与控制接口表

受控设备	接口方式
摄像机、投影机、视音频矩阵等	RS232/RS485/RS422 串行接口
窗帘、电动幕、舞台机械、桌面升降机等	继电器接口
渐变音量、温度控制等	I/O 接口
IP 摄像机、iPad/iPhone、网络媒体播放器等	以太网接口
DVD 播放器、蓝光播放器、电视机顶盒等	红外接口
灯光控制器、继电器模块、串口扩展模块、音量控制模块	设备内部总线 Cresnet/AXLink

（1）串行接口。RS232 接口是主流的串行通信接口之一，采用串行的数据串一个接一个地以串行方式传输，优点是传输用线少，接线简单。主要配置参数有传输波特率、数据位长、停止位长、校验方式。RS232 接口配置参数见表 7—2。

表 7—2　　RS232 接口配置参数表

参数	数值
数据传输速率	0～20 000 bps
数据位	7 或 8 位
停止位	1 或 2 位
校验方式	奇或偶校验
同步信号方式	软件同步/硬件同步

RS232 接口的传输距离一般不大于 15 m，在 9 600 bps 传输速率下传输距离最长可达到 30 m。

（2）继电器接口。在继电器控制方式中，有强电控制方式和弱电控制方式两种。强电控制一般采用220 V市电控制升降机、电动窗帘等设备。弱电控制方式一般采用 5～12 V DC 间接控制升降机或电动窗帘的高压继电器。

（3）I/O 接口。I/O 接口是一种输入/输出接口，主要用于接收或控制模拟量信号设备。通常用于控制音量、灯光亮度及空调温度等模拟量，也可接收来自温湿度传感器、照度传感器和红外移动感应器等设备的反馈信号。

2. 中央控制器配置原则

中央控制器作为集中控制系统的核心，其配置需要符合受控设备的控制特点。在配置集中控制系统时应遵循以下几项原则：连接可靠、性能为先、弱电控制。

连接可靠是指在选择控制方式时，应首先考虑其硬件连接的可靠性。比如新型视音频矩阵同时支持串口和以太网口控制。由于串口比以太网口连接更简单、更可靠、中间设备少且数据传输延时更少，此时应优先选用串口。当控制主机串口不足时可备选以太网口控制方式。

性能为先是指在同样的控制接口下，应选用性能更佳的控制方式。比如在选择串行控制口时，由于RS485/RS422接口的抗干扰能力和传输距离都比RS232更好，所以应尽量选用RS485/RS422接口。

弱电控制是指在同样功能的情况下，应优先选用弱电控制方式，以便设备控制的测试，同时对施工和调试而言将更安全。

7.2.6 多媒体周边设备

1. 多媒体公告系统

多媒体公告系统是一种信息发布显示系统。它具有数据内容动态更新功能、全网络化控制管理平台和自动化运行的特点。在日常生活中，到处可以看到一些信息发布的设备，比如在公交车站、地铁和机场的交通信息显示屏，在商场或医院公共区域内的信息指引屏，又或是在电梯和出租车内的广告发布屏。这些都是一种多媒体公告系统。而在会议系统中出现的公告显示屏主要显示与会场建筑和会议内容相关的信息，为与会人员提供位置指引、会议室标识和相关信息发布的功能。

（1）多媒体公告系统的类型

1）根据系统结构可分为单机型和网络型。单机型公告系统由一台公告主机和显示屏组成。常见的形式是由一台计算机作为公告主机，配置一台显示屏或大尺寸的液晶显示器作为显示设备，可同时发布影像和声音信息。其结构简单、维护方便，主要用于发布一些固定内容或内容更新频率不高的信息，例如楼层布局、景点周边介绍、道路指引等。

网络型公告系统是将所有单机型公告系统通过网络将其连接起来，同时需要配置一台管理计算机作为所有公告显示屏的管理终端，维护和管理各公告显示设备的启停和数据更新。网络型的公告系统与单机型公告系统相比，优势在于可以监控所有公告设备的状态和可实时更新公告内容。

2）根据显示内容可为分静态显示型和动态显示型。静态显示型公告系统主要显示静态图片或文字，以显示提示信息和指示信息为主。动态显示型公告系统以显示动态视音频数据为主，常用于广告发布、动态滚动文字信息和人机交互式信息发布系统。

3）根据数据更新方式可为分定期更新型和实时更新型。定期更新型公告系统对信息的即时性要求不高，通常以周或月为更新频率进行数据更新。实时型公告系统对信息的时效性要求较高，时时刻刻在更新显示的内容，例如天气预报信息、交通情况、股票市场数据等。

（2）多媒体公告系统的应用。多媒体公告系统是一个让信息被人所知的平台，它的应用主要以受众的类型来分类。

1）公众型应用。公众型应用的对象是所有人。它的受众范围是最广的，影响力也是最大的。人们常用的微信、微博就是一种公众型公告系统。每个人所发布的信息可以被任何人所接收。移动广播电视也是一种公众型公告系统，它能发布交通流量信息、各类新闻和文娱节目，使每一位乘客都能看到。室外广告屏是以发布广告为主的公告系统，特别是大型室外广告屏，安装在大型商场和闹市人流量大的地方，使其广告效应发挥到最大。

2）区域型应用。区域型应用是在较小的环境空间中使用的公告系统。它的信息发布对象更为集中，其信息价值更高。例如大型交通枢纽的地理位置信息和交通信息发布系统，其受众仅是该枢纽的通勤者，在人数上无法与公众型应用相比，但是其信息的价值非常高，每位旅客都需要交通信息来确定自己的路线和时间安排。

在电子会议系统中，公告系统的应用有会议日程安排提示、会场布局指示、会议内容发布等。

3）特殊型应用。特殊型应用是针对特殊人群的公告系统。受众和所发布的信息都有很强的针对性。例如，排队叫号系统，它是一种队列信息公告系统，仅针对排队的人，同时发布一些队列信息和与业务相关的内容；日志信息公告系统，用于对某一系统或设备的运行日志或出错警报日志进行提示和发布等。

2. 会议签到系统

会议签到系统是在电子会议系统中对与会人员进行统计和管理的系统。

（1）会议签到系统的构成

1）签到设备。在会场的入出口处设置签到设备。签到设备有无线感应式和接触式两种。签到设备的作用是感应、识别和记录进入或离开会场的人员信息。

2）数据处理设备。签到设备将签到信息传至后台数据处理设备。由数据处理设备对所有数据进行记录、管理和处理。根据用户的功能定义对这些数据进行编辑处理后，控制会场功能设备做出相应的动作。

3）会场功能设备。是根据会议的需要协助、指引与会人员完成会议流程的设备。

（2）会议签到系统的应用

1）会议人员统计。根据签到数据，可统计实际与会人员数量、参会时间与离会时间等信息。

2）座席指引。根据与会人员信息，动态提示其座位位置。根据座席位置信息和会议议程，可及时打开座席话筒或将摄像机转向正在发言的座席。

3）会议表决。根据与会人员信息和会议议程，在会议表决时对席位的表决权限、表决时限和表决结果进行统计等。

3. 会议流程控制系统

在现代大型会议中，每个会议有着纷繁复杂的会议议程和流程。每个议程和流程对会议系统设备和环境控制都有着不同的要求。这时，人工去应对这些即时性要求较高且受控设备较多的工作时，会显得力不从心。比如，在开始一个重要议程时，需要控制显示设备显示的内容、话筒的开关、灯光照明的调整、摄像机位置的调整等，这些设备的控制需要在最短的时间内完成，显然，人工方式既烦琐，可靠性又低。这时，应对这种繁杂需求的自动化控制系统孕育而生，这就是会议流程控制系统。

会议流程控制系统结合了会议集中控制和会议流程控制两大功能，可依据会议流程的安排，指挥集中控制系统对设备进行总协调。用户可根据不同的会议流程要求，事先对设备状态的要求进行脚本定义，规定具体时间对具体设备的具体控制。会议正式开始时，操控人员只需要运用会议流程控制系统即可对所有设备进行管理。

技能要求

本章技能要求需在电子会议系统上操作完成，系统结构如图 7—21 所示，系统组成包括：

高速球摄像机×1，型号：XW-YTSXT70

会议主机（带跟踪）×1，型号：XW-HY900LX

主席机×1，型号：XW-HY10ZLX

代表机×20，型号：XW-HY10DLX

反馈抑制器×1，型号：XW-FQ300

8 进 2 出 VGA 带音频矩阵×1，型号：XW-VG0802A

会议中控主机×1，型号：XW-ZH6200

网络收发器×1，型号：XW-W2R

智能电源时序控制器×1，型号：XW-Z8

无线彩色触摸屏×1，型号：XW-CP7300

电源：220 V AC

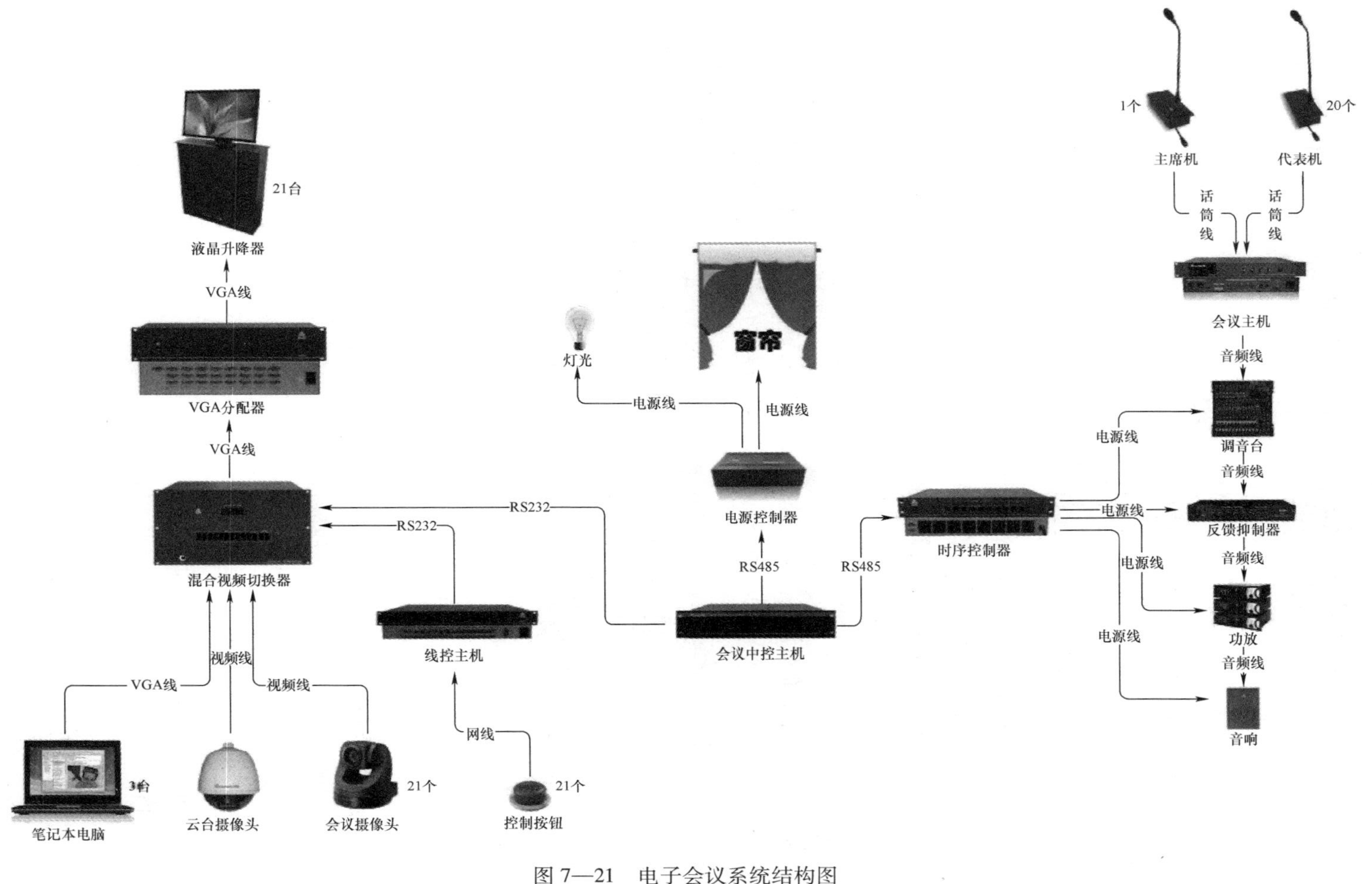

图 7—21　电子会议系统结构图

视频会议系统的操作使用

操作准备

（1）准备实训导线、万用表等实训材料与工具。

（2）检查设备电源。

操作步骤

步骤 1：打开总电源，待时序电源启动后，将系统设备依次上电。

步骤 2：检查各路电源指示灯，电源指示灯应常亮，处于无故障状态（若时序电源红灯闪烁，则不能开启相应设备，需依次检查设备）。

步骤 3：在无线彩色触摸屏的操作界面上，如图 7—22 所示，打开照明灯光。

步骤 4：在无线彩色触摸屏的操作界面上，打开投影仪，通过按键调整幕布位置，如图 7—23 所示。

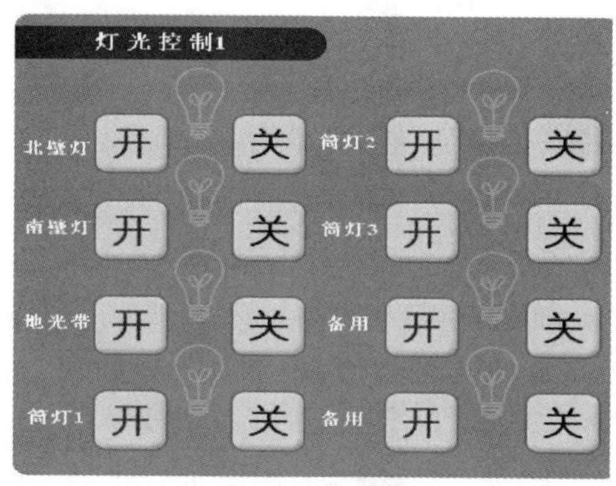

图 7—22　灯光控制

图 7—23　投影仪控制

步骤 5：在摄像机控制界面，调整摄像机焦距、角度，如图 7—24 所示。

步骤 6：在信号切换界面，设置信号输入和输出方式与类型，如图 7—25 所示。

步骤 7：系统启动完成后，依次到各发言终端上测试运行情况。

注意事项

（1）线路连接时应插紧，并确保连接正确。

（2）严格按照步骤操作，启动前应将音量开关调至较小位置。

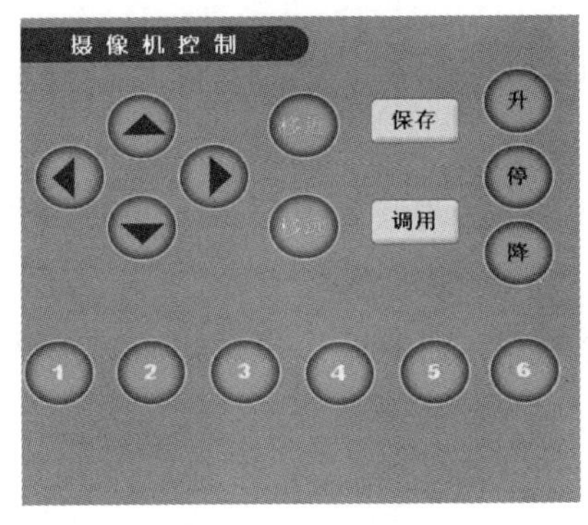

图 7—24　摄像机控制

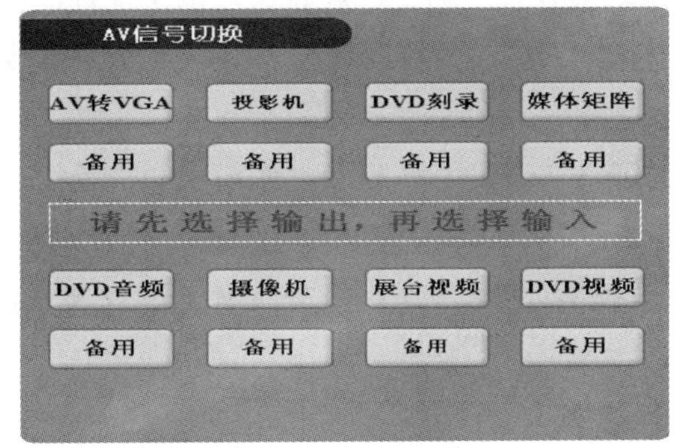

图 7—25　信号切换

会议发言与表决系统的操作使用

操作准备

(1) 准备实训导线、万用表等实训材料与工具。

(2) 检查设备电源。

操作步骤

步骤 1： 按照图 7—26 检查会议主机连接线路。

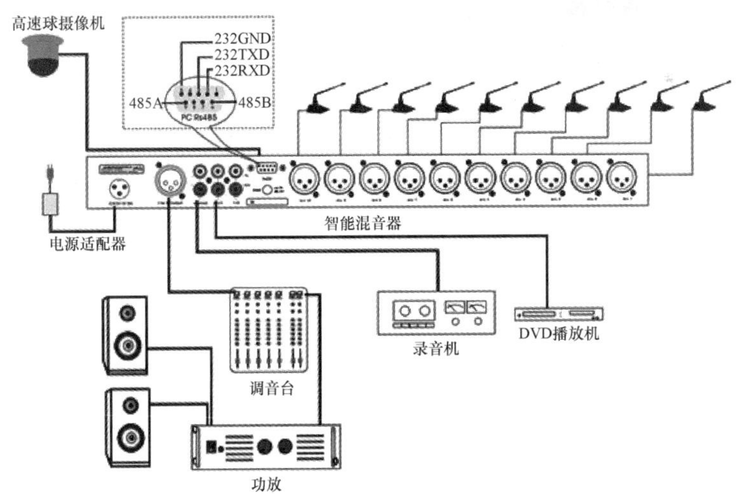

图 7—26　发言与表决系统图

步骤 2： 打开总电源，待时序电源启动后，将系统设备依次上电。

步骤 3： 检查各路电源指示灯，电源指示灯应常亮，处于无故障状态（若时序电源红灯闪烁，则不能开启相应设备，需依次检查设备）。

步骤4：会议主机发言工作模式设置为数量限制模式，通过8个发言席位进行运行测试。

步骤5：会议主机发言工作模式设置为先进先出模式，通过8个发言席位进行运行测试。

步骤6：会议主机发言工作模式设置为自由讨论模式，通过8个发言席位进行运行测试。

注意事项

（1）线路连接时应插紧，并确保连接正确。

（2）严格按照步骤操作，启动前应将音量开关调至较小位置。

本章测试题

一、判断题（将判断结果填入括号中，正确的填"√"，错误的填"×"）

1. 电子会议系统的应用范围已从普通意义上的会议室扩展到了多媒体会议室、远程视频会议、宴会厅、剧场、数字教室、智能法庭、多功能手术室、虚拟演播室等细分领域。（　　）

2. 电子会议系统视频不支持4 K（3 840×2 160@60 Hz）分辨率的超清图像。（　　）

3. 集中控制系统好比是电子会议系统的中枢神经，是连接用户与系统设备之间的桥梁和纽带。（　　）

4. 双流视频会议是指在一个视频会议中，一个会场向另一个会议发送两路摄像机视频图像流。（　　）

二、简答题

1. 简述电子会议系统组成与作用。

2. 简述数字会议发言系统组成与功能。

3. MCU在视频会议系统中承担什么作用？

4. 什么是多媒体公告系统？

本章测试题答案

一、判断题

1. √　　2. ×　　3. √　　4. ×

二、简答题

略